건축의 공간 개념

The SPACE in architecture: the Evolution of a New Idea in the Theory and History of the Modern Movements by Cornelis J. M. Van de Ven

PUBLICATION INDUSTRY PROMOTION AGENCY OF KOREA
2019
세종도서
학술부문
한국출판문화산업진흥원
건축의 공간
개념
근대건축
역사와
이론에서
진화한
새로운
개념
Cornelis Van de Ven 저
고성룡 역
씨아이알

이 책의 번역 연구는 2017년도 경상대학교 연구년제 연구교수 연구지원비에 의하여 수행되었음.
This work was supported by the Gyeongsang National University Fund for Professors on Sabbatical Leave, 2017.

정신이 삶을 향해

손을 뻗을 때

욕망의 공간이 열린다.

앤 카슨
Anne Carson

일러두기

1. 본문의 고딕체는 원문에서 이탤릭체로 강조한 부분으로 원어도 함께 고딕체로 병기하였다.
2. 옮긴이가 중요하다고 판단한 단어는 원어를 함께 병기하였다.
3. 인명, 지명 등을 포함한 외국어는 원어의 발음에 가깝게 표기하는 것을 원칙으로 하되 이미 널리 통용되어 굳어진 표기는 예외적으로 그대로 사용하였다.
4. 단행본·정기간행물은 겹화살괄호(《 》)로, 논문·단편·영화 등은 화살괄호(〈 〉)로 구분했다.
5. 모든 각주는 옮긴이 주이며 본문에는 *, ** 등으로 표기하였다.
6. 모든 미주는 저자 주로 본문에는 숫자로 표기하였다.

감사의 글

초판 감사의 글

내가 맨 처음 감사드릴 분들은 네덜란드 로테르담의 판 드 브룩 & 바케마 건축사무소 the Architektengemeenschap Van de Broek & Bakema 직원들이다. 그들은 수년간 나의 건축 및 도시계획 실무 수련을 도와주었을 뿐만 아니라, 나의 건축 사고를 발전시키는 데 중요한 환경을 제공하였다. 특히 야코프 B. 바케마 Jacob B. Bakema가 후원하여 내가 바라던 열망을 실현할 수 있었다. 바케마는 내가 펜실베이니아 대학교의 루이스 I. 칸 Louis I. Kahn 밑에서 연구할 수 있도록 도와주었다. 미국에 거주하며 공부할 수 있도록, 풀브라이트 장학금뿐만 아니라, 네덜란드-미국 협회의 편의와 펜실베이니아 대학교 미술학부 대학원의 장학금을 받았다.

석사과정에서 루이스 칸의 지도 아래 나는 차츰 건축 공간에 대한 여러 이론과 개념에 관심을 갖게 되었고, 결국 미술학부 대학원Graduate School of Arts and Science의 박사과정에서 이에 대한 연구를 계속할 수 있는 기회를 얻게 되었다.

또한 G. 홈스 퍼킨스Holmes Perkins에 특별히 감사드린다. 퍼킨스는 대학원 건축학부 주임교수로서 또한 지도교수로서 내 논문을 보살펴주었다. 만일 그의 지도가 없었더라면 이 박사학위 논문은 절대로 바람직한 결과를 낳지 못했을 것이다.

다음으로 사례 드리고 싶은 사람은 나의 박사논문에 대해 귀중한 비평을 해주었던 피터 쉐퍼드 Peter Shepheard와 에드먼드 N. 베이컨 Edmund N. Bacon 그리고 다비트 판 잔텐 David van Zanten이다. 그즈음 야코프 바케마는 나의 모국인 네덜란드에서 끊임없이 열성적으로 격려를 보내주었을 뿐만 아니라 내 논문의 개요를 읽고 건설적으로 조언해주었다.

불행하게도 루이스 I. 칸은 이 논문의 결말을 보지 못하고 돌아가셨다. 그가 맨 처음 보여준 열성적 지도 편달에 이 학위 논문이 조그만 보답이 될 수 있기를 바라는 간절한 마음이다.

또한 마지막으로 나의 박사학위 논문 등록에 도움을 준 메리 휠린 Mary Whealin과 몸을 아끼지 않고 원고를 수정해준 제임스 웨스터허번 James Westerhoven, 본문 타이핑과 편집 작업에 큰 도움을 준 도리스 스클러로프Doris Sklaroff에게도 마음속 깊이 감사드리는 바이다.

1974년 10월 필라델피아에서

C.J.M. v.d. V.

개정판 감사의 글

나는 이 책에서 약간 수정이 필요한 부분과 결론을 제외하고는 1974년도 박사학위 논문의 원형을 그대로 유지하기로 결정했다. 상당한 자료를 더욱 새롭게 보충할 필요가 있었지만, 이 같은 결정을 내린 것은 내가 준비하고 있는 《수용적 건축을 위하여*Toward a Receptive Architecture*》라는 책의 내용과 중복되기 때문이다.

이 점에 대하여 이 책의 간행에 귀중한 조언을 해준 딕 아폰Dick Apon과 진 레링Jean Leering, 또한 야코프 바케마, 폰스 아셀베르흐스Fons Asselbergs 등에 감사드린다. 이들 중에서도 비텔로Wietelo의 공간이론에 대한 진 레링의 견해에 특히 감사드린다.

나는 "순수연구 촉진을 위한 네덜란드기구ZWO"에서 큰 수혜를 받았다. ZWO는 이 책의 출판에 특별히 연구조성금을 지원하였다.

또한 두말할 것도 없이 이 책의 탄생에 절대적인 열의를 변함없이 보내주신 출판사에도 감사드린다.

나는 에인트호번Eindhoven 공과대학교의 새로운 학생들과 나의 동료들에게 이 책의 내용을 소개하는 처지에 있다. 그래서 이 주제에 대한 그들의 새로운 관심을 따뜻하고 고맙게 여긴다. 마지막으로 이 같은 연구를 계속할 수 있도록 도와준 건축 도시설계학과의 딕 아폰 교수와 교정에 대해 협조를 아끼지 않은 응용언어학 전공의 빌헬뮈스 카위퍼스 Wilhelmus Kuipers, 또한 주도면밀하게 사진자료를 준비해주었던 로프 판 벤덜 드 요더 Rob van Wendel de Joode에게도 심심한 사의를 보낸다.

1976년 8월 에인트호번에서

C.J.M. v.d. V.

제3개정판 감사의 글

이 책의 제2판은 1977년 초판에 약간 수정을 더하여, 1980년에 간행되었다. 그리고 이때 다른 언어로도 출간할 것을 요청받아, 스페인어와 일본어로 번역되었다. 이 새 번역서 중, 스페인어판은 1981년 에디시오네스 카테드라Ediciones Cátedra 출판사에서, 일본어판은 마루젠 출판사Maruzen Co. Ltd.에서 각각 간행되었다.

1985년에, 제2판의 재고가 거의 소진되었고 또한 계속되는 요청에 따라 영어판을 완전히 개정하게 되었다. 이 개정판의 출판은 에인트호번 공과대학교의 피터 애트우드Peter Attwood 박사가 맡았다. 그의 흠잡을 데 없는 영어 구사와 학문적 배경 덕분에 이 책의 본문이 엄청나게 개선되어 큰 신세를 지게 되었으며, 또한 능숙하게 타자 원고를 마련해준 그의 부인 쉐일라Sheila에게도 감사 말씀드린다.

1986년 4월 에인트호번에서

C.J.M. v.d. V.

옮긴이의 글

제3개정판을 새로이 옮기며

건축에서 공간이란 무엇일까? 공간이 우리에게 주는 의미는 과연 무엇일까? 이는 건축 공간을 다루는 건축가뿐만 아니라 이를 공부하고 연구하는 건축 이론가들에게 늘 제기되어왔던 의문이었다. 또한 그동안 건축 공간에 대한 많은 책들이 나왔지만 이 의문에 그리 시원하거나 명쾌한 해답을 주지는 못해 항상 아쉬웠다. 그러던 참에 1983년 8월 우연히 이 책의 초판을 보게 되면서 공간 개념에 대한 베일이 하나둘씩 벗겨지기 시작하는 흥분에 싸이게 되었고, 건축의 공간 개념들을 철학적, 미학적, 예술적, 과학적인 측면에서 세밀하게 분석한 이 책이 건축계와 문화계의 공간 개념 발전에 더욱 기여하리라 생각하여 1987년에 초판본을 서둘러 번역한 바 있다.
이 책의 원 제목은 《*Space in Architecture*》이다. 글자 그대로 옮기자면 《건축에서의 공간》, 또는 《건축의 공간》이라 해야겠지만, 책의 차례에서도 볼 수 있듯이 건축 공간에 대한 여러 이론가들의 주장과 논의가 담겨 있기 때문에 《건축공간론》이라고 일단 이름 붙여 번역을 시작하였고, 최후로는 책의 내용을 가장 정확하게 전달하는 《건축의 공간 개념》으로 번역본의 이름을 정하였다.
이 책은 근대 건축운동과 이론의 역사에서 공간 개념이 어떻게 생성되고 발전되었는가를 주로 다루고 있다. 저자는 우선 건축 공간 개념의 형성과 관련하여 과학과 물리학의 측면에서, 동·서양 철학의 여러 공간 개념들을 분석하며 제1부를 전개한다. 이어서 제2부에서는 근대 건축운동의 이전에 나타난 프랑스의 보자르와 영국 러스킨의 공간 개념을 다루고, 제3부에서는 1850년에서부터 1930년까지 독일 건축 비평계에서 제기한 다양한 공간 개념들, 즉 감정이입 이론과 지각심리학 등에 초점을 맞추고 있다. 또한 제4부에서는 1890년에서 1930년까지의 근대 건축운동인 표현주의, 미래파, 큐비즘, 신조형주의, 요소주의, 절대주의 및 신기능주의 경향의 전위 건축가들이 보여주는 공간 개념을 정의하며 공간 개념의 발전과정 서술을 마무리하고 있다.

지은이 코르넬리스 판 드 벤Cornelis van de Ven은 1942년 네덜란드의 로센달에서 태어나 1969년부터 1971년까지 네덜란드 로테르담 건축예술 아카데미에서 건축을 공부한 후, 미국 펜실베이니아 대학교에서 연구를 계속하면서 1972년까지 루이스 I. 칸의 건축설계 사무소에서 근무하였다. 1974년 펜실베이니아 대학교 대학원에 박사학위 논문을 제출하였고, 이 박사 논문을 기본으로 1977년 네덜란드에서 이 책의 초판을 간행하였다. 이후로 지은이는 네덜란드 에인트호번 공과대학교에서 교수로서 건축학과 도시계획학을 가르쳤으며, 현재도 설계 프로젝트를 다루고 있는 현역 건축가이다.

이 책의 원서는 네덜란드의 판 고르쿰Van Gorcum 출판사에서 1987년 영어로 발간한 코르넬리스 판 드 벤의 《*Space in Architecture*》(third, revised edition)이다. 이전 판과 달리 제3개정판은 본문을 크게 수정하였고 책의 구성도 변경되었다. 이에 따라 판 고르쿰 출판사에 정식으로 판권을 얻어 크게 개정된 내용을 포함하여 전문을 완전히 새로이 번역하였다.

이 책을 옮기는 작업을 더할수록 건축 공간 개념이 철학이나 미학과 밀접히 관련되어 번역은 한층 부담이 되었다. 그러나 저자의 뜻을 정확히 전달하려고 오랜 시간을 쏟아 마무리 짓게 되었다. 미진하고 부족한 부분에 독자 여러분의 너그러운 양해와 많은 조언과 지적을 부탁드린다.

끝으로 제3개정판을 새로이 번역 연구할 수 있도록 1년간 연구년을 베풀어준 경상대학교와 번역 원고를 함께 읽고 토론해준 대학원 건축설계연구실 백양선, 홍평도에게 감사드리며, 멋진 표지 그림을 선뜻 허락해주신 비에스디자인건축 이관직 대표님과 오랫동안 협조를 아끼지 않은 씨아이알 출판사 여러분께도 감사드린다.

2019년 3월 경상대학교 건축설계연구실 소슬재에서

고성룡

CONTENTS

서 론

Introduction

서론
Introduction

우리의 창조 목표는 공간 예술이며,
이는 건축의 정수이다

_H.P. 베를라허(1908)

공간! 이 말은 20세기 건축가에게는 마법과 같은 매력을 지녔기 때문에 자주 쓰여왔으며 또한 잘못 쓰여왔다. 그래서 나는 공간이란 어휘가 실제로 어디에서 기원하였으며, 그 말이 무엇을 의미하는가에 대해 의문을 갖기 시작하였다. 내가 공간에 대한 의문을 풀기 위해 나의 스승들을 찾아가 보면, 각기 다른 억양으로 단순히 그들의 입에서 나오는 '공간'이란 말을 듣는 것뿐이었다. 또한 건축 서적에서 그 뜻을 찾아보면, 공간이란 건축의 알파요 오메가라고만 쓰여 있을 뿐이었다. 그래서 결국 내 스스로 디자인을 시작해본 결과, 건축에서 가장 괴이하고 실제로 파악될 수 없는 개념을 다루게 되면서 어떤 흥분을 경험하게 되었다. 이것이 바로 공간space이었다.

1957년 루이스 칸Louis I. Kahn은 "건축이란 공간을 사려 깊게 만든 결과이다. 건축을 끊임없이 새롭게 하는 것은 공간 개념의 변화에서 생겨난다."[1]라고 하였다. 내가 몇 년 전에 이 글을 읽었을 때 공간 개념에 대한 나의 호기심을 자극하였으며, 사실 그것이 내 연구의 토대가 되어 결국 이 책이 탄생하게 되었다.

고대 이래로, 공간 개념은 일반철학과 자연과학에서 활발한 논의 거리였다. 그러나 아주 특이하게도 건축 이론에서 공간 개념은 극히 최근에야 나타났다. 사실상 19세기 후반 이전에는 공간에 대한 건축 논문을 하나도 찾아볼 수 없으며, 그럼에도 불구하고 공간 개념은 아주 본질적인 것이라 여겨왔다. 이 시대까지 공간 개념은 추상적in abstracto인 사고로 남아 있었으며, 오롯이 철학자나 과학자의 영역 속에만 놓여 있었다.

이와 같이 공간 개념의 지적知的 해석은 전적으로 인간의 통찰력 발전에만 기대고 있었기 때문에, 고대 이래로 많은 변화를 거쳐왔다.[2] 그러나 변화하는 공간 개념들은 19세기 후반까지도 그 시대의 건축 이론과 확실하게 결부되지는 않았다.

그러므로 이런 사실 때문에 과연 과거 건축물이 각 시대의 철학적, 과학적 공간 개념을 구체적in concreto으로 인식한 표현물이었을까 하는 의문이 제기된다. 예를 들어, 고딕 대성당이 과연 중세 스콜라 철학의 공간 개념을 표현한 것이었을까? 이와 같은 의문에 답변하는 것이 불가능하지는 않지만, 두 가지 다른 이유 때문에 답하기란 쉽지 않다. 첫째 19세기 이전의 건축가 대부분은 주로 장인craftsmen이었으므로 형이상학적 주제를 사용하는 데 관심이 없었고 또 그럴 필요도 느끼지 않았을 것이다. 둘째로 공간 개념은 오늘날에 와서야 건축가들 사이에 상당히 알려진 개념인데 비해, 과거에는 직관적 통찰intuition의 세계에 속해 있었기 때문이다. 즉, 공간 개념을 예술적 개념으로 여겨온 것이 아니라, 오로지 형이상학적 개념으로만 간주하였기 때문이다. 이러한 예증을 임마누엘 칸트Immanuel Kant의 이론에서 찾아볼 수 있다. 18세기 말에 칸트는 공간과 시간을 인간이 지녀야 할 선험적a priori 조건으로 여겼으며, 미학 비평원리로는 보지 않았다.[3] 이와 마찬가지로, 반세기가 지난 후 쇼펜하우어Schopenhauer도 같은 생각을 지녔다. 공간 개념을 과거의 모든 역사시대에 통용되는 예술 개념으로 설명하기 시작한 것은, 리글Riegl의 '예술의지Kunstwollen' 이론이 소개된 1901년 이후이다.

힐데브란트Hildebrand와 슈마르조Schmalsow가 공간 개념이 조형예술의 본질임을 명확히 밝혔던 1890년대 이래로, 20세기를 이끈 건축가 대부분은, 공간이 건축의 본질이라고 명백히 선언한 독일 역사가들을 추종하였다.

건축을 이론화하는 건축가의 출현은 극히 최근의 현상임을 명확히 알아야 한다. 비트루비우스의 《건축 10서*Ten Books on Architecture*》를 제외하고, 알베르티Alberti 이전의 건축가가 쓴 건축에 대한 비평 논문은 별로 알려져 있지 않다. 초기 르네상스의 휴머니즘 혁명 이후에, 전통적으로 입이 무거운 장인Master-Builder들은 더욱더 훈련된 지성적인 건축가Architect라는 새로운 사회적 지위로 점차 변신하였다. 따라서 건축가는 기술로만 봉사하는 장인이 아니라, 클라이언트와 더욱 대등한 관계에 서기 시작하였다. 또한 가능하다면 귀족들과 같은 몸가짐을 익히고, 그들과 철학적 논쟁을 벌일 때에도 똑같이 달변을 구사하는 능변가가 되도록 훈련받았다. 이러한 지적 환경에 따라, 미숙하지만 건축가는 일반 철학이나 과학의 공간 개념을 알게 되었음이 틀림없다. 그러나 어떤 경우이던지 공간 개념이 있는 건축술은 여전히 낯선 것이었다.

건축가가 점차 자기 분야의 전통적인 한계를 초월하는 개념들과 관계를 맺게 될 즈음, 철학가도 마찬가지로 그의 영역을 넓혀가기 시작하였다. 18세기 후반에 바움가르텐Baumgarten은 철학의 한 분야로서 미학을 탄생시켰다. 19세기 전반에 상당히 영향력 있던 헤겔의 미학은 미술사학과 연결되었다. 이러한 연결이 독일의 **미학사가**美學史家 aesthetic-historian라는 독특한 전통을 낳았다. 이 이론가 그룹이 19세기 말에 이르러 그때까지 전혀 연결되지 않고 있었던 건축가의 사고방식과 철학자의 사고방식에 다리를 놓게 되었다.

여기에서 르네상스 이후, 건축가가 마지못해 자기가 소속된 사회에 눈을 돌리던가 아니면 자기 자신의 형이상학을 확립시킬 수밖에 없었다는 몇 가지 중요한 원인들을 간략히 제시할 수 있다. 첫 번째이며 가장 중요한 원인은 종교의 쇠퇴일 것이다. 20세기 초 독일의 어느 학자는 중부 유럽에서 열병처럼 유행하던 로코코 건축을 이미 죽어가는 건축의 마지막 이변으로 생각하였다.[4]

두 번째 원인은 직업의 사회적 지위가 변화하였다. 앞서 기술한 바와 같이, 건축조합의 이름 없는 일원이었던 장인들이 건축가로서 독립된 지위를 얻고 있었다. 이들의 고립된 길드나 건축조합들은 점차 해체되었고, 프랑스 혁명으로 결국 완전히 없어지게 되었다.

세 번째 원인은 건축가를 후원하는 **후원자**clientéle가 변화하였다. 과학자, 시인, 음악가, 미술가 등을 자기 주변에 모이게 할 수 있었던 이제까지의 교양 있고 준수한 태도를 지닌 후원자들은, 19세기의 교양 없는 **신흥부자**nouveau riches로 바뀌었다. 즉, 건축가와 후원자 사이에 확립되었던 힘의 안정을 지키기 어렵게 되었다. 산업생산으로 새롭게 떠오른 중산계급이, 과거 수 세기에 걸쳐 건축가와 후원자 사이의 문화적 대화를 굳건히 확립시켜왔던 명백한 **협력관계**trait d'union를 제시하지 않았기 때문에, 건축가는 도덕적 태도를 추구하지 않을 수 없게 되었다.

산업혁명은 네 번째 중요한 원인이었다. 일부 건축가들은 팽창하는 노동계급의 특별한 문제에 휘말려들기 시작했다. 건축은 미학적 관심사일 뿐만 아니라 사회적 관심사였다.

슬럼에 거주하면서 조화로운 인간생활을 어쩔 수 없이 빼앗겼던 일반 대중들을 방치하며 바라보기보다는, 도덕적 책임감으로 증가하는 도시인구를 위해 주택문제에 적절한 해결책이나 이상적인 견해를 제시하도록 건축가에게 요구되었다.

이러한 모든 도덕적, 사회적 변화에 따라, 건축가는 이론적인 태도에도 큰 관심을 가져야 했다. 또한 건축철학이 발전한 가장 중요한 원인은, 새로운 기술과 재료와 목적에 대한 관심이었다고 볼 수 있다. 이들 세 가지 유물론적 기능은 젬퍼Semper가 분류한 것으로, 이러한 관심은 무엇보다도 제멋대로였던 19세기 절충주의 양식을 순화하는 기회가 되었다. 재료와 기술과 목적의 기능을 다시 생각하게 함으로써 새로운 형태를 낳는 발생장치가 되어, 19세기 절충주의가 일으킨 혼란을 건축가가 해결할 수 있음이 분명해졌다.

19세기에 건축철학은 급속하게 확대되고 있었다. 재료의 성질에 근거하여 기본 연구를 수행하였던 젬퍼에 이어, 비올레-르-뒥Viollet-le-Duc은 구조적 통일을 강의하고 있었고, 영국에서는 러스킨Ruskin이 자연과 건축 형태의 생물학적 유사성을 연구하고 있었다. 그러나 절충주의 건축은 즉각 멈추지 않고 계속 전개되었다. 사실, 앞서 말한 세 명의 건축가이자 이론가들은 더욱더 역사적 형태 사용을 권장하고 있었다. 오로지 공간 개념이 건축의 기본이라는 생각이 도입되고 나서야, 건축가들은 역사양식 사용을 줄일 수 있었으며, 건축의 내용, 즉 내부의 공간을 중요하게 다루게 되었다.

새로운 공간 개념은 절충주의 양식의 허위성을 깨부수려는 19세기 후반의 시도들을 두 가지 방법으로 뒷받침하였다. 첫째로는 공간을 건축 용기容器 내부에서 인간 활동을 실현하는 곳으로 간주하여, 인체의 기능을 3차원적으로 확장함을 의미하였다. 둘째로 공간 개념은 미학에서 수 세기에 걸쳐 시도된 미美 Beauty의 정의를 새롭게 공식화하였다. 이와 같은 공간 개념의 도입은 바로 19세기 헤겔 미학에서 논리적으로 한 발짝 더 나아간 것이었다. 이러한 최초의 접근을 젬퍼의 이론에서 볼 수 있다. 젬퍼는 새로운 유물론적 접근방법을 인체에서 끄집어내 놀랄 만한 3차원 요소의 지각과 조화시켰다. 그다음으로 젬퍼의 이론을 더욱 발전시킨 사람이 슈마르조였으며, 공간 개념은 미학적 개념이어야 한다고 선언하였고, 또한 공간 개념을 예술로서의 건축의 본질이라고 정의하였다.

본문에서 계속 고찰되는 내용은 근대 건축운동의 초기 이론 중 공간 개념의 여러 양상들이다. 이 내용은 네 부분으로 나누어져 있다. 앞의 두 부분은 서론이라 할 수 있다.

제1부는 일반 철학과 과학에서 제시된 공간 개념 양상이다. 건축사상의 개념을 더욱 잘 이해하려면, 공간 개념의 여러 양상들이 건축미학 개념의 발전과 관련 있는 한, 우선 이들 양상에 대해 몇 가지 연구부터 시작할 필요가 있다.

제2부는 프랑스 보자르Beaux-Arts*의 이론 중 몇 가지 양상들과 영국 사상가 러스킨의 견해를 다루고 있다. 19세기 동안 이 이론들이 건축사상에서 중요한 흐름을 나타내고 있었으므로, 건축 공간 개념에 대한 연구가 이들과 분리되어서는 안 되기 때문이다.

제3부는 1850년부터 1930년경까지 독일 건축미학의 다양한 공간 개념을 다루려 하였다. 이 중 몇 논문들은 나의 연구를 촉진시켜주었다.[5] 건축의 기본이 공간이라는 개념은 거의 독일인들의 공로였음을 이 장에서 알 수 있다. 이런 특별한 문화적인 믿음에는 몇 가지 이유가 있다. 19세기 말까지 독일의 미학은 헤겔 사상과 새로 탄생한 지각 심리학이라는 과학이 결합된 산물이었다. 이러한 과학은 촉각으로 알 수 있고 시각적 이미지를 형성할 수 있는, 매체로서 공간 개념을 다루고 있다.

영어 **스페이스**space라는 말은 **스파티움**spatium이라는 고전어에서 유래하여, 프랑스어로는 **에스빠스**espace, 이탈리아어로는 **스파치오**spazio, 스페인어로는 **에스파시오**espacio로 부른다. 독일어인 **라움**Raum은 튜톤어의 **룬**ruun에서 유래였으며, 영어로는 **룸**room, 네덜란드어로는 **라윔터**ruimte가 된다.

이런 점에서, '**라움**Raum'이라는 말의 의미론적 중요성을 지나쳐서는 안 된다. 더욱 추상적인 '스페이스space'와는 달리, 독일어의 '라움Raum'은 또한 영어의 룸room이나 프랑스어의 '삐에스pièce'를 의미하기도 한다. 한편 '룸Room'이라는 개념과 관련된 독일어 단어로는 '치머Zimmer' 또는 '카머Kammer'가 있으며, 의미론적으로는 '라움Raum'이라는 단어가 '룸room'으로 쓰였을 때에는, 확장의 의미를 함축하거나 더욱 긍정적으로 공간의 가능성을 의미한다. '치머Zimmer' 또는 '카머Kammer'는 에워싼다는 의미를 강하게 나타내고, 어원적

---

* 보자르는 에꼴 데 보자르École des Beaux-Arts의 약칭이다. 1671년 루이 14세의 대신이었던 콜베르Jean-Baptiste Colbert가 왕립건축학교로 파리에 설립하였으며, 1793년 왕립회화조각학교와 합병되었다. 이 학교는 건축가·판화가·조각가·화가의 고등교육을 담당하였다. 보자르의 건축설계는 서양건축에 특히 많은 영향을 미쳤다. 예술가에게 로마 유학 기회를 주는 로마대상 수여로 유명하다.

으로는 중세의 목골 구조와 관련 있다. 다시 말하면 독일어인 '라움Raum'을 쓰게 되면, 건물 내부로 담겨진 물리적인 공간과 추상적이고 지적인 개념을 나타나는 공간을 구별할 수 있게 된다. 여기서 실재reality로서 느껴지는 지각과 지적 개념이 함께 쓰여 혼란을 일으킨다. 그러므로 19세기 독일의 건축 이론을 읽을 때, 저자가 일반적인 'room'을 의미하는지, 또는 더욱 초월적인 'space'를 의미하는지를 전혀 확신할 수가 없다.

제4부에서는 주로 유럽에서 초기 근대 건축운동을 이끈 건축가들이 처음으로 공식화한 여러 공간 개념을 모아두려고 하였다. 근대건축의 영웅시대에 대한 많은 연구가 있었음에도 불구하고, 이들 건축가들이 일찍이 제시한 공간 개념에 대한 정의가 거의 연구되지 않았으며,[6] 이에 비해 공간 개념을 미술사적 기원으로 다룬 연구는 몇 가지가 있었다. 나는 제3부에서 언급한 독일 역사가들이 서로 사상적으로 직접 교류한 것을 신중하게 다루려 하며, 또한 그들을 직접 계승한 사람과 이론화한 근대 건축가 모두를 제4부에서 다루려 한다. 물리적으로 이들 두 범주는 명백히 별개의 집단이었다. 그러나 후에 나타난 야심찬 건축가나 건축 이론가들이 앞선 원저자의 이론을 왜곡하거나 애매하게 하려는 시도가 있었음에도 불구하고, 이론적 차원에서 이들의 개념들은 명백히 연속 관계에 있다. 우리는 뵐플린Wölfflin, 슈마르조나 브링크만Brinckmann과 같은 훌륭한 스승들의 혁신적인 성공을 결코 지나쳐서는 안 된다. 실제로 이들은 수 세대에 걸쳐 독일어권 국가에서 여러 사고방식들을 확립시켰다.

공간 개념을 최초로 인식한 독일의 이론가는 힐데브란트와 슈마르조였으며, 이들은 인식한 공간 개념들을 공교롭게도 1893년 같은 해에 발표하였다. 그러나 베를라허Berlage 같은 기능주의 건축가이자 이론가들과 직접 관련이 있었음에도 불구하고, 이 새로운 공간 개념이 1920년대의 근대운동 이론에 확산되기까지는 약 30년이란 시간이 걸렸다. 이렇게 지체된 이유 중의 하나를 예로 들자면, 보링거Worringer나 뵐플린이 퍼뜨렸던 감정이입에 대해, 인간에 내재한 반대 신념이 강하게 작용했기 때문이었다. 표현주의 운동은 이와는 어느 정도 반대되는 강한 충동의 결과이며, 인간이 본래 지니고 있는 공간의 공포를 만족시키려고, 물질이나 매스를 숭배하여 표현하였다.

표현주의 운동은 결국 1923년에 확산이 좌절되었는데, 이는 '드 스테일De Stijl'과 '노이에 자클리히카이트Neue Sachlichkeit'(신즉물주의新卽物主義)라는 더욱 성공한 운동들 때문이었다. 이때 그로피우스는 바우하우스에서 예술 탐구의 가장 핵심으로 공간 개념을 채택하였다. 실제로 근대건축에서 공간 개념이 다시 융성하기 시작한 것은 바로 이때부터였다. 공간 개념은 1928년에 발표된 모홀리-나지Moholy-Nagy의 시간-공간 이론에서 최고 절정을 이르게 되며, 같은 해 프랭크 로이드 라이트Frank Lloyd Wright도 이러한 공간 개념을 수용하기에 이른다.

그러나 1930년경에는 근대 건축운동의 공간 개념 발전이 멈춘듯하다. 그러므로 공간 연구는 20세기의 초반 30년에만 집중되었다고 볼 수 있다. 1930년 이후에는, 새로운 공간 개념이란 그때까지 이룩해온 공간 개념에 살을 좀 덧붙인 것뿐이었다. 즉, 과거의 개념이 몇 번이고 반복되었을 따름이다.

1950년대 말에 공간 개념은 새로운 국면으로 들어가게 된다. 드 스테일과 바우하우스의 공간 개념, 시간-공간 개념들은 C.I.A.M.의 신조로서 신도시계획에 30년간이나 쓰인 후에, 새로운 아방가르드 건축가들은 이를 소외시키며 형식화된 미학이라고 비난하였다. 이 구식 개념들은 점차 실존철학existential philosophy 때문에 퇴색되었는데, 실존철학은 제2차 세계대전 직후 프랑스나 독일에서 제2시기로 접어들고 있었다. 이 시기에 오랫동안 받아들여지지 않았던 아리스토텔레스의 장소이론이, 심지어 알베르트 아인슈타인과 같은 권위에 의해, 일상의 인간 실존과 동등한 것으로 다시 인정받기에 이르렀다. 지구는 다시 유한한 세계가 되었으며, 그 이전의 낙관적인 신념에 따른 외면적인 성장보다는 오히려 내면적인 성장을 촉진하게 되었다. 그것은 또한 새로운 종합개념과 생태학적인 복합성 및 최대밀도를 이끌어냈다. 종래의 유물론적인 공간 개념 대신에, 실존적인 장소이론을 근래에 볼노우Bollnow, 바트Badt, 노베르그-슐츠Norberg-Schulz 등이 조사 연구하고 있다.[7] 앞으로 건축 형태에 대한 우리들의 태도가 어떻게 바뀔지라도, 다른 많은 개념 중에서도 공간 개념은 건축 이론과는 분리하기 어려운 부분이 되었다.

따라서 이 책이 이러한 건축의 관점들을 더욱 잘 이해하는 데 도움이 되길 바란다.

I 철학과 과학의 공간 개념 양상

Aspects of ideas of space in philosophy and science

1 공간의 유형화有形化

Making space tangible

서른 개의 수레바퀴살이 바퀴의 중심에 모인다,
수레바퀴의 쓸모는 중심의 빈곳에 있다.

진흙을 이겨 빚어 그릇을 만든다,
그릇의 쓸모는 그릇 내부의 빈곳에 있다.

방에 문과 창을 뚫는다,
그 빈곳들 때문에 방으로 쓰인다.

그러므로 형체가 있는 것은 이로움을 지니지만,
형체를 쓸모 있게 하는 것은 무형無形의 것이다.

노자老子(B.C. 550)[1*]

노자 철학의 핵심은 **도**道 또는 생성生性의 길Way of Being이다. 항상 변화하는 세계에서는 어떤 것도 영원하지 않다는 개념을 그려내고 있다.[2] 노자와 같은 시대 사람인 공자孔子가 제시한 모든 정적static 개념을, 도교신자들은 그 개념 정립이 잘못되었다고 인식하고 있다. '도道'의 사상적 융통성은 변화하는 인간의 개념 속에서 참된 통찰을 반영하는 것이었지만, 본 연구의 주제인 공간 개념과는 조금도 관련이 없다.

고대 중국의 전설적인 대학자 노자는 이미 2,500년 이전에 대립 개념을 띠는 철학적, 현상학적인 기초를 구축하였다. 그의 책《도덕경道德經》제1장에는 **실재**實在 Being와 **비실재**非實在 Non Being를 한 개념으로 결합하고 있으며, 하나로 결합된 개념은 이후 인류 문명 발전과정에서도 강하게 지속되어왔다. 이렇게 대립되는 두 가지 원리의 결합은, 이 책 뒷부분에서 서술될 바와 같이, 현대 공간미학에서도 상당히 중요한 구조로서 인식되고 있다.

---

* 노자 도덕경老子 道德經 제11장 원문
三十輻共一轂, 當其無, 有車之用
埏埴以爲器, 當其無, 有器之用
鑿戶牖以爲室, 當其無, 有室之用
故有之以爲利, 無之以爲用

그림 1 중국 쑤저우 주어정위안(소주 졸정원蘇州 拙庭園): '우리는 방을 위해 문과 창을 뚫는다'

앞에서 인용한《도덕경》의 유명한 '11장'의 내용은 서로 대립하는 단지 두 가지 원리 그 이상을 담고 있다. 그것은 담겨진 **내부 공간**space within의 우월성을 나타내고 있다. 비실재는 본질적인 것이며, 재료의 형태로써 형상화된다. 19세기 말의 건축미학은 공간의 존재만이 건축의 본질이라고 제창하였다. 20세기 초 어떤 예술적 경향은 매스mass가 공간에 종속되었다는 고대의 동양사상을 인정하였고, 매스의 고형성固形性 solidity을 확실히 비물

그림 2a 중국 정원의 전이공간

그림 2b 루이스 I. 칸, 아유브 국립병원, 방글라데시 데카

그림 3 일본 '토다이지 난다이몬東大寺 南大門'
단면도: 텍토닉 형태

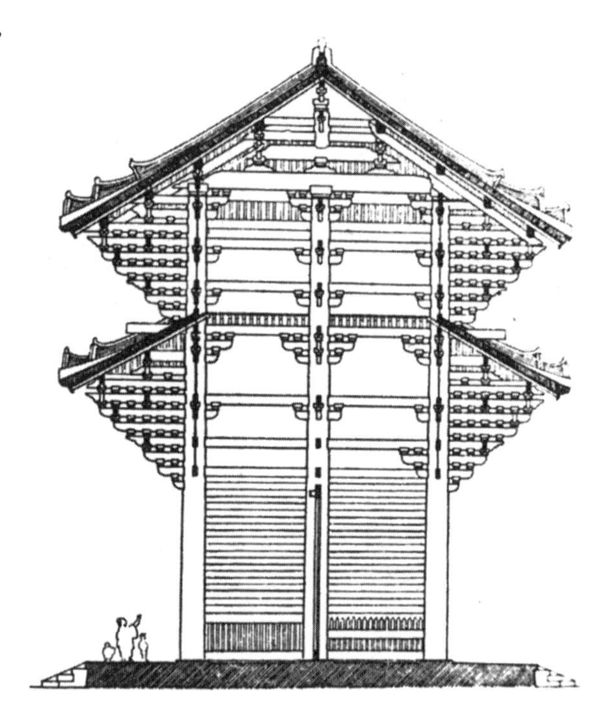

질화dematerialization하려고 하였다. 그 한 예가 드 스테일De Stijl 운동이었다. 이와 같은 노자의 심사숙고한 통찰력은, 오늘날에도 건축가들에게 강한 호소력을 불러일으켜서, 건축 형태의 보이지 않는 내용을 건축의 진정한 잠재력으로 느끼도록 하고 있다(그림 2).[3] 앞서 인용한 《도덕경》 11장의 구문을 잘 읽어보면, 건축에서 특별히 중요한 또 다른 현상이 드러나 있다. 이 글의 첫 행과 둘째 행의 대구對句에서, 바퀴 하나를 만들기 위해 수레바퀴살들을 조립한다는 것은 **텍토닉 형태**tectonic form(구축적 형태)*라 할 수 있다(그림 3). 두 번째의 대구對句에서, 공간을 점토 덩어리의 속을 비워 만들어낸다고 하는데(그림 4), 이것은 고트프리트 젬퍼Gottfried Semper가 **스테레오토믹 형태**stereotomic form(절석적 형태)**라고 이름 붙인 재료 기술적 성질을 가리킨다.[4] 이와 같이 건축에서는 공간을 창조하는 두 가지 재료 사용법(텍토닉, 스테레오토믹)을 종종 19세기의 독창적인 사상이라고 생각해왔으나, 실제로는 이미 2,500년 이전에 노자가 이를 지각하고 있었다.

---

* 텍토닉 형태: 형태들을 쌓아올려 구성되는 형태로, 구축적構築的 형태라고도 한다.

** 스테레오토믹 형태: 일정 형태에서 일부분을 파내어 구성되는 형태로, 절석적截石的 형태라고도 한다.

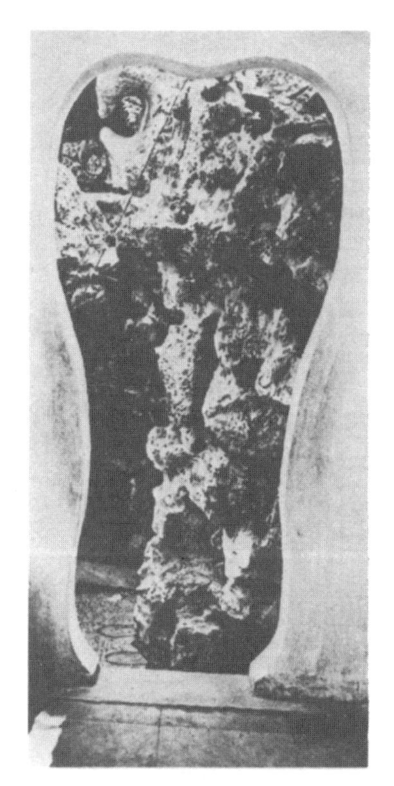

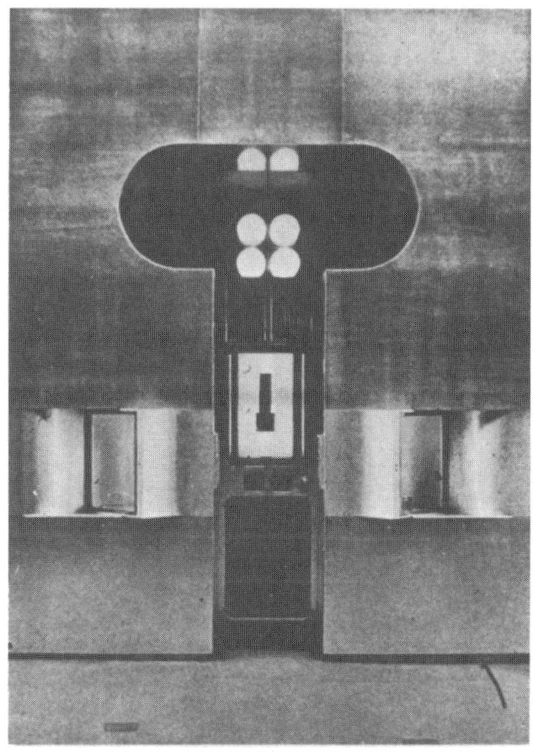

그림 4a 중국 쑤저우 스즈린(소주 사자림蘇州 獅子林): 스테레오토믹 형태 흙벽
그림 4b 한스 홀라인. 양초 가게, 오스트리아 빈(1964-1965): 금속제 스테레오토믹 형태

그림 5 피터 아이젠만. 주택 III, 밀러 주택, 미국 코네티컷주 레이크빌(1974): 내외부 공간의 투과

또 다른 현대 사상은 세 번째 대구 속에 포함되어 있다. 노자는 이미 내부의 아무것도 없는 공간이 상대적으로 지각되는 매스보다 한층 더 본질적이라는 것을 깨닫고 있었다. 그러나 노자는 내부 공간과 외부 공간의 경계, 즉 공간을 나누는 벽을 더욱 강조하고 있다. 즉, 그는 문이나 창으로 만들어지는 빈 공간인 보이드voids에 주목하였고, 그것은 기본 건축 형태를 규정하는 '**전이공간**transitional space'으로 이해될 수 있다. 확실히 이는 경계를 공간의 연속으로 설명하려 한 최초의 글이라 할 수 있다. 형태 내부의 단순히 빈 공간을, 내부 공간에서 외부 공간으로 변환하는 건물의 한 부분으로 바꾸고 있다. 바로 이것이 오늘날의 건축가들을 계속 매혹시키고 있는 관심사이다(그림 5).

공간은 벽의 양측 면 사이에 존재하고, 이 경계는 어느 곳에서는 가로질러지므로, 분할과 연결이 동시에 이루어진다고 볼 수 있다. 이러한 이중 개념은 몇 가지 방법으로 설명될 수 있다. 벽은 내부 기능을 진실하고 정직하게 표현하기도 하고, 또한 벽에는 내벽과 외벽이라는 두 개의 면이 있다. 후자의 역설적인 **야누스의 얼굴**Janus face을 노자가 정당화하려는 것은 아니었다. 그러나 이 이론은 19세기 말 이론가인 지테Sitte와 죄르겔Sörgel이나, 루이스 칸Louis Kahn, 로버트 벤투리Robert Venturi, 찰스 무어Charles Moore와 같은 현대 건축가이자 이론가들의 마음을 사로잡았다(그림 6).

이와 같이 노자는 공간을 세 단계의 위계로 구분하기에 이르렀다. 첫째 단계는 '**텍토닉 구성으로 나타나는 공간**', 둘째는 '**스테레오토믹 형태로 둘러싸이는 공간**'이며, 끝으로는 '**내부세계와 외부세계 연결을 확립하는 전이공간**transitional spaces'이다. 위 노자의 글귀에서, 인식된 공간 개념들은 그대로 건축 형태와도 연관되고 있다. 그러므로 이 글귀는 공간미학을 나타낸 최초 예라고 할 수 있으며, 도덕적인 태도善: 선 the Good와 형태의 물리적인 지각美: 미 Beauty을 결부시키고 있다. 서양 철학은 아주 옛날부터 형이상학으로서의 공간 개념에 관심을 두어왔다. 그렇지만 미학적 논쟁에서 건축 형태에 일반 철학 개념을 적용하기 시작한 것은 19세기 말에 이르러서였다. 따라서 건축 이론의 역사에서는 노자가 현대 사상가로서 최근에야 부활되었다고 볼 수 있다.

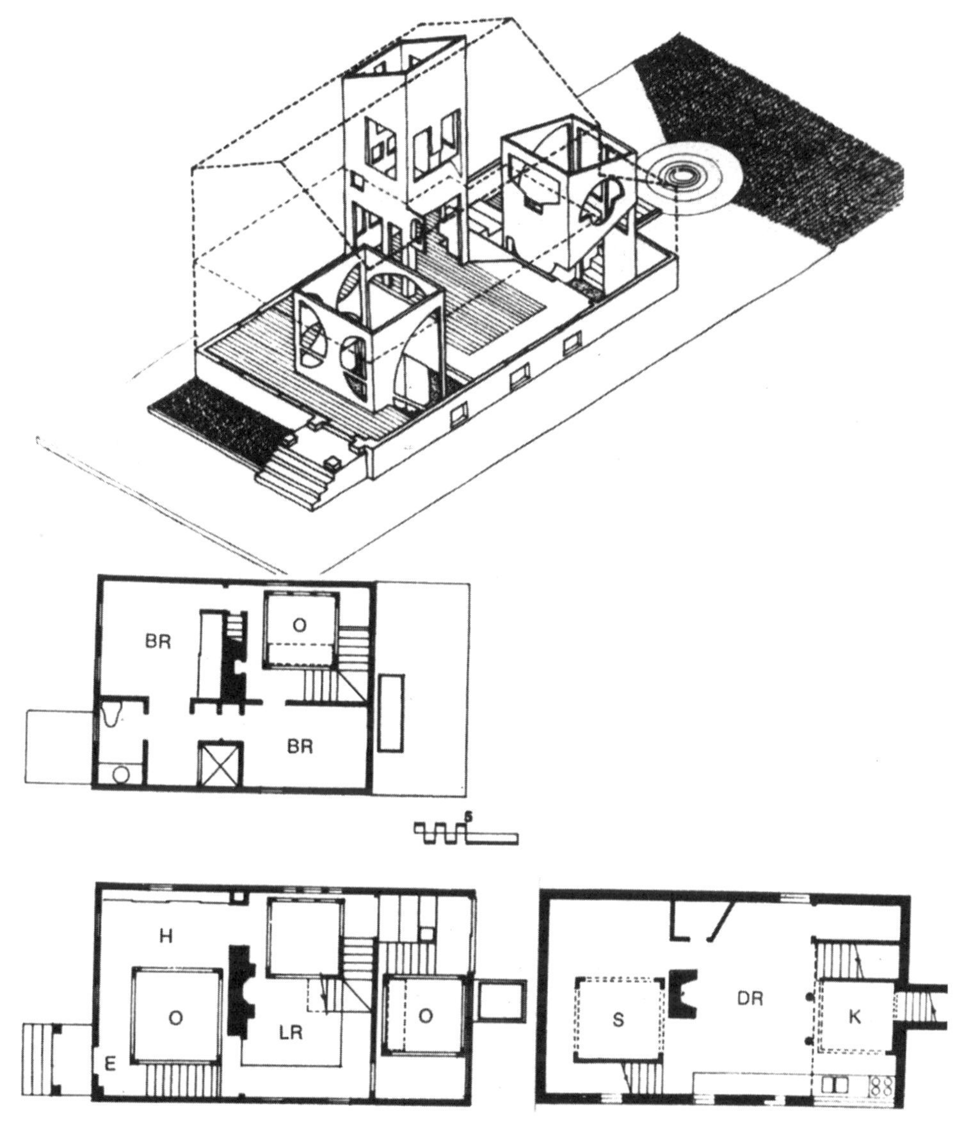

그림 6 찰스 무어와 MLTW. 무어 주택, 미국 코네티컷주, 뉴헤이븐(1967)
a 엑소노메트릭 투상도: 이중으로 벽을 덮어 세 개의 내부 공간을 이룬다.
b 평면도: 주택의 사각 경계 안에 독립된 공간들을 보여준다.

2 유한한 기하 형태인 우주

The finite geometry of the universe

플라톤Plato은 동양의 형이상학과 뚜렷이 대조되는 생각을 제시하였다. 플라톤은 노자보다 약 200년 후에 태어났다. 의심할 바 없이 플라톤은 서양사상에서 가장 영향력 있는 철학가 중의 한 사람이었다. 플라톤은 오직 눈에 보이는 것이나 만질 수 있는 것, 즉 실재하는 것만이 진실이라고 생각하였는데, 이에 반해 도교에서는 전혀 다른 반대사상을 고수하고 있었다.[1]

더구나 같은 물체 내부에서 정반대의 개념이 계속 교차하는 것은 모순이라고 생각하여, 다소 진실이 아닌 것으로서 배척하였다. 플라톤은 세계를 꾸며내는 네 가지 구성요소인 흙地 earth, 공기空氣 air, 물水 water, 불火 fire 중의 하나로 공간을 이해했다. 즉, 공간을 네 가지 요소 중의 하나인 공기로 간주하여, 다른 구성요소들과는 구별되는 유형有形의 물체로 보았다.

이러한 서론적인 연구 내용은 플라톤이 쓴 《티마이오스 *Τίμαιος*》(대화편: Timaios)의 일부분에 지나지 않는다. 르네상스시대에 《티마이오스》는 서양 건축 이론을 형성하는 데 상당히 영향을 준 문헌이 되었는데, 그것은 플라톤이 말하는 우주의 비례체계가 건물의 비례를 규정하는 원칙으로 해석되었기 때문이다.[2]

플라톤은 다음과 같이 말하였다.[3]

생성되는 어떤 것도 물질적이고, 볼 수 있으며, 만질 수 있어야 한다. 그러나 어떠한 것이라도 불이 없으면 볼 수 없고, 단단한 것Solidity이 없으면 만질 수 없으며, 흙이 없으면 단단하게 될 수 없다.

그래서 신이 우주의 형체를 구성하기 시작했을 때, 불과 흙이라는 요소로 만들었다. …. 또한 신은 불과 흙 사이에 물과 공기를 두었고, 되도록 이들이 서로 비례를 이루게 하였다. 따라서 물이 흙과 비례를 이루듯이 공기가 물에 비례가 되게 하였다. 그리고 이러한 방법으로 신은 세계를 볼 수 있고 만질 수 있는 완전체로 만들었다.

플라톤에게 공간이란 유한한 세계의 유한한 요소였다고 결론내릴 수도 있다. 플라톤의 공간은 노자사상과 같이 비실재를 보완한 것은 아니었으나, 유형화된 우주 구조의 부분들은 수학적으로 규정된 비례로 서로 결합되어 있었다. 플라톤은 계속 언급하기를,[4]

이 네 가지 요소들이 전부 사용되어 세계를 구성하고 있다. 창조주는 불, 물, 공기, 흙을 재료나 성질 어느 하나 빠짐없이 사용하여… 요소들의 완전한 집합체인 세계를 구축하였다.

플라톤은 천지창조를 설명하면서, 물체 세계에 대응되는 아니 더 우수한 **영혼세계**the Soul of World를 도입하였다. 신은 물체the body에 앞서 영혼the Soul을 창조하였다. 천국heaven의 실체는 볼 수 있었지만, 영혼은 눈에 보이지 않아 단지 '이성reason과 조화harmony만을 부여받았다.'[5] 플라톤의 설명에 따르면, 영혼이란 원형 고리들이 기하학적으로 짜인 틀로 구성되어 있으며, 그곳에는 일곱 개의 행성planet으로 구성되는 물질세계가 배치되어 있다고 하였다(그림 7). 플라톤의 우주는 공간 요소들이 조화를 이룬 구성, 즉 영혼으로서 해석될 수 있다. 그 영혼에서 일곱 개의 행성은 똑같은 움직임으로 회전하게 된다. 플라톤은 그와 같은 영혼의 **공간적**인 특성은 언급하지 않았고, 단지 수학적인 구조만을 설명하고 있다. 그 구조의 비례는 조화 비율harmonic ratios을 따르게 된다. 물질세계는 기하학적인 비율로 규정되어왔다. 이러한 비율은 이미 약 2세기 앞서 피타고라스Pythagoras가 발견한 것을 플라톤이 인용한 것이었다.
플라톤은 물질세계의 모든 물질적인 대상을 입체Solids로 표현하였다.[6] '첫째, 불, 흙, 물, 공기 등은 물질이며, 모든 물질이 입체라는 것은 누구에게나 명백한 사실이다.' 그는 우주를 포함한 물질세계를 등각등변의 입체와 동일시했다(그림 8, 9).[7] 공간이라 부를 수 있는 두 가지 요소, 즉 **공기**Air와 **우주**Cosmos를 모두 기하학적인 입체구조로 규정하였다. 세계가 유한한가 무한한가라는 의문에 대해, 플라톤은 우리들에게 명백한 해답을 주고 있다.[8]

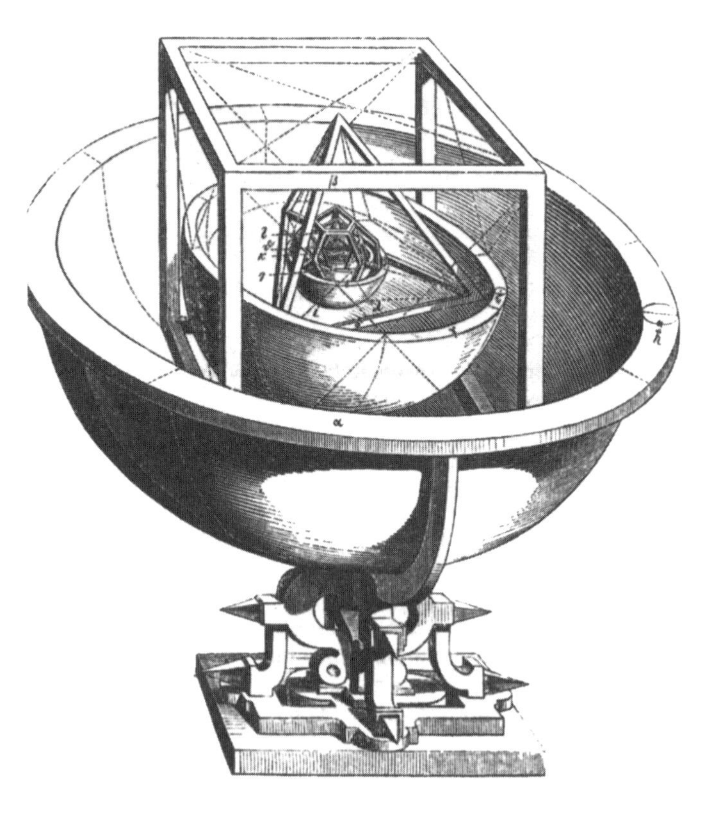

그림 7 우주를 구성하는 플라톤 입체, 요하네스 케플러 (1571-1630)

그림 8 레오나르도 다 빈치가 묘사한 다섯 가지 플라톤 입체, 루카 파치올로의 '신성한 비례Divina Proporzione', 베니치아(1509)에서 인용. 불: 피라미드(4면), 공기: 8면체(8면), 흙: 6면체(6면), 우주: 12면체(12면), 물: 20면체(20면)

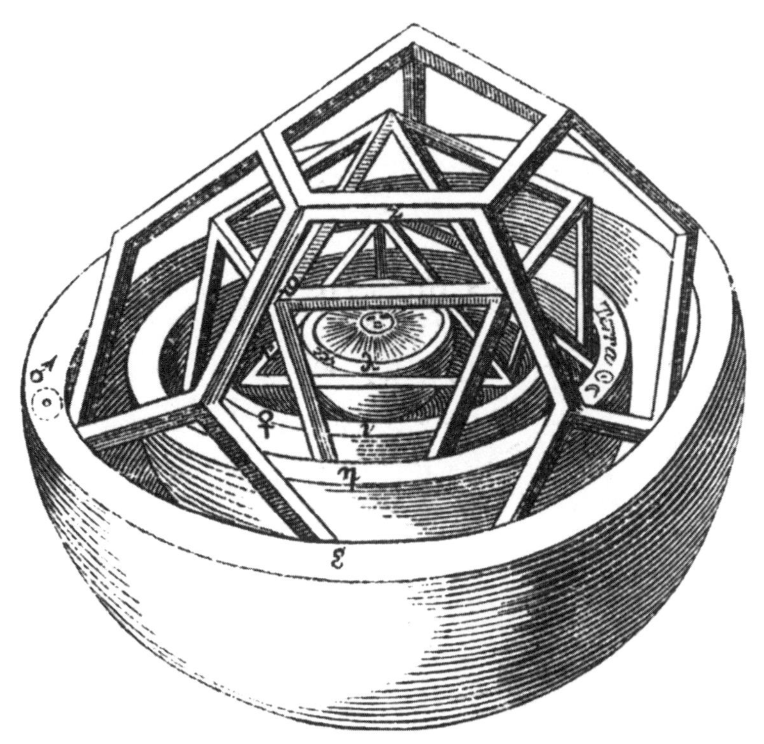

그림 9 우주를 구성하는 다섯 가지 플라톤 입체, 상세도(요하네스 케플러에 따름)

이러한 모든 생각에서 세계의 수數는 유한한가 무한한가라는 의문이 당연히 있을 수 있다. 그 해답이 무한하다고 하려면, 무한이란 의견을 표명하기 위해 유한의 정보가 필요하다. …. 가장 가능하다고 생각되는 우리의 견해는, 유일하며 신성한 우주가 존재한다는 것이다. 혹시 다른 생각으로 다른 견해가 유도될지도 모르지만, 그러한 생각들은 곧 사라지게 될 것이다.

《티마이오스》가 건축에서 중요한 것은, 모든 실체를 수학적 비례로 정해진 부분으로 나누어질 수 있는 유한한 전체로 보는 특별한 공간 개념 때문이다. 이러한 세분할subdivision 원리는 이탈리아 르네상스 건축양식의 모델로 사용되었다(그림 10). 알베르티L.B. Alberti* 의 건축 이론과 같이, 건축구조를 더욱 작은 공간단위의 총체로 세분할하는 것은 우주를 세분할하는 플라톤의 개념을 따른 것이다.

---

* 레온 바티스타 알베르티Leon Battista Alberti(1404-1472)는 전기 르네상스시대의 이탈리아 건축가이자 인문주의자, 예술이론가였다. 그의 예술 이론은 이후 유럽의 예술론 및 미학의 기초를 이루었다. 대표 저술에는 《건축론 *De re aedificatoria*》(1450) 10권이 있다.

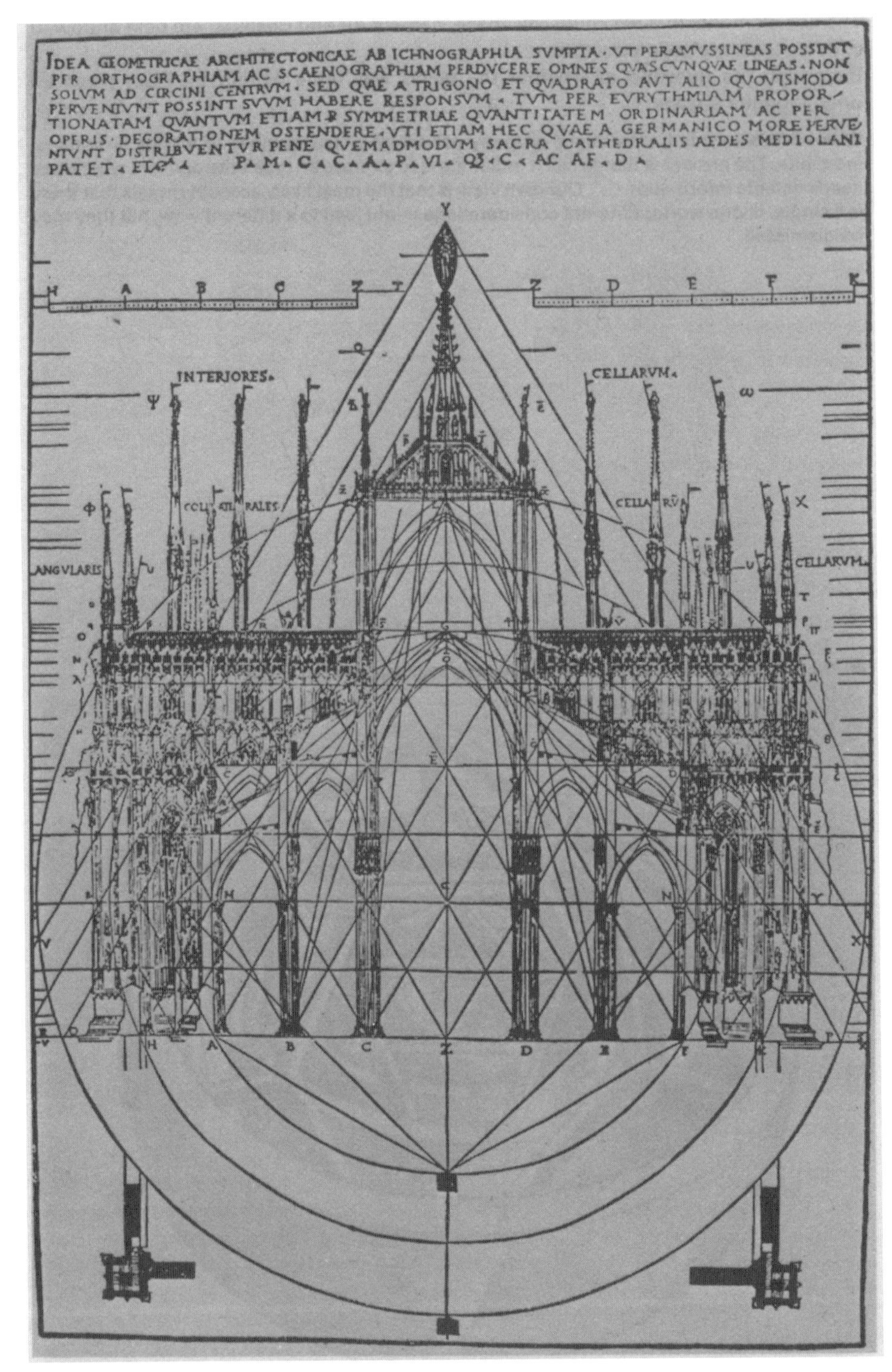

그림 10 밀라노 대성당(1386년 건립 시작)의 비례체계, 체사레 체사리노(1521): 이등변 삼각형에서 도출해낸 단면도로, 고딕건축 전통에 적용된 르네상스 기하학을 보여준다.

그림 11 플라톤의 세 가지 조화 비율에 따라 F. 지오르지가 만든 비례 급수(1525)

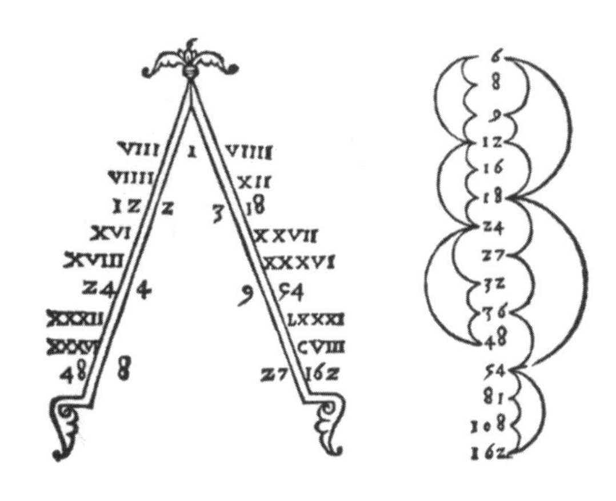

서양의 건축 이론에서 플라톤적 개념의 영향은 중요하다. 르네상스 건축가들은 플라톤처럼 대우주와 소우주의 일치, 즉 신성한 우주와 인간인 만든 세계의 일치에 매혹되었다. 또한 피타고라스의 비율을 이용하여, 영혼, 우주, 인간 정신, 인간 신체, 음악, 수학과 같은 요소들을 될 수 있는 대로 체계화하려고 하였다(그림 11). 르네상스의 건축가들은, 건축을 우주비례를 구체화한 조형으로 여겼으며, 건축 내부의 공간 단위들을 이와 비슷한 수학체계로 바꾸려 하였다.

플라톤의 세계는 3차원의 세계이고, 모든 공간 개념은 기하학의 규제를 받고 있다. 기하학과 객관성은 눈에 보이지 않지만, 신비한 우주 공간에서 인간의 소외를 타파하는 수단이었다. 이와 같이 해석된 우주는 인간의 눈으로 볼 수 있는 합리적인 것으로 인식될 수 있었다. 인간은 유한하고 기하학적인 건축으로, 잘 알 수 없었던 우주를 이해하려는 욕망을 표현하게 되었다. 이러한 과정에서 인간이 창조한 건축 형상은 비로소, 욕망을 자기의식적으로 재현한 형태가 되었다. 추상적인 근대운동에서 신플라톤적인 사고는, 우주적인 그리고 기하학적인 조화를 추구하는 정신적인 열망으로 이어지고 있다(그림 12).

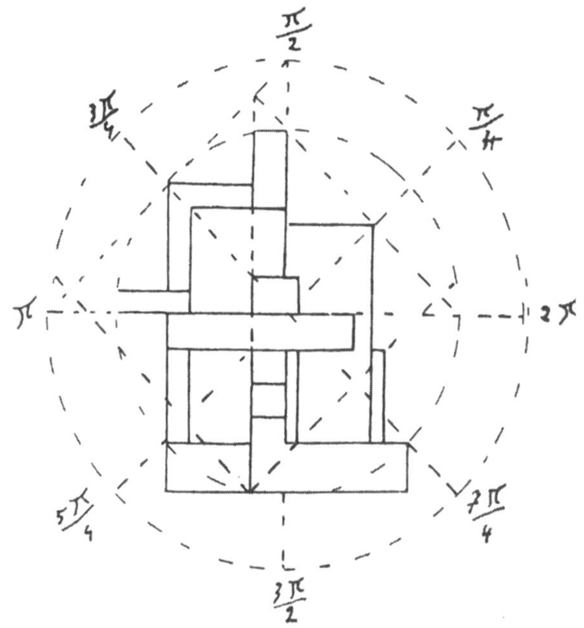

그림 12 G. 반 통겔루, 원에 내접, 외접하는 사각형 구성(1924)
a 모형
b 다이어그램

3 장소이론

The Theory of Place

플라톤이 활동한 두 세대 후에, 아리스토텔레스는 **장소**topos**이론**이라는 새로운 공간 개념을 발표하였는데, 이것은 플라톤의 스테레오토믹 개념과는 반대되는 내용이었다. 플라톤이 저술한《티마이오스》의 경우처럼, 아리스토텔레스의 견해가 르네상스 건축이론의 발전에 어떤 영향을 주었는지를 입증하기는 쉽지 않다. 오로지 전체 도시에서 그리고 도시 각 부분의 배치에서 위치situation, 즉 **장소**place의 중요성을 크게 강조한 알베르티Alberti의 언급에서 그 영향을 찾아볼 수 있다.[1] 하여튼 제2차 세계대전 이후인 20세기 중엽, 새로운 실존철학 운동이 프랑스와 독일에서 일어났을 때, 그때까지 플라톤적 르네상스 사상에 억제되어왔던 아리스토텔레스의 공간 개념이 복권되었다. 현대건축에서는 1960년대 초 신세대 건축가들이 근대적인 장소 개념concept of place을 도입하려 하였다. 즉, 건축가 알도 판 에이크Aldo Van Eyck는 장소 개념에 관심을 두고(그림 13), 1920년대 이후 기능주의 건축의 형태적이며 낯선 공간의 우위성을 끝내려고 시도하였다.[2] 공간 개념에 대한 이러한 중요한 태도 변화는 건축에서 아리스토텔레스의 고전적인 장소이론의 기본 내용을 정당화하고 있다. 현대의 물리학자들 사이에 아리스토텔레스의 이론 내용이 이미 일찍부터 새로운 관심을 불러일으키고 있었다는 사실은 주목할 만하다.[3]

《물리학*Physics*》 제4권에서 아리스토텔레스는, 물리적 요소마다 향하는 적절한 위치 또는 소속되는 장소, 바로 '**그곳**where'을 **장소**topos 개념으로 구축하였다(그림 14).[4] 아리스토텔레스는 "단순한 물체는 자체의 적절한 장소를 향해 상하로 움직인다(208b. 12)." 또한 "모든 것은 어딘가에somewhere, 즉 어떤 장소 속에 존재한다(208b. 33)." 그리고 "장소나 공간은

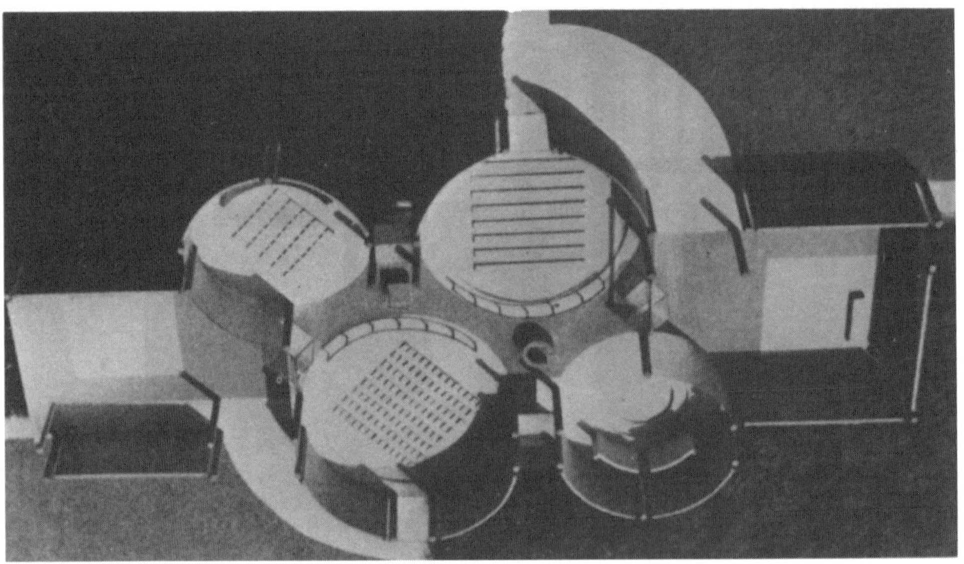

그림 13 알도 판 에이크. 천국의 수레바퀴(1966): "장소는 그릇, 즉 물체를 담는 용기이다"(아리스토텔레스)

형태가 있을 수 없다(209a. 8)."라고 이야기했다. 이러한 점에서 《티마이오스》에서 물체와 공간을 동일한 것으로 다루었던 플라톤의 사상에는 전혀 동의하지 않았다. 플라톤의 명제를 논하면서 아리스토텔레스는, "장소는 형태나 질료가 없는 것(209b. 22)"이라 하였다. "장소는 그릇과 같은 것(209b. 29)", 즉 "물체의 용기容器(209b. 32)"라고 생각하였다. 결론적으로, 아리스토텔레스는 공간의 본질적인 성격을 다섯 가지로 규정하고 있다(211a. 1-3).

그림 14 알도 판 에이크, 어린이 집, 암스테르담(1960): 물체가 바라는 적절한 위치

"장소는 장소 그 자체를 둘러싸고 있다."
"장소는 장소를 둘러싸고 있는 물체의 일부분이 아니다."
"물체 본래의 장소는 그 물체보다 크지도 작지도 않다."
"장소는 물체에 의해 남겨지는 것으로, 그 물체와는 분리되어 있다."
"모든 단위 물체들은 제각기 고유의 장소에 안주하려고 아래위로 움직이기 때문에, 모든 장소는 위나 아래에 있다."

이러한 아리스토텔레스 이론의 특징을 접하고 나면, 장소는 물체를 정확하게 한정하기 때문에 과연 형태를 가질 수 없을까 하는 의문이 생길지도 모른다. 아리스토텔레스는 이 문제를 좀 더 자세히 밝혔다. 즉, "형태와 장소는 동일한 물체의 한계를 정하지 않는다. 형태는 경계면을 정해놓는 물체의 한계이고, 장소는 물체를 에워싸는 경계면의 한계이다(211b. 13)." "장소는 에워싸인 물체가 장소적으로 이동이 가능한 경계면의 한계이다

(212a. 6).” “이와 같이 어느 물체의 장소란 그것을 에워싸는 움직이지 않는 경계이다(212a. 20).”라고 말하였다.

장소의 마지막 정의를 건축에 적용해보면, 움직이는 경계를 갖는 것, 예를 들어 모빌홈 mobile home이나 가변칸막이 벽과 같은 것은 아리스토텔레스의 의미로는 장소가 될 수 없다(그림 15). 그러나 루이스 칸의 경우처럼, 애초에는 가변성 있는 평면을 시도했던 현대 건축가들이 결국 이동칸막이 벽에 대한 개념을 완전히 거부했다는 사실은 우연의 일치가 아니다. 이와 반대로 탄게 켄조Kenzo Tange와 같은 건축가는, 평면에 대한 인간의 요구가 변화함에도 불구하고, 영속적으로 불변하는 건축적 경계의 중요성을 인정하였다(그림 16). 움직이는 경계는, 인간이 속해 있고 안락함을 느끼는 장소, 소위 ‘거주 장소resident place’라는 인간의 요구에 해결책을 주지는 않는다.

그림 15 피터 쿡. 인스턴트 도시(1988): ‘일상적인 밤 나절’

그림 16 탄게 켄조 시즈오카 라디오-신문 타워, 도쿄 (1966-1967)

유한한 우주라는 아리스토텔레스의 견해는, 우주를 무한한 공간으로 인정했던 르네상스 사상으로 파기되었다. 작은 것을 큰 것이 내포하고 그것을 더욱 큰 것이 다시 내포해나간다는 용기容器 시스템으로 장소를 해석하는 개념은, 결과적으로는 전체로서의 우주라는 개념에 도달하게 되었다. "그렇다면 우주 그 자체의 장소는 무엇인가?"라는 의문이 제기될 수 있다. 아리스토텔레스는 우주를 담고 있는 어떠한 물체도 존재하지 않는다고 결론지었다(212b. 10). "전체를 뛰어넘는 어떠한 것도 전체의 외측에는 존재하지 않는다(212b. 16)."

장소이론은 유기적 통합체organic unity인 전체의 일부분으로서 모든 세속적인 요소를 품고 있다(213a. 7-9). 개념적인 체계는 우주의 외부까지 미치지 않는다. 우주에 공허void나 진공 vacuum(213b. 24)이 존재한다는 피타고라스파의 신념을 아리스토텔레스가 반박하였는데, 그 이유는 공허void: kenon가 '그 무엇something'이라면 역시 장소가 있게 되며, 이는 또 다른 유형의 물체이기 때문이다.[5] 그는 "독립된 절대 공허나 또는 미미한 물체 내부의 어느 곳에도 분명히 공허는 존재하지 않으며, 또한 잠재적인 공허도 존재하지 않는다(217b. 20)."라고 결론지었다.

오늘날 아리스토텔레스가 주장한 유한한 통합체로서의 우주 개념은, 오랫동안 느껴왔던 것처럼 소박하게만 느껴지지는 않는 듯하다. 우주가 무한히 확장되는 공허라는 사실을 우리가 알아냈을지는 모르나, 이러한 개념이 지구 위 인간의 거주를 반드시 구체적으로 개선하지는 못한다.

그림 17 루이스 I. 칸, 더 룸The room, 펜실베이니아 대학교 석사과정 프로젝트(1971-1972), 구체적으로 경험되는 공간: 비어 있는 움푹한 곳

현대의 현상학자나 실존주의 철학자는 우주와 관련된 과학적 지식을 의문시하고 있다. 그 이유는 인간이 **그 속에서 생활할 수 있도록**lived in(그림 17) 구체적으로 경험해온 공간은 무한이란 성격이 아니라, 우리들을 지켜주고 안전하게 느끼게 해주며 가운데가 비어 움푹하고 내부를 둘러싸는 **유한한**finite 성격이기 때문이다. 고대 그리스인과 중세 사람들처럼, 우리는 아직도 하늘을 태양이 뜨고 지는 오목한 돔으로서 경험하고 있다(그림 18).

그림 18
아버지 하나님, 우주의 위대한 조물주, 13세기 프랑스 성서의 세밀화: 우주를 유한한 실체로 묘사하였다.

코페르니쿠스Copernicus의 증명에도 불구하고, 우리들은 이 세상을 유한한 실체로서 지각하고 있다.[6] 우주가 무한한데도 불구하고, 우리들이 거주하는 지표면은 모든 생물이 장소를 찾아야 하는 유한한 전체상을 이루고 있다. 그러므로 무한한 확장 개념은 장소 이론에 따라 실존적 일치 개념으로 변형되고 있다.

4 신성한 공간: 고딕의 빛

Divine space: the gothic light

18세기 말에 이르도록 신학적 사고theological thinking는 과학과 철학의 공간 개념에 강한 영향을 미쳤다. 물리학과 우주론에서 신학적 논증이 중요함을 막스 야머Max Jammer가 제시하였다.[1] 그는 중세시대 신과 공간 또는 장소와의 연관을 지적하며, 그것은 주로 유태인의 신비철학 사상Cabalistic thinking의 전파에 따른 것이라고 하였다. 또한 야머는 몇몇 중세 스콜라 철학자들이 공간 개념과 편재遍在하는 신omnipresent God*을 어떻게 동일시했는가를 설명하고 있다. 또한 신은 빛이었으므로, 빛과 공간 모두가 신성한 성격을 부여받고 있었다. 고딕 대성당의 내부 공간을 살펴보면(그림 19), 신의 개념을 빛이나 공간으로 표현하려 한 성당 건축가의 소망과 투명성transparency을 결부시킬 수 있다. 헤겔 미학 이후, 고딕 대성당은 비물질적 개념을 물리적인 표현 규범paradigm으로 설명해왔다. 실제로 많은 고딕 성당 내부에서 압도되는 신비하고 초자연적인 분위기를 누구도 부정할 수는 없으나, 이러한 공간 효과가 중세 스콜라 철학의 공간 개념에 직접 영향을 받은 것일까라는 의문은 여전히 남는다.

오늘날까지도 로마네스크에서 고딕에 이르는 양식과 구조의 변화가, 신학사상의 변화와 병행하여 야기되었음을 입증하기란 쉽지 않다. 아마 정반대의 접근방법이 더욱 효과적일 수도 있다. 즉, 지각될 수 있는 실체인 건축 형태의 흔적이, 형이상학적 개념에 영향을

---

* 편재하는 신: 널리 퍼져 어디에든 존재하는 신을 말한다.

그림 19 아미앵 성당, 북쪽 아일(1220-1288)

준 단편적 효과를 연구할 때 더욱 확실한 출발점이 될 수 있다. 이러한 건축 형태의 자율성autonomy은 예를 들자면, 파울 프랑클Paul Frankl의 건축 이론에서 제시되었다. 프랑클의 생각으로는, 다음 세대로 전달되는 정신적 태도를 이해하는 가장 중요한 방법은 아닐지라도, 건축 형태를 올바르게 해석하는 것은 중요하였다. 이 같은 형태적 접근방법의 또 다른 예는, 고딕 내부를 '**투명 구조**diaphanous structure'로서 분석하였던 한스 얀첸Hans Jantzen의 논문에서 찾아볼 수 있다(그림 20).[2] 그의 연구는 지금까지도 광학적인 관점에서 고딕 대성당을 가장 예리하게 분석하였다고 평가받고 있다. 얀첸은 감각의 영역에 속하는 건축 공간이나 빛의 경험과 정신의 영역에 속하는 형이상학적인 빛의 지적 개념은 전혀 별개라고 지적하였다. 얀첸은 이 두 양상이 항상 일치하지는 않는다고 믿었다.[3]

파울 프랑클은 개념을 이해하려는 형태 연구에서 아마도 가장 뛰어난 해설자였다. 그는 건축 형태는 자율적인 것이며, 고딕양식의 발전은 스콜라 철학 이론의 특별한 지식이 없어도, 건축된 공간의 실재로서 완전히 이해할 수 있다고 솔직히 주장하였다.[4] 중세의 건축 거장master-builder은, 그 시대의 신학 이념에 간접으로 영향받았을지도 모르나, 그들은 무엇보다도 그리고 영원히 장인craftman이었으므로, 그들의 건축 형태에 대한 지식은 건물의 건축적, 사회적 전통과 수학이 적용된 경험에서 독자적으로 발전되었다고 하였다.

자율적이며 본질적인 가치를 따르는 프랑클의 예술 개념은, 13세기의 여러 학자들에 의해 확인되었다. 예를 들어 알쿠이누스Alcuinus의 미학에 따르면, 예술작품의 예술적 가치는 그것이 야기하는 형이상학적인 사고와는 무관함이 분명하였다.

13세기 후반 예술작품의 자율적인 가치는, 비텔로Witelo의 저서 《원근법*Perspectiva*》(1270-1277 사이)* 속 빛의 이론Theory of light으로 더욱 발전되었다.

프랑클과 같이 예술 자율론을 강하게 옹호하였던 E. 드 브뤼느Edgar de Bruyne는 비텔로의 미학에 특별히 관심이 있었다.[5] 그는 모든 시각적인 아름다움은, 비텔로의 경우, 형태를 감각적으로 지각하는 데 있다고 결론 내렸다. 사실 비텔로는 중세 최초의 학자라고 볼 수

---

* 비텔로가 저술한 《*Perspectiva*》는 '원근법', '투명화법' 등으로 번역되며, 어원인 라틴어의 아르스 페르스펙티바 Ars perspectiva는 페르스피케레perspicere(투과하여 보다라는 뜻)에서 유래한다(세계미술용어사전, 1999. 월간미술 참조).

그림 20 루앙 성당(1200년 이후), 남쪽 아일의 내부 상세 : 투명 구조인 벽

있는데, 그는 미리 설정한 지역적, 종교적 이미지의 의미와 특정 색채를 사용하여, 미의 순수하게 시각적인 성격에 길을 터주었다. 비텔로는 분위기의 성격을 순수하게 **투명성** diaphanitas, **농밀성**densitas, **불명료성**obscuritas, **음영**umbria으로 정의하였다. 이러한 요소들은, 오늘날 우리가 고딕 네이브의 특성으로 인식하는, 공간적 효과를 뚜렷하게 가리키고 있

다. 1270년경에는 비텔로 덕분에 주위 환경의 공간적 성격을 명백히 인식하게 되었다고 결론내릴 수 있다. 왜냐하면 이후로 알베르티나 레오나르도 다 빈치와 같은 르네상스 이론가들이 비텔로의 《공통적 원근법*Perspectiva communis*》이라는 책을 인용하고 있기 때문이다. 비텔로의 공간 해석, 특히 공간지각에 대한 그의 심리학은 공간성을 현상학적으로 지각하는 데 최고의 성과를 내고 있는데, 이는 고딕 내부에 대해 고심한 노력의 결과였다. 그것은 확실히 건축물 내부의 작용으로, 결국 우리들은 공간의 현상과 우리가 느끼는 독특하고 경이로운 분위기를 인식하게 된다.

생 드니의 수도원장 쉬제르Abbot Suger는 그의 저술에서, 중세시대에는 드문 경우이었지만, 신학적 개념과 물리적 형태로서의 교회 건물을 확실하게 통합시켰다(그림 21). 그러나 빛의 중요성에 대한 그의 논문에서는, 네이브의 공간적 표현에 대한 중요성을 말하지 않고, 색 무늬로 장식된 표면의 물질적 성격에 대해서만 언급하고 있다. 그는 금이나 돌, 유리, 즉 물질 표면의 **귀중도preciousness**와 빛을 기본적으로 연관 짓고 있다. 쉬제르에 의하면, 빛은 기본적으로 **밝음brightness**을 의미하며 인상적인 것이었다.[6] 그는 새로운 종류의 광원체가 일으키는 공간의 성격에 대해서는 거의 언급하지 않았다. 미술역사가인 브래너Branner도, 스테인드글라스 창에 대한 수도원장 쉬제르의 관심은 고딕 내부의 공간적 구조적인 혁신에 비해 부차적인 것이라 믿고 있었다.[7]

이와 반대로 파노프스키Panofsky는 고딕 성당 연구에서 스콜라 철학과 고딕 형태 사이에 어떠한 지적知的 연결을 시도하였다.[8] 그는 토마스 아퀴나스Thomas Aquinas의 어법에 근거를 둔 **마니페스타티오'manifestatio'**(설명 또는 성명)란 개념을, 초기 및 전성기 스콜라 철학의 가장 중요한 원리로 설명하였다. 그러나 아퀴나스는 남부 이탈리아인이었으며 20살 때인 1245년에야 파리에 도착하였고, 그때 그는 일 드 프랑스Île de France와 피카르디Picardie 지방에서 거의 완성되어가던 전성기 고딕건축양식의 몇몇 대성당을 관찰할 수 있었다. 그중 아미앵Amiens 대성당은 가장 후기의 것으로 1220년에 착공되었다. 이런 역사적 사실 때문에 아퀴나스의 **마니페스타티오**란 개념이 성당 건축의 원천일 가능성은 다소 사변적思辨的*

---

* 사변적: 경험에 의하지 않고 순수한 이성으로 인식하고 설명하는 태도 또는 그렇게 인식하고 설명한 것을 의미한다.

인 것이 될 수 있다. 또한 그 반대가 더욱 그럴듯하다. 대성당의 시각적인 경험은 형이상학적인 개념을 지니도록 아퀴나스를 자극시킬 수 있었다. 파노프스키는 지적知的인 **마니페스타티오**를 시각적으로 표현하려고 **투명성**Transparency 원리를 도입하였다. 투명성은 빛이 벽을 관통하는 것을 의미한다. 즉, 빛은 외부에서 오는 것이다(그림 22). 이와 같은 개념은 얀첸이 주장한 초기 논제thesis와는 대립된다. 얀첸은 내부 공간 자체인 무형의 어두움으로 둘러싸인 스테인드글라스 창 그 자체는, 예배하는 사람들에게 빛의 원천으로 보이고 있음을 논증하려 하였다.[9] 투명성의 문제는 제쳐두고라도, 북부 프랑스 최초의 고딕 공간

그림 21 쉬제르, 생 드니 수도원장, 수도원 성당, 콰이어(1140-1144): 회랑 내부 전경

그림 22 아미앵 성당(1220-1288), 외부 남쪽 장미창: 투명성

내부의 빛의 총량은 극히 미약하였으므로, 내부 형태를 설명하거나 밝히는 데는 거의 효과가 없었다. 더욱이 피카르디 지방 고딕 성당의 낮은 조도, 즉 어두움은 초기 로마네스크 건축 내부의 어두운 상태와 별로 차이가 없었다.[10] 그러므로 낮은 조도는 고딕 공간의 특별한 조건이 아니었다. 그러므로 극적으로 고딕 공간을 표현한 것은 스테인드글라스라는 빛나는 발명품이라고 볼 수 있다. 즉, 스테인드글라스는 벽이라는 이미지 위로onto 떨어지는 빛을, 이미지 그 자체에서from 비추는 빛으로 바꾸었다.

얀첸은 스테인드글라스 창문 그 자체가 빛의 원천이라고 결론 내렸던 볼프강 쉔Wolfgang Schöne의 연구[11]를 언급하고 있는데, 쉔은 그런 감각을 지금도 샤르트르Chartres, 보베Beauvais, 르 망Le Mans, 부르주Bourges와 랭스Reims 등의 고딕 성당 내부의 초기 창문 부분에서 경험할 수 있다고 하였다. 고딕 창은 공간적인, 즉 분위기의 현상으로, 벽의 투명 구조를 강조하고 있다. 얀첸과 쉔은 고딕의 빛을, 뒤에 파노프스키가 믿은 것처럼 투명한 빛으로 간주하지 않고, 사실상 스테인드글라스 창에서 발산하는 자연스럽지 못한 '인위적artificial'인 빛이라고 여겼다(그림 23).

자연의 흰 빛은 다양한 회색 농담 계조濃淡階調에 따라 자연스러운 음영을 던져준다. 물리적인 형태는 밝음과 어두움의 점진적인 변화로 인지된다. 레오나르도 다 빈치와 같은 르네상스의 유물론적 이론가는 형태의 인지를 다루면서, 실체를 이해하는 과학적 도구로서 빛을 해석하였다. 그러기 때문에 르네상스 건축에서는 희고 투명한 유리가 선호되었다. 이와는 반대로 고딕의 내부 공간은 스테인드글라스 창의 타오르는 듯한 색채 표면으로 채광되었다. 자연스러운 음영이 없는 스테인드글라스는 고딕의 내부 표면을 부드럽고 유려하게 만들었고, 그리하여 비물질적 차원까지 지각적인 감각을 드높였다.[12]

파노프스키처럼 오토 폰 심손Otto von Simson도 대성당을, 12세기의 신학적 견해에 대한 예술적 형태의 반응이라고 설명하고 있다. 그는 고딕 대성당에서 빛이 사용된 것을 '선례가 없는 양상' 중의 하나로 생각하였다.[13] 그의 가설은, 자연의 빛은 신이 가장 직접 표현한 것이라는 아우구스티누스의 철학을 주로 따르고 있다. 그러나 "… 내부 공간의 어떠한 부분도 빛에 의해 명확히 드러내지 못한 채 어둠 속에 남아 있는 것은 허용되지 않았다 …"[14]라는 고딕 공간의 조도에 대한 그의 선언은 쉔-얀첸의 명제와도 모순되며, 아직까지 남아 있는 고딕 내부 공간의 몇몇 실재와도 모순되는 것은 분명하다.

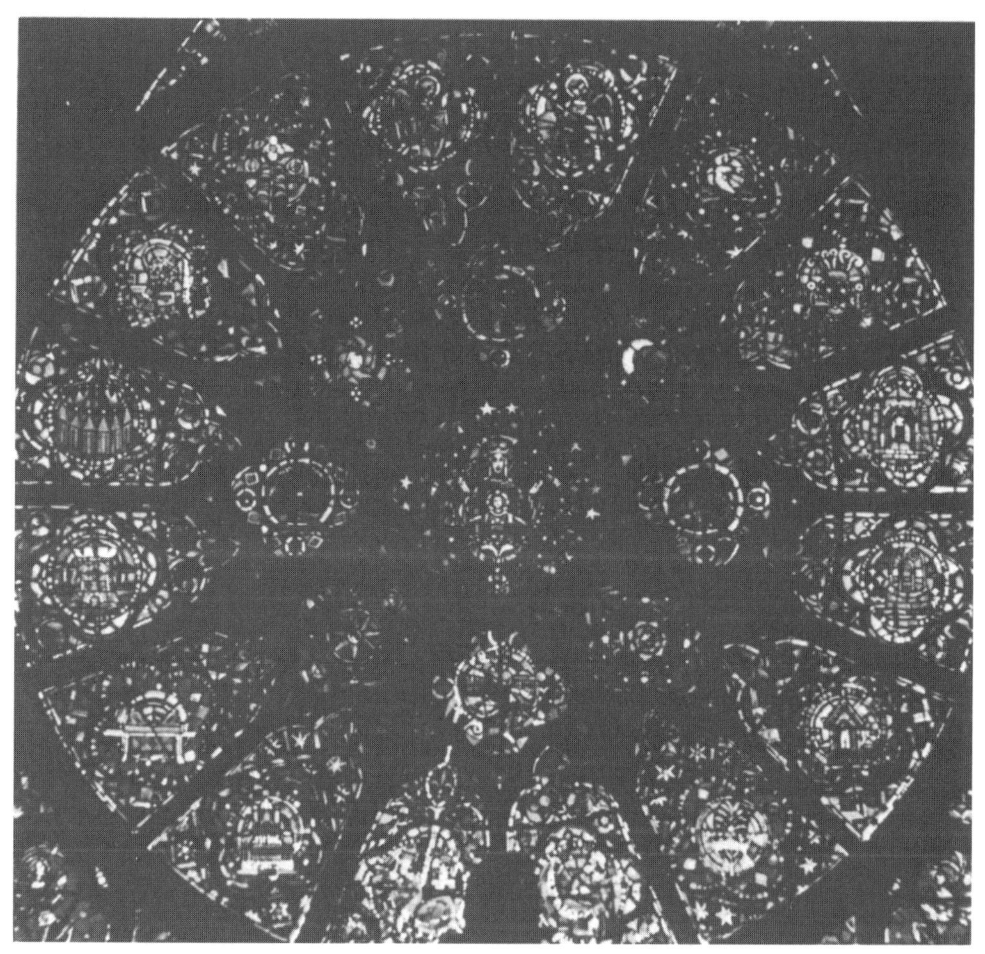

그림 23 랭스 성당(1210-1299), 서쪽 정면 내부의 스테인드글라스 장미창

빛의 재현이라는 공간 개념은, 다시 말해 편재하는 신omnipresent God이라는 개념은, 매우 광범위한 철학적 개념으로, 당시대 모든 견해들을 아우른다. 고딕의 거장들은 19세기 헤겔 이래로 근대건축의 많은 공간이론에서 핵심이 되는 특별하고 독창적인 내부 환경을 창조하였다. 이러한 고딕건축에 대한 인식은 19세기에 신고딕 절충주의Neo-Gothic eclecticism로 향하는 양식 탐구를 이끌게 되었다. 20세기 제1차 세계대전 후에 고딕 성당은, 표현주의 운동과 초기 바우하우스에서 가장 이상적인 건물로서 재현되었다. 더구나 건축 이념으로서의 공간은 19세기 말의 개념이라는 사실을 인식해야 하며, 또한 니체의 '디오니소스적Dionysian' 공간 개념이나 슈펭글러Spengler의 '파우스트적Faustian' 공간 개념과 같은, 고

딕 내부를 공간으로 본 모든 근래의 해석은, 역사적인 관점에서 사변적임을 인식해야 한다. 이러한 해석들은 중세의 견해보다는 현대의 견해를 더 많이 내비치고 있다. 고딕 성당을 실제 건축 중이었던 당시에는, 개념으로서의 공간과 고딕 내부를 의식적으로 명쾌하게 결합시키지 못하였다. 그러나 형태의 자율성이 공간 개념을 포함하여 많은 이론들을 제기하였다는 것도 사실이다. 고딕 성당의 경이로움을 지각하지 못하고, 공간이 의식적인 개념conscious notion으로 근대건축 이론에 진입한다는 것은 전혀 있을 수 없다. 그러므로 13세기의 비텔로, 19세기의 헤겔, 20세기의 그로피우스는 저마다 공간미학을 정립하기 전에, 고딕건축 내부의 분위기를 모두 체득하고 있었다.

5 우주의 무한공간

The infinite space of the universe

16세기 전반부에는 아리스토텔레스가 주장했던 장소로서의 공간이론과 우주의 유한성 이론이 시들어가기 시작하였다. 니콜라스 코페르니쿠스Nicholas Copernicus 사망 후 1543년에 간행된 《천체의 회전*De Revolutionibus Orbium Caelestium*》이라는 책에서 코페르니쿠스는, 회전하고 있는 것은 우주의 외부 궤도가 아니라, 지구 그 자체가 상대적으로 운동하고 있다고 주장하였다(그림 24). 이 발견은 '공허한 공간empty space'의 존재를 거부하고 있던 고전적인 장소이론에 치명타를 주게 되었다. 따라서 그 대신에 **절대적 공간**absolute space이라는 새로운 개념이 발전되기 시작하였고, 17세기 말 뉴턴의 철학에서 마침내 구체화되었다.

지구가 더 이상 인간 세계의 정적인 중심이 아니라는 이 새로운 견해를, 정치 지도자나 그리스도 교회의 권위는 쉽게 받아들이지 못했다. 코페르니쿠스보다 약 100년 후에 갈릴레오 갈릴레이Galileo Galilei는 결정적으로 또 다른 진보를 이루었다. 그는 망원경으로 천체를 관측하여, 지구보다는 태양이 인간이 사는 우주의 부동의 중심이라고 결론 내렸다. 이 새로운 이론에 따르면, 지구는 지금도 자전과 공전을 연속하며 태양 주위를 돌고 있다는 것이었다. 로마 교황청은 갈릴레이의 그 같은 견해를 금지하였다. 1616년에 그에게 내려진 금지령에도 불구하고, 갈릴레이는 코페르니쿠스의 태양계 이론을 지지하는 《천문 대화*Dialogo*》라는 책을 1632년에 출판하였다. 그것은 성직 당국의 또 다른 비난을 불러일으켜 이번에는 종교 재판소에서 금지령을 내리게 되었다.

17세기는 과학의 위대한 혁신시대였다. 보수적인 견해를 가진 지배세력과 충돌이 있었던 비판적인 철학자들, 예를 들어 데카르트Descartes, 로크Locke, 스피노자Spinoza, 에라스무

그림 24 니콜라스 코페르니쿠스 이후의 태양 중심 우주체계(1543)

스Erasmus, 그로티우스Grotius 등은 조국의 국경을 넘어 도피하지 않을 수 없었다. 외국에 도피하는 동안에 르네 데카르트는 전통적인 세계 인식에 의문을 품기 시작하였다. 지금은 고전적인 진술이 되었지만 '**모든 것은 의심해보아야 한다**De omnibus debutandum'라는 데카르트의 말이 있는데, 이는 '단 하나의 확실함이란, 즉 모든 것은 의심스럽다는 그 사실이다'라는 것이었다. 데카르트에게 **의식**意識 Conscience은 **존재**하는 최초의 실재reality res cogitans*

* 데카르트는 세계의 존재를 사유 실체Res cogitans(생각)와 연장 실체Res extensa(사물)로 나누었다. 연장 개념을 더욱 3차원적 의미가 있도록 '확장'으로 번역하였다.

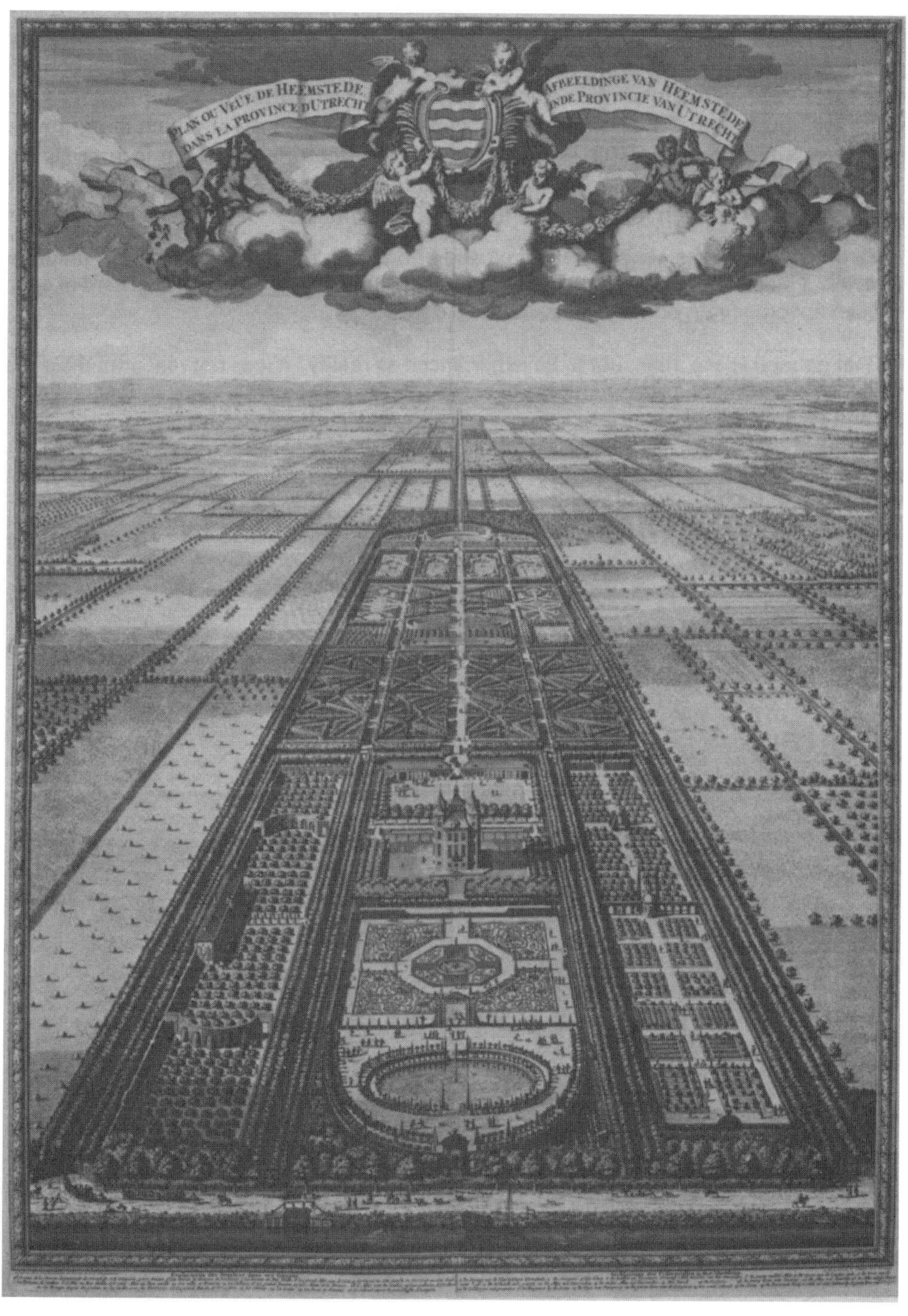

그림 25 네덜란드 위트레흐트의 헴스테드 전경, T. 마우헤론 그림, D. 스토펜달 판각: 실체의 주요 속성인 '확장', 데카르트적인 공간 개념

이었다. 그는 의식과 사물의 물질세계를 구별했다. 그는 물질세계의 진공vacuum을 독립된 존재로 인정하지 않았다. 데카르트에게 공간Space과 매스Mass는 동일한 것이었다. 그는 공간성spatiality을 물질의 확장res extensae과 동일시했다. 하이데거는 데카르트의 이러한 개념을 "확장Extension－즉 길이, 폭, 두께의 확장이라 하였고, 확장은 우리들이 세계라고 부르는 물리적 본질의 실체를 만들어낸다."라고 하였다(그림 25).[1]

건축가에게서 때로는 '카르티지언 공간Cartesian space'이라는 표현을 듣는 경우가 있는데, 이것은 2차원 또는 3차원의 그리드처럼 기하학적 규칙성geometric regularities이 있을 때를 말한다. 그러나 데카르트의 공간 개념은, 하이데거가 말했듯이, 물질적 실체의 3차원적 확장으로 해석되어야 한다. 특히 이것이 19세기 건축가 고트프리트 젬퍼Gottfried Semper가 세 가지 공간 요소를 중요하게 인식하는 전조가 되었다는 것에 주목해야 한다. 데카르트에게 철학적 확장은 이미 중요한 실재reality의 속성이었다.

3차원적 공간이라는 카르티지언 공간의 일반 개념은 기하학적인 공간 개념이지만, 반면에 데카르트의 확장Extension은 오히려 공간의 물리적 개념이다. 이러한 공간espace 개념은 데카르트의 《기하학*La Géométrie*》(1637)이란 책에서 완성되었다. 그러나 확장의 개념은, 17세기와 18세기에 걸친 바로크 도시계획의 훌륭한 계획안과 그 계획이 실현된 예를 고려해 본다면, 그가 활약했던 시대의 건축가들에게는 더욱더 자극적인 것이었음에 틀림없다(그림 26).

데카르트가 확장 개념을 물질세계에만 적용한 반면에, 존 로크John Locke는 이를 정신Spirit 세계에도 적용하였다. 로크에게 확장은 물질만의 뚜렷한 속성이 아니라, 정신과 물질 모두에 속하는 것이었다. 공간은 물질세계와 정신세계의 공통 기반이 되었다.[2] 또한 로크는 사람이 태어날 때는 백지상태tabula rasa이며, 생애 동안에 경험을 지각하며 지성의 내용을 받아들인다고 가정함으로써, 데카르트적 의식인 직관적 통찰intuition에도 반대하였다.

직관적 통찰과 지각적 경험과의 충돌은 영국의 경험주의자들이 제시한 공간 개념 발전에 큰 영향을 주었다. 즉, 로크, 흄Hume 그리고 후에 버클리Berkeley와 같은 영국의 경험주의자들은 선험적a priori 지식의 존재를 부정하면서, 공간 개념은 감각의 지각으로만 존재할 수 있다고 주장하였다. 이런 점에서 그들은 메를로 퐁티Merleau Ponty나 하이데거 같은 현대 현상학자들의 전조였다고 볼 수 있다.

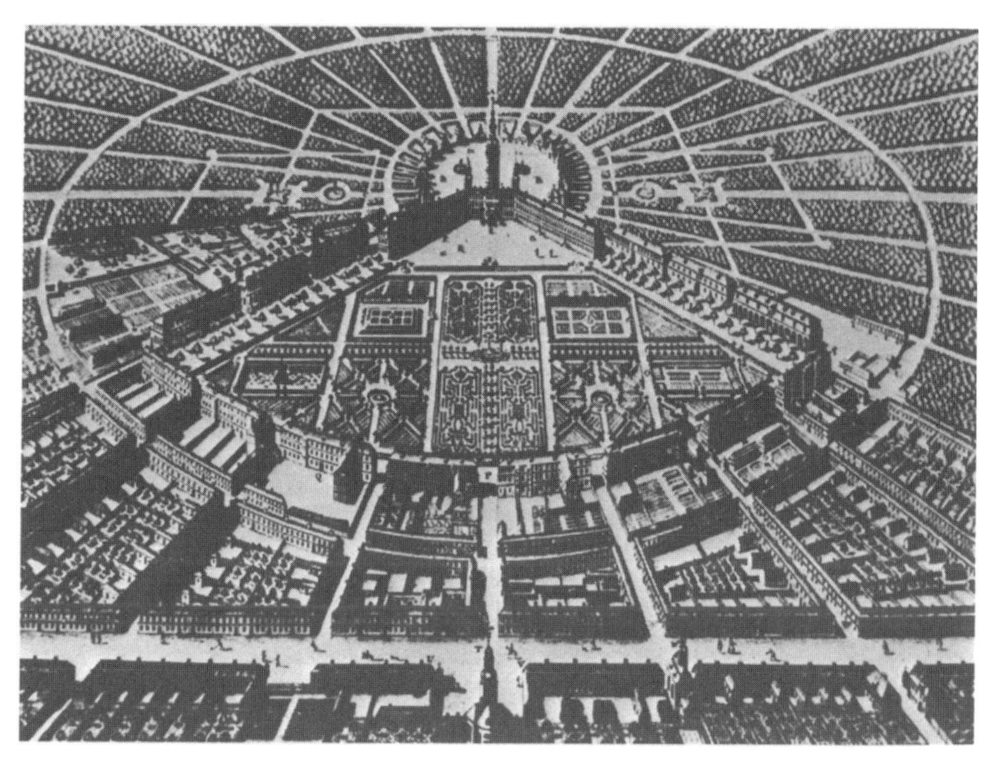

그림 26 칼스루에. 마르크그라프 빌헬름 그림(1739): 바로크 도시계획의 확장 개념

17세기 말에 이르러, **절대적 공간**absolute space과 **상대적 공간**relative space을 구별한 아이작 뉴턴Isaac Newton이 이런 대립을 어느 정도 종합하였다. 뉴턴에 따르면, 절대적 공간은 우리의 감각으로는 지각될 수 없으며 상대적인 공간으로 측정되는 것이었다. 절대적 공간은 균질하고 무한하며, 상대적 공간은 절대적 공간을 측정하는 수단이거나 좌표계였다.[3] 현대의 몇몇 건축가도 이와 비슷한 결론에 이른 것은 흥미로운 일이다. 루이스 칸Louis Kahn은 건축은 **'측정될 수 없는 것**immeasurable'을 **'측정가능하게 하는 것**measurable'이라고 종종 주장했는데, 이 말은 미학적인 면에서 뉴턴의 학설과 그 뜻을 분명히 같이 하고 있다는 예증이다. 또한 드 스테일 건축가였던 헤리트 리트펠트Gerrit Rietveld는 절대적 공간의 한 부분으로서 뉴턴의 상대적 공간 개념에 접근하면서 다음과 같이 설명하였다(그림 27).[4]

만일 실용적인 목적으로 무한한 공간의 일부분을 인간적인 척도로 나누고 한정하며 도입한다면, 그것은 실재로서 우리에게 주어지는 공간의 한 단편일 것이다. 이러한 방법으로 공간의 특정한 한 부분이 우리 인간 조직 속에 흡수된다.

그림 27 헤리트 리트펠트. 손스벡 조각 파빌리온(1954)의 스케치 모형: '우리는 무한한 공간의 일부분을 분리하고 제한하여, 휴먼스케일로 만든다'

그렇다면 일반 공간general space이 실체로서 경험되는 일은 없을까? 일반 공간은 그 속에 어떤 제한을 둘 때, 즉 공간에 크기를 부여하거나 빛이나 소리를 반사하는, 구름이나 나무 그 밖에 것들을 둘 때, 비로소 실체가 된다.

진실로 존재한다고 받아들여지는 일반 공간이란 개념은, 제한하여 만들어지는 실재의 단편들을 연속될 때 그 자체를 분명하게 나타낸다.

코페르니쿠스와 갈릴레이시대에는 공간의 무한성infiniteness of space이 이단으로 배척되었지만, 뉴턴 이후에는 공간의 무한성은 신이 존재하는 증거로서 받아들여지거나 절대적 공간 그 자체와 동일한 것으로서 환영받았다. 즉, 공간의 편재는 이제 신의 편재로 해석되었다.[5] 막스 야머는 뉴턴의 절대공간이론이 거의 두 세기 동안이나 지속될 수 있었던 이유를 논증하였다. 그 이유 중의 하나는 뉴턴이 이룬 과학적 공헌 때문이었고, 뉴턴 자신이 공간이론을 지지하여 축약해 넣었던 역학mechanics과 같은 다른 분야의 권위를 들고 있다.

또 다른 이유로는 그의 공간 개념이 신이 실존한다는 최고의 신학적 증명으로 간주되었기 때문이다.

뉴턴의 이론이 성공적이었음에도 불구하고, 절대적 공간 개념을 단호히 거부하고 상대적 공간만을 지지하였던 라이프니츠Leibniz나 호이겐스Huygens 같은 다른 과학자들의 혹독한 공격을 받아야만 하였다. 17세기 독일 최고 철학자인 라이프니츠는 공간을, 공존하는 물체 사이의 상호관계로 보았다. 그에 따르면 절대공간의 존재는 존재론적이나 형이상학적인 면에서는 불합리한 것이었다. 그러나 불행하게도 라이프니츠와 호이겐스는 그들 주장에 대해 만족할 만한 과학적인 논증을 제시하는 데 실패하였다. 19세기 말에 이르러서야 그들의 가설은 마흐Mach와 아인슈타인Einstein의 상대성 이론으로 복권되었다.

특히 여기서 근대 바우하우스의 이론가인 모홀리-나지Moholy-Nagy가 라이프니츠의 개념과 다소 비슷한 공간의 정의에 도달했다는 사실에 주목해야 한다. 모홀리-나지는 지각적 경험으로 파악될 수 있는 실체로서의 공간과 건축을 동일시하였다. 그의 출발점은 '공간이란 물체들의 서로 다른 위치 사이의 관계이다'[6]라는 물리적 법칙이었다(그림 28). 이 법칙을 20세기 초 많은 근대 건축운동의 다양한 실험 속에서 그리고 건축의 새로운 지도자들이 채택하고 시도해오면서, 공간 개념은 그 이전에 데카르트와 뉴턴의 지적 개념에서 미학적 지각 현상으로 발전하였다. 로크와 버클리는 지적 개념이 지각작용에서 생성됨을 발견하였다. 20세기 초의 예술가들은 이와 같은 범주에 접근하게 되었다. 그 이전에는 다만 지각되거나 지적으로만 이해되던 것이 이제는 예술 표현의 의식적인 주제가 되었다.

그림 28 L. 모홀리-나지, 동적 구성 체계(1922-1928). '공간은 물체 위치 사이의 관계이다.'

6 형이상학적 직관과 형태의 내용
Metaphysical intuition and content of form

칸트의 공간이론은 라이프니츠의 이론뿐만 아니라 흄Hume과 같은 영국 경험주의자의 이론과도 대립되었다. 칸트에 따르면, 공간은 물체의 일반 개념도 아니고, 또 감각으로 지각되는 정보를 따르는 것도 아닌, 오직 사고의 세계에 속하는 것이었다.[1] 공간은 필히 **선험적**a priori인 개념이지, 외부세계에서 겪어 얻어지는 경험적인empirical 대상은 아니었다. 칸트는 그의 저서 《서론*Prolegomena*》에서 '나는 선험적인 개념들이, 흄처럼 경험에서 추론되는 것이 아니라, 순수이성에서 발생된다는 사실을 확인하였다.'[2]라고 쓰고 있다. 칸트는 **선험적인 직관**intuition a priori뿐만 아니라 공간에도 무한한 성격을 부여하였다. 이러한 점에서 칸트의 공간 개념은 뉴턴의 절대적 공간 개념을 확장시켰다고 할 수 있다.

칸트는 그의 철학에서 관념적으로 형성된 전체상whole을 두 가지 양상으로 구별하였다. 하나는 우리가 단지 현상으로만 알 수 있는 '**사물 그 자체**Ding an sich'로 형성되는 외관appearance의 세계가 존재함을 인정하였다. 다른 하나는 **공간**과 **시간**이라는 '**선험적 직관** Reine Anschauung'에 근거를 두는 **실체**noumenal의 세계가 존재한다는 것이었다. 후자의 세계는 칸트에게 가장 중요한 세계로, 감각적인 정보에 따르지 않는 선험적이며 이상적인 관념의 세계였다.

칸트가 그의 선험적 철학에서 구축했던 두 가지 세계는 그의 미학, 즉 1790년의 《판단력비판*Critique of Judgement*》이란 책에서 다시 나타났다. 칸트는 **미**美 Beauty는 감각의 세속적인 경험에서 생겨나는 것이 아니며, 미의 개념도 그러한 경험을 초월해야만 존재할 수 있다고 믿었다. 칸트는 미의 **필요조건**sine qua non을 네 가지 요소로 요약하였다. 만일 미가 일반적universal이고 필요하며necessary, 무관심한 만족uninterested satisfaction을 만들어내고, 목적 없는 목적성purposeness without purpose을 갖는다면, 미는 미로서만 존재한다. 칸트의 두 가지 세계는, 그의 미학에서 형태form와 물체matter의 개념으로 완성되었다. 지적 개념인 사물의 형태는, 시각적 감각을 일으키는 물체로서의 사물과 구별되어 나타난다. 그러나 분리 불가능한 전체를 형성하는 대신에, 이 두 가지 양상은 인위적인 틈gap을 야기하여, 건축적이며 감각적 경험을 만들어내는 지적인 공간 개념을 방해하고 있다.

미에 대한 칸트의 네 가지 필요조건은 쉘터라는 기능적 요구와 건축 구조형태 사이를 조절하기에는 당연히 너무나 어려웠다. 아주 드물게 제한된 실험(그림 29)에 의해서만 건축 형태는, 칸트의 미 개념이 요구하는 무목적인 조건 속에서 창조될 수 있었다. 건축에서 요구하는 목적의도와 미에 대한 절대적 정의를 조화시키려고, 그는 다른 종류의 미美를 덧붙였다. '자유미free Beauty : pulchritudo vaga'와는 다른, '종속미dependent Beauty : pulchritudo adhaerens'를 사용하였다. 항상 어떤 일정한 요구에 따르고 있는 건축은, 칸트가 인정한 바와 같이, 2차적인 미의 범주를 뛰어 넘을 수는 없었다. 고전시대 신전Classic temple(그림 30)조차도, 아마 칸트의 자유미 개념에 가장 가까운 구조체였음에도 불구하고, 문화적이나 예배 의식의 요구를 직접 충족시키고 있으므로, 건축을 다른 시각예술과 동등하게 또는 그 이상의 수준으로 높일 수는 없었다. 만일 건축이 무목적적이고 또한 '건축이 예배 건물이 아니었더라면', 칸트가 인정한 바와 같이, 건축은 자유미의 범주에 포함될 수 있었을 것이다. 그러나 미는 어떠한 경우에서도, 나중에 헤겔이 제의한 바와 같이 공간의 내용이나 실질적인 매스로 달성되는 것이 아니라, 단지 본질적으로 물체의 묘사delineation of matter로만 이룰 수 있는 것이었다.[3]

칸트는 때때로 독일 과학 미학scientific aesthetics의 아버지라고 여겨지고 있다.[4] 그의 철학적 중요성에도 불구하고, 칸트가 선험적 철학과 미의 정의에 상당히 기본이 되는 공간 개념을 적용하지 않았다는 사실은 놀랄 만한 일이다. 그에게 공간은 선험적인 직관a priori 'Anschauung'이거나 관념적인 초월적 직관ideal-transcendental intuition이었으므로, 분명히 공간을 예술의 시각적 세계와 조화시킬 수는 없었다. 칸트의 개념체계에서는 공간에 미학적 지각적 의미를 부여할 수 없었다. 칸트 자신이 미와 공간 사이에 세웠던 독단적인 울타리는 한 세대 후에 헤겔의 재능으로 논파되었다. 헤겔은 내용content을 표현하는 형태form

의 판단으로 지배되는 미학이론을 설정하였다. 헤겔에 따르면, 예술은 이념을 감각적으로 표현하는 것이었다. 예술은 조만간 곧 발전할 형이상학적 내용의 표면적인 상징이었다. 헤겔의 이러한 인식은 내용과 형태의 조화에 기반을 두는 독일 전통 미술사학의 출발점이 되었다.[5]

그림 29 페르디낭 슈발(1836-1924). 이상적인 궁전, 오테리브, 드롬(1879-1912). 북동쪽 전경. '목적 없는 목적성'의 드문 사례, 칸트의 '자유 미free Beauty'

그림 30 헤라 제2신전의 6주식 입면(B.C. 460 - B.C. 450) 파에스툼: '하중과 지지'를 표현하는 건축

헤겔에 의하면 내용은 정신Spirit이었다. 미술역사가는 이러한 정신 개념의 발전을 추적하며, 동시에 정신을 표현하는 물질적인 수단의 발전을 추적한다. 예술가가 정신의 표현을 추구하면 할수록 표현수단의 물질적인 한계를 극복해야만 하였다. 건축은 그 성격상 모든 예술 중에서 가장 무겁고 가장 물질적인 표현수단이었기 때문에, 예술의 위계 중 가장 낮은 단계에 있었다. 반면에 시詩는 완전히 비물질적이므로 가장 높은 위계에 있었다.

헤겔의 예술역사체계 중에서 건축발전의 마지막이자 가장 절정에 이른 단계는, 기독교 건축Christian architecture의 낭만적 시기Romantic era로, 고딕 성당으로 구체화되었다. 이러한 건축물에 표현된 개념은 '절대적 정신', 즉 '신의 내실內室'인 영혼the Soul이었다. 미학이론에서는 처음으로, 내부 공간이 건축적 경계로 둘러 싸여 있기 때문에 필요한 내용이라고 인식되었다. 내부 공간이 구체적인 형태로 눈에 보이게 되었으므로, 절대정신의 구현물이 되었다. 헤겔은 다음과 같이 쓰고 있다.[6]

… 그것은 본질인 영적 생활이 집중된 곳이며, 따라서 공간적인 관계로 자신을 둘러싸고 있다. ….
… 교회의 내부 공간은 여러 양상으로 분리되거나 둘러싸인 어떤 장소이다. 내부의 공간은 결국 가장 완전한 의미로 둘러싸인 곳이다. ….

헤겔의 미학은 매체medium라는 개념 위에서 구축되었다. 물질 개념은 부정적인 힘이라고 생각하여, 극단적으로 축소되지 않으면 안 되었고, 그러므로 형태와 이념 사이에 개념적 틈도 제거해야 했다.
헤겔의 명제는 근대 예술 사고에 강하게 영향을 주었다. 20세기의 건축미학은 내부의 내용, 즉 공간을 표현하는 것이 형태라고 해석한다. 근대건축의 지도자였던 프랭크 로이드 라이트Frank Lloyd Wright, 발터 그로피우스Walter Gropius 그리고 근래의 루이스 칸은 이 같은 내용을 반복적으로 주장하였다. 그러나 헤겔의 개념이 예술적 성과를 거둘 수 있게 된 시기는 19세기가 거의 다 지나서였다. 그 예로는 드 스테일 공간 개념, 특히 1917년 이후 신헤겔주의적 사고에 근거를 두고 있던 피트 몬드리안Piet Mondrian의 글에서, 헤겔의 영향이 명확히 표현되어 있다. 몬드리안과 그의 동료 예술가들은 형태의 비물질화를 시각적으로 나타내는 공간 그 자체로써, 새로운 정신new Spirit을 표현하려고 열망하였다. 그러나 예술을 여러 단계로 나누면서 헤겔이 일으킨 논쟁은, 실제로는 18세기 말의 미학에서도 이미 존재하였으며, 독일 예술사가에 의해 20세기에도 이어졌다. 이에 헤겔은 오히려 더욱 부정적인 영향을 주었다. 결국 종합예술Gesamtkunstwerk을 수단으로, 인위적인 울타리를 무너뜨리려 한 이들은 근대운동의 아방가르드 예술가나 건축가였다. 표현주의Expressionism, 절대주의Suprematism, 구성주의Constructivism, 신조형주의Neo-Platicism, 바우하우스Bauhaus School 등은 모든 시각예술들을, 헤겔이 시詩에만 부여했던 최고 단계까지 끌어올리는 것이 목표였다. 따라서 화가 몬드리안은 그의 넓은 미학 범주 안에서 통합하려고 시도하였던, 시, 건축 음악 모두에 관심을 둔 이상주의자로 인식될 수 있었다.[7]
같은 시대에 활동한 헤겔과 마찬가지로, 쇼펜하우어Schopenhauer도 예술에 위계를 적용하였다. 쇼펜하우어는 헤겔파의 개념이 지성과 충분한 이성적 원리에 지배되고 있었기 때문에 부당하다고 느꼈다. 쇼펜하우어는 예술을 과학보다 더 높은 단계에 두기를 원하였다. 그러므로 형태Form 내부의 내용은 정신Spirit이 아니라 의지the Will였다. 즉, 미는 의지의

객관화objectification of Will 정도에 속하였다.

공간space, 시간time, 물질matter은 '**선험적인 것에 상응하는 것**praedicabilia a priori'이었음에도 불구하고, 쇼펜하우어도 칸트처럼 공간을 건축 형태의 본질적 내용으로 보는 데 실패하였다. 그는 건축을 완전히 물질로 간주하였고, 그러한 물리적 한계 때문에 건축이 결과적으로 그가 고안한 예술의 위계 등급에서 가장 낮은 지위를 점한다고 추론하였다. 건축의

그림 31 움베르토 보치오니. 달려가는 근육(1913)

그림 32 주두 상세, 헤라 제2신전, 파에스툼(B.C. 460 - B.C. 450): '하중과 지지'의 표현

바로 위 단계에 쇼펜하우어는 조각을 위치시켰는데, 조각은 물질적인 수단 면에서 정신적 개념의 자유가 덜 제한받기 때문이었다(그림 31). 헤겔이 시를 최고 위계에 둔 것과는 달리, 쇼펜하우어는 물질과는 아주 동떨어진 것이기 때문에 음악을 위계의 정점에 두었다. 쇼펜하우어에게 건축은 단순한 물질이었고 '이념을 표현할 수 없는 물질'이었다.[8] 건축에 대한 그의 유명한 분석은 '**하중과 지지**Stütze und Last'의 개념에 중점을 두고 있다(그림 32). 그는 건축의 이러한 중점 문제를 다음과 같이 정의하고 있다.[9]

… 건축이 건축 이념보다 더 큰 특징을 목표로 할 수 없는 것은, 건축이념이 의지의 객관성에서 가장 낮은 단계에 있기 때문이다. ….

… 정확히 말해서 중력gravity과 강성rigidity 사이의 갈등은 건축의 유일한 미학적 재료이기 때문에, 건축의 과제는 다른 방법들을 중복 사용하여 이러한 갈등을 분명히 드러내는 데 있다. ….

… 건축의 불변하는 주제는 **지지와 하중**이라고 볼 수 있다. 그리고 건축의 기본 법칙은, 어떠한 하중도 충분한 지지가 없으면 존재하지 못하고, 어떠한 지지도 적당한 하중이 없으면 존재하지 못한다는 것이다. ….

지지와 하중의 원리는 쇼펜하우어가 더욱더 혹독하게 건축을 비평하도록 만들었다. 즉, 하중과 지지의 두 요소가 시각적으로 느껴질 수 없는 모든 건축적 해결책을 노골적으로 거부하였다. 따라서 지지하는 요소가 눈에 보이지 않아 떠 있는 듯한 캔틸레버 보를 거부하였고, 또한 고딕의 피어와 볼트 리브가 유연하게 하중을 전달하는 것도 거부하였다(그림 33). 즉, 어느 경우이건 하중과 지지의 변화가 구조적으로 분명하게 표현되지 않았다고 보았기 때문이다.

베를라허H.P. Berlage 같은 19세기 말 건축가들이 쇼펜하우어의 사고방식에 매혹되었다는 사실은 이미 알려진 바이다. 베를라허는 그의 작품 속에 쇼펜하우어의 철학이 요구하는 대로 구조 부재의 내하중loadbearing 성격을 솔직하게 표현하려 하였다(그림 34). 또한 쇼펜하우어가 이루었던 건축과 공간 사이의 잠재적인 연결도 깨달았음에 틀림없다. 어떤 점에서 쇼펜하우어는 다음과 같이 모호하게 말하고 있다.[10]

… 공간의 성격은 이념이 아니기 때문에, 순수예술의 주제가 될 수 없다. ….

그러나 몇 줄 뒤에 그는 놀랄 만하게도 다음과 같이 인정하고 있다.

… 건축의 존재는 주로 우리의 공간적 지각에 달려 있기 때문에, 우리들의 선험적인 능력에 호소하고 있다. 그러나 이러한 특성들은 항상 형태의 최고 규칙성과 그들 관계의 합리성에서 생겨난다.

더 이상으로 나아가지 않은 이러한 언급을 제쳐 둔다면, 쇼펜하우어는 건축에 대해서는 오히려 일방적으로 구조적 견해만을 표명하고 있었다. 대체로 쇼펜하우어는 물질을 예술가가 자신의 의지로 표현할 수 있는 유일한 전달 수단으로 인정하고 있다. 이와 반대로 의지will는 건축 대상 속에 관찰자가 지닌 구조 개념을 감정이입적으로 투영empathic projection하여 간파할 수 있다고 하였다. 둘러싸이거나 점유된 공간의 예술적 특성을, 이념과 마찬가지로, 매스의 내부역학 때문에 거부하였다.

그림 33 킹스칼리지 성당(1441), 캠브리지, 영국: '하중과 지지'의 유연한 전달

매스와 중력의 투쟁, 즉 하중과 지지의 열정적 표현인 쇼펜하우어의 건축 이론은, 19세기 말에 피셔Visher, 뵐플린Wölfflin 및 립스Lipps가 가장 중요한 옹호자였던 **감정이입 이론**theory of empathy에 씨를 뿌리게 되었다.

그림 34 H.P. 베를라허. 증권거래소, 암스테르담(1898-1903): 내부 서쪽 전경

7 물리학: 시간-공간의 연속체

Physics: the space-time continuum

20세기 초 전위 건축가와 예술가들은 **상대성 이론**相對性理論 theory of relativity을 이상하리만큼 열광적으로 환영하였다. 이는 그들 모두가 갑자기 물리학이나 수학에 흥미를 가졌다는 것을 의미하지는 않지만, 이러한 대단히 복잡한 이론의 신비스러운 전문어 투성이가 예술 창조를 새롭게 하는 데 충분이 자극이 되었음을 뜻한다. 이와 같은 예는 핀스털린Finsterlin, 헤링Häring, 판 두스뷔르흐Van Doesburg, 그로피우스Gropius나, 기디온Giedion과 같은 비평가들의 글에서 살펴볼 수 있다.

한편 상대성 이론이 갑자기 나타난 혁명은 아니었다. 넓은 의미에서 19세기의 서양문화는—문학, 물리학, 철학 전반에 걸쳐—단계적으로 절대적 공간 개념 포기를 준비하고 있었다. 1916년 알베르트 아인슈타인Albert Einstein이 구체화한 상대성 이론은 슈펭글러가 말한 바와 같이, 시대정신과 의지의 자연적 결과라고 생각해야 한다.[1]

물론 상대성 이론의 수학적, 물리학적 의미를 논하는 것은 이 책의 범주 밖의 일이다. 이 장에서는 건축 이론에서 상대성 이론이 공간미학에 미친 영향에 한정하려 한다. 그러나 상대성 이론이 발전되어온 역사에 대한 요약은 필요하겠다.

오랫동안 뉴턴의 절대적 공간 개념은 잘못이 없는 것으로 생각되어왔다. 그러나 19세기를 거치면서 그 절대적 공간 개념은, 과학 사상이 다양하게 바뀜에 따라 조금씩 변화하기 시작하였다. 헤르만 바일Hermann Weyl은 이러한 변화들을 먼저 물리학자인 패러데이Faraday와 맥스웰Maxwell의 전자기학 분야의 발견, 그 다음으로 고전적 유클리드 기하학을 대신한 리만의 비非유클리드 기하학으로 요약하였다. 이들 두 개념의 변화는 정적인 3차원적 공간 개념의 절대적이며 불변하는 양상을 뿌리 채 파헤쳐버렸다.[2]

야머는 힘forces과 반력counter forces의 개념이 근대과학의 공간 개념을 형성해가고 있었음을 자세하게 연구하였다.[3] 절대적 공간에 대한 제임스 C. 맥스웰의 의견은, 사고방식의 변화를 명확하게 밝히고 있다. 다음 문장은 이를 충분히 보여준다.[4]

절대적 공간은 항상 그 자체와 같으며 움직이지 않는다고 생각된다. 공간 각 부분의 배열은 시간 각 부분의 질서처럼 바꿀 수는 없다. 공간의 각 부분이 저마다 장소에서 움직인다는 생각은, 장소가 그 자체에서 움직이는 것과 같은 생각이다. 그러나 시간의 부분 속에서 일어나는 사건 이외에는 시간의 어떠한 부분을 따로 구분할 수 없는 것과 같이, 물체에 대한 공간의 상대적인 관계 이외에는 공간의 어떠한 부분도 따로 다른 부분과 구분할 수 없다. 즉, 어떤 사건의 시간을 다른 어떤 사건과 관계없이 묘사할 수 없으며, 또한 어떤 물체의 장소를 다른 물체의 장소와 관계없이 묘사할 수 없다. 따라서 시간과 공간에 대한 우리의 모든 지식은 본질적으로는 상대적이다.

이러한 말은 네덜란드 건축가 알도 판 에이크Aldo van Eyck의 철학에 상당히 가깝다고 볼 수 있다. 그는 시대에 뒤떨어진 기능주의 미학의 공간 및 시간 개념을 장소place와 때時occasion로 바꿔야 한다고 느꼈다.[5]

가우스Gauss, 마흐Mach, 민코브스키Minkowski 같은 다른 과학자들은, 상대성 이론의 후속 편을 준비하고 있었다. 이러한 점에서 야머는 매우 중요한 **곡면공간**curved space 개념을 유도한 비유클리드 기하학인 가우스와 리만Riemann 공간의 구조적 분석에 주시하였다. 아인슈타인의 상대성 이론은 공간-시간 연속체space-time continuum 개념을 따르고 있다. 이 의미는 공간은 실제로는 장場 field이고 '**텅 빈 공간**empty space'이 아니며, 또한 공간의 세 가지 차원들과 시간의 한 가지 차원에 해당되는 네 가지 매개변수에 의존한다는 것이다. 여기서 야머가 인용한 아인슈타인의 명석한 글을 통해 내용이 분명해질 수 있다.[6]

이 전체 장場은 실재實在세계the real world를 나타내는 유일한 수단이다. 실재하는 사물의 공간적인 양상은 네 가지 좌표 변수에 따르는 장場으로 완전히 표현되는데, 그것이 바로 장場의 성격이다. 만일 장場이 제거되었다고 생각한다면, 공간은 남아 있지 않다. 왜냐하면 공간은 독립된 실재가 없기 때문이다.

아인슈타인은 1919년 《런던 타임스*London Times*》와의 인터뷰에서 상대성 이론이 어떻게 발전했는가를 간결하게 설명하였다.[7]

상대성relativity이라는 용어는 시간 및 공간과 관계가 있다. 갈릴레이와 뉴턴에 따르면, 시간과 공간은 절대적인 실재였고, 우주의 운행체계는 이 절대적인 시간과 공간에 종속되어 있었다. 이 개념에 따라 역학이라는 과학이 구축되었다. 그 결과로 생겨난 법칙들은 자연의 모든 느린 운동을 만족시켰다. 그러나 상대성이란 개념은 전기역학에서 분명한 빠른 운동에는 적합하지 않음이 발견되었다. 이는 네덜란드 교수인 로렌츠Lorentz와 내가 특수 상대성特殊相對性 special relativity 이론을 발전시키는 계기가 되었다. 간단히 말하면, 그것은 절대적인 시간과 공간을 버리고 모든 경우에 특수 상대성 이론을 운동계에 관련시키는 일이었다. 역학과 전기역학의 모든 현상을, 지금까지는 수많은 과거 법칙들로 단순화시킬 수 없었으나, 이제 이 이론으로 만족스럽게 설명할 수 있게 되었다. 모든 것이 존재하지 않더라도 —만일 태양과 지구와 별이 없다 하더라도— 시간과 공간은 그 자체로 실재한다고 오늘날까지 생각해왔다. 그러나 이제 시간과 공간은 우주를 위한 용기vessel가 아니라는 것과 만일 우주가 태양이든지, 지구나 다른 천체가 없었더라면 전혀 실재할 수 없음을 알게 되었다.
내 이론의 전반부를 이루는 이 특수 상대성 이론은, 균일한 속력으로 직선으로 움직이는, 즉 '등속도uniform motion'로 움직이고 있는 모든 운동계와 관련된다.
점차 나는 과학에서 매우 역설적인 것이라 여겨지는 어떤 개념에 도달하게 되었는데, 변칙적인 운동까지 포함하여 모든 운동계에 똑같이 적용할 수 있었다. 그리하여 나는 내 이론의 후반부를 형성하는 일반 상대성一般相對性 general relativity 이론을 발전시켰다.

아인슈타인은 1905년에 **특수 상대성 이론**을 출간했고, 1916년에는 **일반 상대성 이론**을 뒤이어 펴냈다. 아인슈타인 가설의 정확성은 개기일식이 진행되었던 1919년 5월 29일에 검증되었다(그림 35). 이 실험에서 태양 가까이를 통과하는 광선은 굴절된다는 것이 입증되었다. 다시 말해 빛은 중력에 종속된다는 가설이 사실로 밝혀졌다. 여기서 실측된 굴절은 외견상 태양 직경의 약 1,000분의 1인 1.98초였다. 이 발견으로 물질만이 중력에 영향을 받는 것이 아니라, 광선의 진로도 영향받는다는 사실이 증명되었다. 이 현상을 계산해낼 때 데카르트와 뉴턴의 좌표계는 폐기되어야만 했다. 아인슈타인에 따르면, 공간은 물질에서 충분히 제거되었을 때에만 유클리드적이며, 물질의 존재는 이 때문에 약간 비유클리드적이 된다는 것이다.[8]

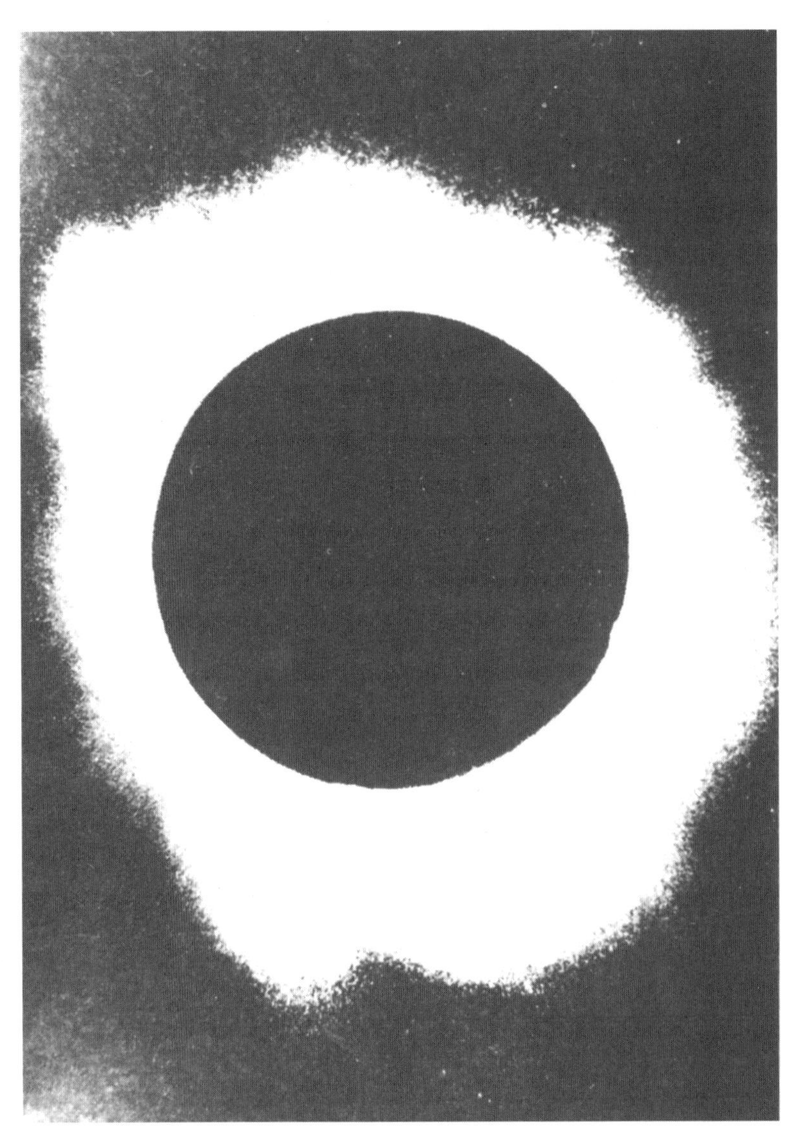

그림 35 개기일식(1919): 공간의 상대성을 검증한 사건

그러나 우주에서 공간을 **굴절시키는**curved 이들 장場의 힘은 실제로 건축 공간이라는 미세한 실재micro reality에는 아무런 영향을 주지 않는다는 것을 생각해야 한다. 즉, 건축 공간은 항상 지구 표면의 작은 한 부분과 관련되어 있고, 인체 스케일로 제한되기 때문이다. 혹시 역학적인 장場이 그 척도에 어떤 영향을 준다 하더라도, 이 공간적 편향을 인간의 눈으로 관찰하기는 불가능하다.

인간이 거주하는 스케일에서는, 3차원 좌표계의 절대적 공간 개념은 항상 확실히 유효하다. 포앙카레Poincaré와 같은 과학자는 이러한 논의의 타당성을 지지하였다.[9]
가우스가 중부 유럽의 산 세 개의 정상을 잇는 거대한 3각 측량법을 사용하여 유클리드 기하학의 정확성을 검증했다는 사실에 주목해야 한다. 그는 이 실험에서 비유클리드 기하학은 단지 천문학적 스케일에서만 정당화될 수 있다고 결론 내렸다. 오늘날 공간의 성격에 대한 모든 과학적 지식은 천문학과 같은 거대스케일의 탐구뿐만 아니라 동시에 미시물리학과 같은 작은 스케일에서도 얻어지고 있다. 이 같은 극단적인 편향은 건축가가 다루어야 할 사회적 척도, 즉 인간거주 스케일과 연계가 늘 부족할 것이다. 과학적 개념들이 예술적 공간 개념으로 초월될 때에만 과학에서 얻은 영감이 공간미학으로 전환될 수 있으며, 그렇게 된다면 이 개념들이 어느 정도는 물리적 형태로 표현될 수 있다는 것은 분명하다. 그러므로 건축과 과학적 혁신의 관계는 문화적으로 정당할 뿐만 아니라 그보다 더욱 절대적으로 필요하다.
어쨌든 건축의 공간미학이 과학적 공간 개념을 다소 초월하는 표현이므로, 공간 개념이 과학적인 철학 속에 존재한다는 사실을 안다는 것이 대단히 중요하다. 아인슈타인 자신도 물리학의 공간 개념을 세 가지 주요한 범주로 요약하였다.[10]

(a) **장소**place로서의 아리스토텔레스의 공간 개념은 일반적으로 지구 표면의 작은 부분과 관련되며, 특정 명칭으로 구별되거나, 보통 물질적 대상의 질서로서 인식될 수 있다. 장소로서의 공간은 텅 빈 공간이란 개념이 아무런 의미가 없음을 나타내고 있다. 이 공간 개념은 완전히 물질적 대상들에 종속된다.
(b) 모든 물리적 대상을 담는 **용기**container로서의 공간 개념은, 텅 빈 공간을 얼마만큼 담고 있는 상자로 예를 들 수 있다. 이 상자는 다른 상자로 바뀔 수는 있으나 내부 공간은 그대로 남아 있다. 이러한 공간 개념은 물질적인 대상과는 독립되어 실재한다. 간단히 말하면 뉴턴의 절대적인 공간 개념과 관련 있다. 여기에서 공간은 물질세계에 나타나는 실재이다.
(c) 4차원인 **장**場 field으로서의 공간 개념이다. 아인슈타인 자신은 맥스웰과 패러데이의

영향 아래 이 이론을 발전시켰음을 인정하였다. 이 개념은 이 장章 처음 부분에서 논의하였다.

이러한 세 가지의 공간 개념은 역사적으로 서로를 계승하였으며, 동시에 나란히 존재해 오고 있다. 아인슈타인은 마지막 세 번째 개념에 집착하였지만, 그 밖의 두 개념이 새로운 과학적 사고가 작용되는 데 필요한 틀을 늘 형성할 것임을 인정하였기 때문에, 그 두 개념들을 받아들이고 발전시켰다. 실제로 이 세 가지 공간 개념은 서양문화에서 합리적으로 공존했던 양상들이다. 예를 들어 장소로서의 공간 개념은 미학(바트Badt 참조), 실존주의(볼노우Bollnow 참조), 일반 철학(콘래드 마르티우스Conrad Martius 참조) 등 여러 관점에서 부활되었다.[11]
철학과 과학에 기반을 둔 이 세 가지 공간 개념 모두는, 여러 분야에 일반적이고 문화적인 영향을 주고 있다. 예술 창조, 특히 건축이나 공간 예술에서 초월적인 표현으로 여겨져야 할 것이다. 모든 시대에서 건축은 이들 세 가지의 공간 개념, 즉 장소, 3차원 좌표공간과 4차원 시간-공간의 연속체를 동시적으로 시각으로 표현하는 것이라 할 수 있다. 그러나 마지막 시간-공간 개념은 건축미학에서는 오히려 특이한 방법으로 설명되고 있다. 건축미학에서 시간은 '매개변수'로서, 건축 대상들의 미학적 체험의 지속과 관련된다. 이 체험의 지속은 관찰자의 신체 움직임과 관련되며, 관찰대상의 주위나 내부에서 다양하며 연속적인 관찰자의 위치를 갖게 된다. 모든 경우에 예술적인 실재 그 자체는 3차원의 실재 그대로이다. 그런데도 관찰되는 대상의 의도된 표현은 이 공간 개념 하나에만 제한되지 않는다. 장소와 시간-공간이라는 두 가지 다른 개념들은, 어떤 시대나 문화적 시기에 예술의지artistic volition의 변화에 따라 좌우됨은 다소 분명해질 것이다.

II 근대 건축운동 시작 이전 프랑스와 영국의 건축 이론에 나타난 공간 개념의 양상들

Aspects of ideas of space in
french and english
architectural theories before
the beginning of the modern movements

1 프랑스 아카데미 I: 배열과 공간 개념

The French Academy I: distribution and the idea of space

건축 이론에서 공간 개념이 의식적으로 출현·발전된 곳은, 19세기 말 유럽의 주로 독일어권 국가였다. 이 책의 제3부에서 이 내용들을 집중적으로 다룰 예정이다. 그러므로 서두인 제2부에서는, 건축사상과 공간 개념의 형성에서 특히 중요한 의미가 있는 19세기 말 이전, 프랑스와 영국의 몇 가지 경향으로 한정할 것이다. 독일에서 탄생한 공간 개념은 이 프랑스와 영국 경향의 이론적 발전으로만 이해될 수 있기 때문이다.

건축 이론에 크게 기여한 움직임은 파리의 에꼴 데 보자르Ecole des Beaux-Arts에서 구체화되었다. 원래 보자르 건축은 17세기 프랑스 르네상스의 사고방식에서 발전되었다. 또한 처음에는 귀족 같은 지배 권력의 힘으로 유지되어왔으나, 이후에 보자르 건축은 프랑스 문화 전체에 도입되었다. 수 세기 동안 보자르의 전통은 프랑스나 다른 나라의 공공건축이나 일반 건축의 규범이 되었다. 보자르의 건축은 20세기에 이르기까지, 다른 유럽의 국가나 미국의 대도시에서 위엄 있는 공공건물이나 기념비적인 구조물의 외관을 형성해왔다.

그러나 16세기의 필리베르 드 로름Philibert de l'Orme에서 19세기 말의 줄리앙 가데Julien Guadet에 이르기까지 프랑스의 중요 이론가들 모두가, 예술개념으로서의 공간 개념에 대해 의식적으로 입을 다물고 있었다는 것은 주목할 만하다. 그와 같은 사실로부터 보자르 전통이 건축 공간 개념의 분석연구에서 배제되었다고 단순하게 결론지을 수 있을지도 모른다. 그러나 이와 같은 추론은 중대한 과오가 될 수 있다. 관심 깊은 이들은 언어의 겉치레만으로는 만족할 수 없어, 시대에 뒤떨어지고 지엽적인 건축 전문용어에 숨겨진 내용을 찾아내기도 하기 때문이다. 따라서 공간과 같은 현대의 추상적 개념은 그 이전의 시대에서는 다른 명칭으로 불린 개념과 동일하게 인식될 수도 있음이 확실하였다.

이론적 개념으로서 공간을 언급하지 않았던 또 하나의 가능한 이유로는, 예를 들어 음音의 개념이 작곡가에게 그러하듯이, 공간 그 자체가 보자르 건축가에게는 당연한 일이었기 때문이다. 그러므로 공간이 건축에 정말로 본질적인 것이라고 단적으로 언급할 필요를 느끼지 못했기 때문일 것이다. 그러나 이러한 주장은 어느 시대, 어느 건축 이론에나 적용되기 때문에 그다지 큰 의미는 없다고 볼 수 있다.

건축의 근본 문제 중의 하나는, 외부 공간에서 내부 공간으로 또는 그 반대로 전이하는 데 있으며, 형태 문제들을 물리적으로 시각화하는 여러 방법으로 공간 개념을 추론할 수 있다는 사실은, 일찍부터 주목되어왔다. 이 특별한 공간의 전이는 프랑스 후기 르네상스 건축가들의 건축 이론에서도 물론 본질적인 문제였다. 이러한 점에서, 비올레-르-뒥Viollet-le-Duc은 이 문제를 연구하면서, 16세기에 건축물 파사드와 건물 내부 처리의 일치를 주장했던 필리베르 드 로름에 대해 언급하고 있다.[1] 실제로 필리베르 드 로름의 작품은 내부 공간과 외부 매스의 일치를 분명히 나타내고 있다. 슈농소Chenonceau 성관 증축 부분에서 구조 경간이 외부에서 리드미컬하게 반복되는 것은, 회랑 공간 내부의 창문 개구부 높이에 미묘한 차이를 둠으로써 가능하였다(그림 36). 이보다 더 기념비적인 아네 성당Chapel of Anet의 바닥에서는, 바닥 무늬와 돔의 내부가 상당히 정확하게 관련되어 있음을 알 수 있다. 내부 벽은 장식 기둥으로 나뉘어 구조를 표현하고, 이것은 밋밋한 외부 매스에 덧붙여진 프리즈에도 일관되게 나타나고 있다(그림 37). 또한 이러한 일치는 내부에서 외부로 나아가는 디자인 과정을 드 로름이 이미 터득하고 있었음을 설명해준다. 사실 형태적인 일치는 드 로름의 이론에서는 주로 장식적인 문제로서 볼 수 있으나, 비올레-르-뒥은 장식과 구조는 유기적으로 하나가 되어야 한다고 확실하게 말하였다. 즉, 외부로 구조체를 표현하는 것은 결국 내부에서 이끌어지는 것, 바꿔 말하면 내부 공간에 종속되어야 한다고 분명히 설명하고 있다.[2] 이러한 주제를 확대하여 말한다면, 비올레-르-뒥은 에꼴 데 보자르에서 교육받는 것을 거부할 정도로 에꼴 데 보자르를 반대하였음에도 불구하고, 그 자신을 프랑스 전통론자의 진정한 한 사람으로 만들고 있다. 장식과 구조와 공간적 볼륨의 이 같은 일치는, 자끄-프랑스와 블롱델Jacques-François Blondel의 더욱 큰 관심사였는데, 그는 이를 장식decoration, 구조construction, 배열distribution의 삼위일체라고 말하였다.[3]

그림 36 필리베르 드 로름. 슈농소 성관 증축부 (1556-1560)
a 내부
b 외부

그림 37 필리베르 드 로름. 아네 성관 부속 성당(1549-1552): 장식과 구조가 일치하는 내부와 외부를 볼 수 있다.
a 외부
b 내부와 바닥면
c 내부 돔

건축의 외부와 내부 사이의 참된 일치와 배열과 장식과 구조 사이에 인식되는 관계를 수립하고자 한다.
On veut établir une varitable correspondance entre les dehors, les dedans, et la relation qu'un on doit observer entre la Distribution, la Decoration, et la Construction.
… 배열은 방들의 서로 다른 규모와 그들의 특별한 용도에 따르는 형태와 비례 등을 확인한다는 목적이 있을 뿐이다.
… la Distribution, n'a pour objet que de constater les differents diametres des pièces, leur forme et leur porportion, suivant leur usage particulier.

공간 개념에 더욱 중요하게 기여한 사람은 프랑스의 공상 건축가visionary architects인 불레Boullée와 르두Ledoux였다. 르두는 그의 글에서 시적詩的이지만 단호하게, 우주공간 자체를 인간의 주거와 동일시하고 있다. 르두는 **가난한 자의 피난처**L'Abri du Pauvre(그림 38)라는 작품에서, 상당히 놀라우리만큼 광대한 우주를 인간을 위한 **푸른 볼트**azure vault 또는 인간을 보호하는 돔dome으로 상정하고 있다. 인간이 점유하는 우주의 작은 부분을 나무 높이로 단순하게 정의하고 있으며, 그렇게 르두는 휴먼 스케일로 축소하여, 우주의 거대한 빈 공간과

그림 38 끌로드-니콜라 르두. 가난한 자의 피난처(1804)

그림 39 마르끄-앙뜨완느 로지에(1713-1769). 인간이 요구하는 피난처, 시골오두막, 원시 오두막, 《건축에세이*Essai sur l'Architecture*》(1753)의 권두 삽화, 크리스티앙 에센 판각

대비시키고 있다. 뒤이은 《가난한 자의 집*La Maison du Pauvre*》이란 제목의 장章에서 르두가 언급한, "인간은 작은 공간 밖에 점유하지 못한다l'homme n'occupe qu'un petit espace."[4]라는 말은, 프랑스에서는 최초로 공간을 건축의 창조적 개념으로 의식하였음을 암시하고 있다. 불레와 르두는 물리학과 우주론에서 제기되고 있던 새로운 공간 개념을 시각화하는 문제에 관심이 있었다. 그와 같은 시야는 건축 이론가인 로지에Laugier 신부의 폭 좁은 개념을 훨씬 뛰어넘고 있었다. 로지에는 **시골 오두막**Cabane Rustique(그림 39)에서 아주 단순한 기둥의 가구식 조합체tectonic assemblage를 인간 최초의 주거 모델로 제시하였다. 그리고 이

를 모든 훌륭한 (고전)건축의 원형으로 삼았다. 님므Nimes에 있는 **메종 까레**Maison Carrée(그림 40)는 로지에의 시골 오두막과 정말 비슷한 건물인데, 신전 형태와 로지에의 시골 오두막 개념 사이의 유추를 이끌어낼 수 있다고 널리 알려지고, 인정받고 있다. 또한 역시 고전적인 르 꼬르뷔지에의 **돔-이노 주택**Maison Dom-Ino(그림 41)은, 로지에의 삼각형 부분을 제거하여 구조요소를 더욱 줄였으며, 로지에가 단순하게 표현한 구축적 단순성 tectonic simplicity을 더욱 발전시킨 것이었다.

그림 40 메종 까레Maison Carrée(B.C. 16). 프랑스 님므: 로지에 '시골오두막'의 원형이자 전형적인 예

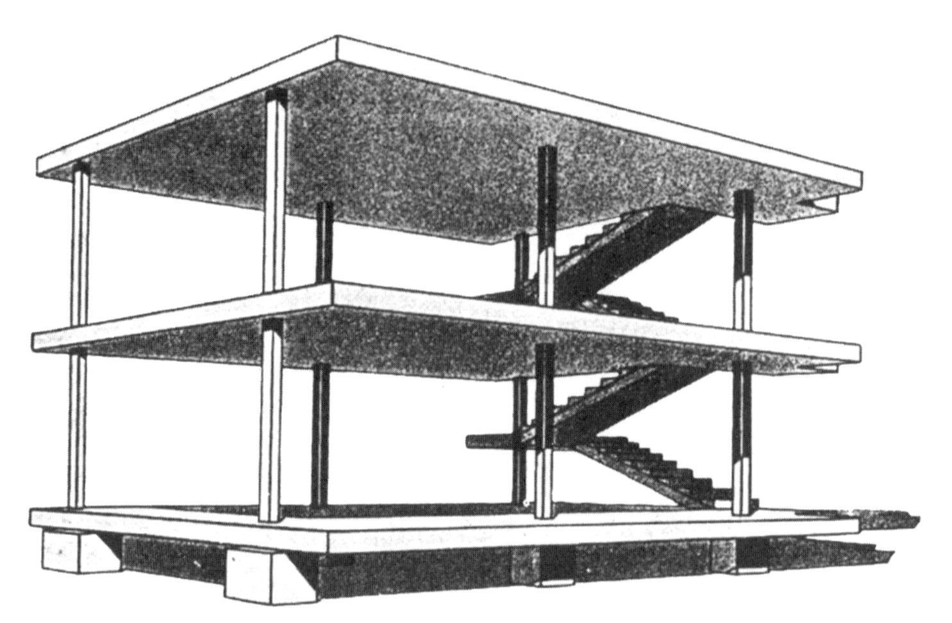

그림 41 르 코르뷔지에, 돔-이노 주택(1914) 구조 투시도: 삼각형 지붕을 제거하여, '시골오두막'을 더욱 단순한 형태로 만들었다.

그림 42 Cl.N. 르두, 루에 저수지에 있는 감독관 주택, 노동자 도시 쇼(1773-1779): '시골오두막'의 또 다른 고전적 이미지

공상 건축가인 르두와 불레는 로지에의 단순한 쉘터 기능과 그 소박한 축조법이 건축에 맨 처음 나타난 원리라고는 절대로 생각할 수가 없었다. 르두가 이상도시 쇼Chaux를 위한 모델(그림 42)에서 발전시킨 원형prototypes에, 믿기 어려울 정도로 풍요로운 형태들을 표현하였다. 르두의 이론은 같은 시대에 활동한 불레의 이론보다는 공상적인 면에서 조금 뒤쳐져 있었다. 르두는 **건강성**salubrity, **다양성**variety, **편의성**convenience, **비례성**proportion, **경제성**economy 그리고 **평형성**symmetry이란 불변의 법칙을 주장했는데, 이들 모두는 오랜 세월에 걸쳐 실제적이며 확고하였던 비트루비우스의 원칙들이었다. 이에 반해 불레는 건물기술이란 측면에서 분류된 비트루비우스의 단순한 건축 정의를 단호히 거절하였다. 불레에게 건축은 정신Spirit의 산물이었다. 자연 자원에까지 깊이 작용하는 인간의 정신은 예술을 최고의 수준까지 높일 수 있는 것이었다.[5] 그는 모든 이념이 우리들이 보는 바와 같이 대상의 감각적 경험에서 생겨난다고 주장했던 존 로크John Locke나 영국의 다른 경험주의자들의 관점에서 말하고 있다. 결국, 불레의 우상은 뉴턴이었으며, 불레는 가장 고귀한 언사로 뉴턴을 찬미하였다.[6]

'숭고한 정신, 넓고도 심오한 천재, 신성한 존재, 그것이 뉴턴이다.'
'Esprit sublime! Genie vaste et profond, Être Divin. Newton'

절대적 그리고 상대적 공간 개념의 창시자였던 뉴턴을 기리어, 불레는 '**기념비**Cenotaph'(그림 43)로 알려진 유명한 송덕비 디자인을 바쳤다. 종종 불레는 과대망상증 환자로 여겨지기도 했으며 피라네시Piranesi*와도 비교되었다. 이 **기념비**란 작품은 간접적인 빛과 그 빛이 낳는 마술적인 효과에 크게 기여하였다고 인정할 수 있다. 또한 **기념비**에 대한 불레 자신의 설명에서, 건축가의 폭넓은 문화적 관심에 인상 받을 수도 있다. 이 작품에서 불레는, 아이작 뉴턴이 더욱 추상적인 과학 용어로 설파하였던 것을 시각예술로서 표현하며 자신의 의도를 공식화하고 있다.[7]

---

* 조반니 바티스타 피라네시Giovanni Battista Piranesi(1720~1778)는 이탈리아의 판화가이자 건축가이다. '고대와 근대 로마의 다양한 풍경들'이란 에칭 연작이 유명하며, 그의 세밀한 판화들은 신고전주의 건축을 전개하는 데 큰 영향을 주었다.

그림 43 E.L. 불레. 뉴턴 기념비(1784): 거대하고 무한한 공간 이미지

뉴턴 기념비에서 나는 모든 최고 이미지를 실현하려고 하였다. 그 무한한 공간이라는 이미지에 의해 우리의 지성은 조물주의 관조에 도달한다.

만약 **구체**球体가 무한한 다면체라는 것을 기하학적으로 증명할 수만 있다면, 구체는 우리들이 역설로 볼 수 있는 문제의 해답을 제공한다. 그것은 가장 완전한 대칭성이며, 가장 무한한 다양성을 파생시킨다.

Dans le Cénotaphe de Newton, j'ai cherché a réalliser la plus grande de toutes les images, celle de l'immensité, c'est par elle que notre esprit s'élève a la contemplation du Créateur.

Le corps spherique nous offre la solution d'un problème qui pourrait être regardé comme un paradox, s'il n'était demontré geometriquement que la sphère est un polyèdre infinitif. C'est que de la symétrie la plus parfaite, dérive la variété la plue infini.

이와 같이 불레는 건축적인 방법으로 유한과 무한, 측정 가능한 것과 측정 불가능한 것, 상대적 공간과 절대적 공간과 같은 고전적인 역설을 일치시키는 데 성공하였다. 그것을 구체球体 sphere라는 공간적이고 단순한 볼륨으로 시각화할 수 있었기 때문이다. 이 순수한 구체glove는 방해하는 어떤 선line도 없이 완전체의 이미지로 표현되고 있다. 불레는 형이상학적인 공간 개념과는 상관없이, 건축적 매스로 육중함, 빛, 고상함 또는 세련됨 등의 성격을 전달하려 하였다. 동시에 매스 그 자체는 인간 자신이 거주하는 공간을 측정하는 데 도움이 될 수 있었다. 그는 《에세이*Essay*》에서 다음과 같이 말하였다.[8] "인간은 보통 자기가 있는 공간 속에서 측정된다Homme se mesure assez communément dans l'espace ou il se trouve." 이것은 뉴턴, 호이겐스Huygens, 라이프니츠와 같은 위대한 물리학자들이 특별히 발전시킨 과학철학의 새로운 개념 덕분에, 일반인들에게도 잘 알려진 상대적 공간과 절대적인 공간이란 이중적 개념을 건축가의 방식대로 예술적으로 표현한 것이었다.

2 프랑스 아카데미 II: 평면, 단면, 아이소메트릭 투상도

The French Academy II: plan, section and isometric projection

불레의 제자인 장-니콜라-루이 뒤랑Jean-Nicholas-Louis Durand은 프랑스 아카데미에서 논의되던 이론을 계승하였다. 그는 비례가 인체나 원시 오두막에서 비롯되지 않았다고 단정하며, 비트루비우스와 로지에 모두를 공격하였다. 뒤랑에게 모방Imitation은 건축의 주제가

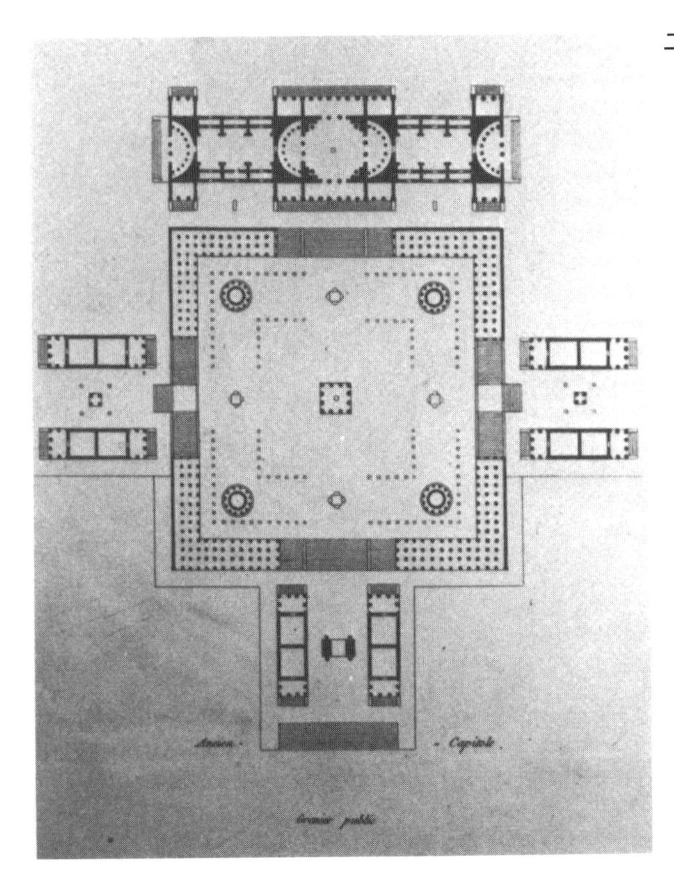

그림 44 J.N.L. 뒤랑: 피라네시 작품을 본 뜬 고대 신전의 재건축. 《과거부터 오늘날까지 모든 종류 건물들의 비교 모음집 *Recueil et parallèle*》(1801)

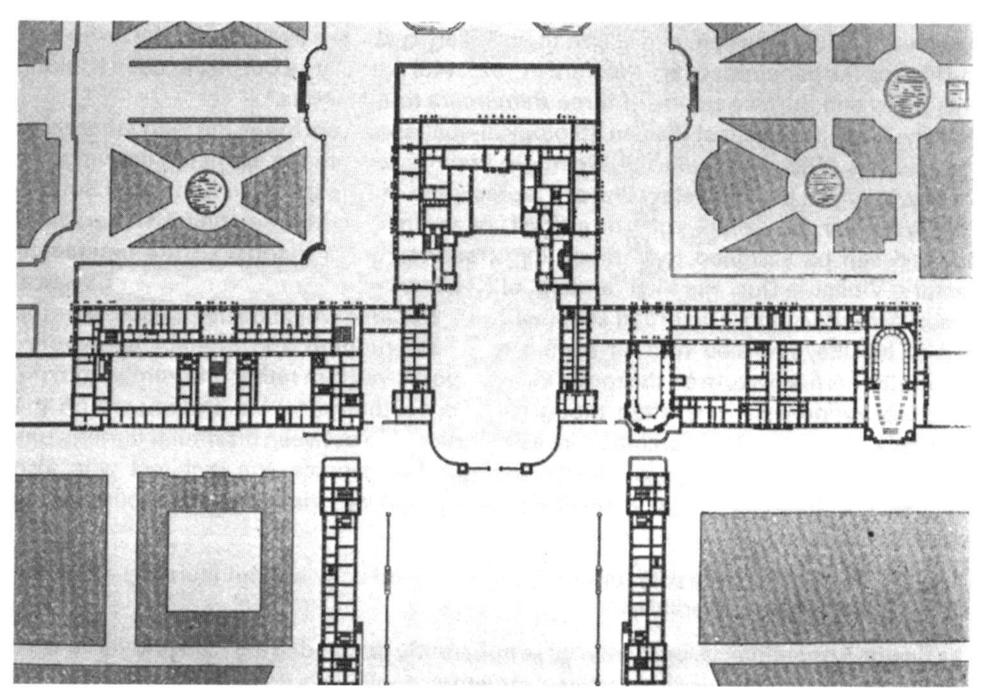

그림 45 베르사이유 평면도. 줄리앙 가데의 강의(1902) 중에서. 에꼴 데 보자르: 구성의 정수인 동선과 실용적 공간을 표현하고 있다.

아니었다. 심지어 그는 블롱델Blondel의 세 가지 교의도 공격하여 자기 자신의 건축체계로 바꾸어놓았다. 그 내용은 (1) **요소**Elements(벽, 볼트, 기초, 기타) (2) **구성**Composition(평면상의 배치) (3) 기능분석 또는 **프로그램**Program으로 요약될 수 있다.[1] 이 세 요소로 뒤랑은 근대 기능주의 미학의 법칙을 세웠다. 미는 이러한 요소들을 수단으로 실용성을 배치disposition of utility하여 얻는 것이라고 생각하였으며, 배치는 건축가의 유일한 대상이었다. 뒤랑에 따르면, 건축은 두 가지 근본 문제를 해결하는 것으로 요약될 수 있다. 첫째는 주어진 금액의 총계로 어떻게 건축을 가장 편리하게 만드나 하는 것이고, 둘째는 편리함을 주면서 어떻게 가장 경제적으로 건물을 만드나 하는 것이었다. 뒤랑의 배치disposition는 사실상 블롱델의 배열distribution 개념을 의미하였다. 그는 계획된 활동을 기능적으로 레이아웃하는 배치와 평면을 동일시하였으며(그림 44) 그 이상은 다루지 않았다. 뒤랑은 주관적으로 지각되는 어떠한 열망도 표현하지 않았으며, 그의 디자인 이론에서 미학적 원리로서 공간의 표현을 특별히 규정하지는 않았다.

줄리앙 가데Julien Guadet가 가르친 건축과정은 1894년부터 에꼴 데 보자르에서 계속되었는데, 약 100년 전에 뒤랑이 만든 지침을 정확하게 따르고 있었다. 가데는 요소Elements, 구성Composition, 프로그램Program이라는 구분을 그대로 반복하여, 미와 실용성이 조화를 이루어야 하는 평면Plan을, 구성의 정수라고 정의하였다(그림 45).[2] 평면을 분석할 때, 동선circulation과 실용적인 표면utility surfaces을 구분하여, 이를 도면에 시각적으로 달리 표현하였다. 가데의 이론에 따른 정적 공간과 동선 공간의 분리는 드디어 구체적인 모습을 띠게 되었다. 즉, **분리**separation, 그것은 수 세대 뒤인 1933년 《아테네 헌장*Charter of Athens*》이 발표되면서 마침내 구체화되었다. 가데의 강론을 보면, 그가 미학적이며 지각적인 공간 개념에 관심을 갖고 있었다는 인상은 받지 못한다. 가데는 주로 **평면**에 집착하였는데, 이는 19세기 프랑스 디자인의 핵심이 되었으며, 1923년 건축 발생기generator of architecture로서 평면을 제안했던(그림 46) 르 코르뷔지에까지 영향을 준 전통이었다. 실제로 르 코르뷔지에는 평면을 매스Mass, 표면Surface과 함께 **건축가의 필수사항**reminders to Architects으로 제안하였다.[3]

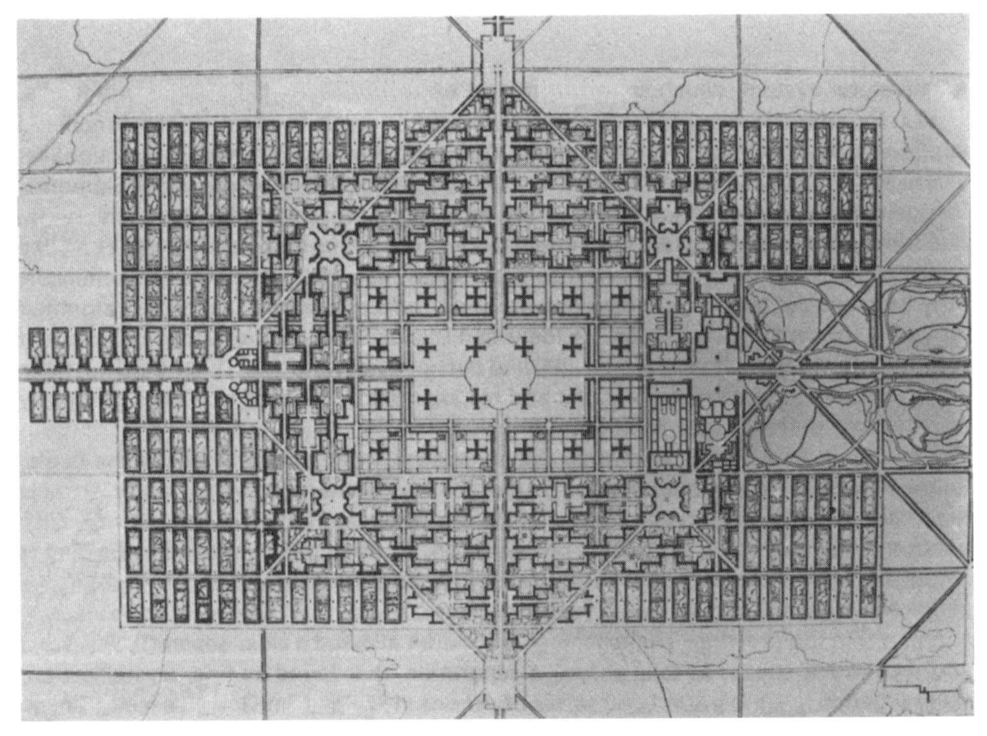

그림 46 르 코르뷔지에. 300만 거주민을 위한 도시계획(1922): 건축 발생기로서의 평면

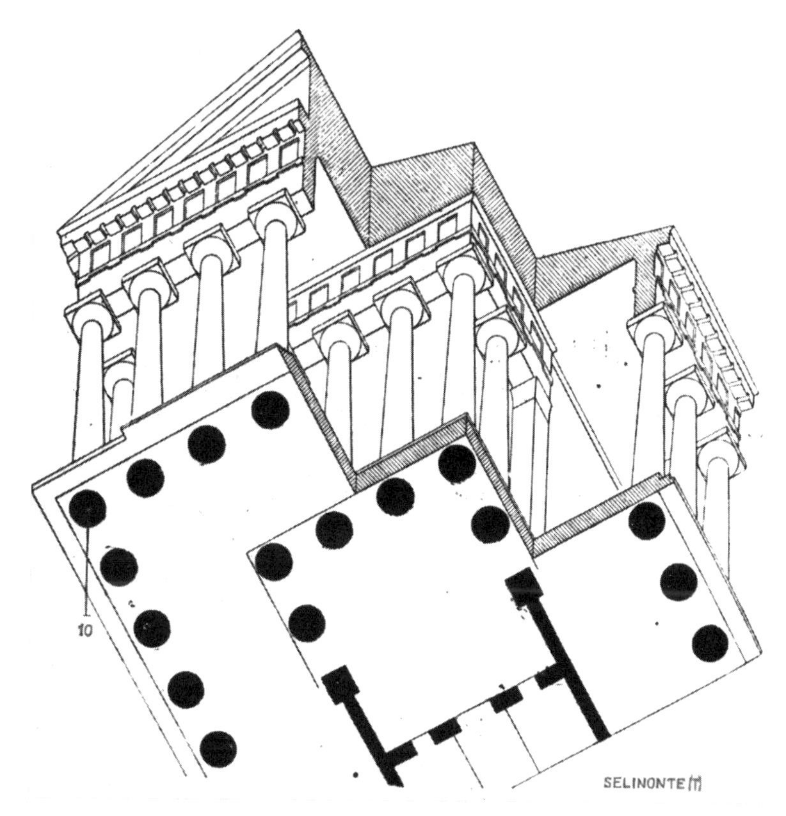

그림 47 오귀스트 쇼와지. 셀리농뜨 사원, 엑소노메트릭 드로잉. 《건축사*Histoire de l'Architecture*》(1899)에서 발췌

과연 프랑스의 평면 개념은 관념적인 공간 개념이었을까? 평면은 공간의 볼륨에 내재되어 있는 윤곽이었을까? 평면과 입면을 공간적 볼륨 하나로 표현한 쇼와지Choisy의 엑소노메트릭 드로잉으로 판단해본다면 그 같은 결론을 내릴 수도 있다(그림 47). 그러나 이 프랑스 학자도 역시 그의 미학 논문에서 우리에게 직접 해답을 주는 데에는 실패하였다.[4] 이에 반해, 19세기 프랑스의 가장 위대한 이론가인 비올레-르-뒥Viollet-le-Duc은 특별한 태도를 보이고 있다. 그는 독자적 정신이 있었으므로 고전적인 보자르의 교육에서 벗어날 수 있었다. 만년에 그가 집대성한 《건축강의*Entretiens*》의 폭 넓은 시야는 그가 놀라운 학식과 훌륭한 이해력이 있었음을 보여주고 있다. 특히 예술의 의미에 대한 맨 처음 강의에서, 그가 종종 그렇다고 여겨져왔던 구조적 합리주의자라기보다는 이와는 다소 다른 이론가처럼 자신을 그려내고 있다. 또한 다른 차원 사이의 관계로서 건축의 비

례 원리를 말한 그의 견해는, 예를 들자면, 부등변 삼각형에 대해 자신의 '다양성 있는 통일 Eenheid in de Veelheid'을 발견했던 베를라허에게 큰 영감을 주었음이 틀림없다. 비올레-르-뒥은 다음과 같이 쓰고 있다.[5]

통일성 없는 비례는 있을 수 없고, 다양성 없는 통일성도 있을 수 없다. 여기서 다양성이란 유사성similars을 의미하는 것이 아니라 차별성differences을 의미한다.

보자르의 건축가들은 주로 평면에 열중하였다. 반면에 구조에 흥미가 있었던 비올레-르-뒥은 주로 단면, 즉 높이와 폭에, 그가 연구한 비례와 재료를 적용하였다(그림 48). 그러나 제3차원인, 건물의 깊이에 대해서는 여전히 침묵하고 있었다.[6] 이는 쇼와지가 왜 특이한 엑소노메트릭 드로잉으로 두 가지 접근방법을 엮었는지를 아마 설명해줄 것이다.

그림 48 E.E. 비올레-르-뤽. 건물에 철재와 조적조 사용. 《건축강의*Entretiens*》(1863-1872)에서 발췌. 이 도면은 비올레-르-뤽이 평면보다는 오히려 입면과 단면의 구조 계획과 치수에 대해 몰두하고 있음을 보여준다.

비올레-르-뒥의 이론에서는 공간의 미학적 개념을 거의 언급하고 있지 않다. 다만 그가 강의 내용 중 일부에서 부수적으로 이 주제를 언급하였는데, 주로 내부 공간과 외부 공간과의 관계를 다루었을 때이다.[7]

우리의 견해로는 가장 우수한 건축은 장식이 구조에서 분리되어서는 안 된다.
외부의 장식은 관찰자를 대상으로 해야 하며, 또한 그가 내부로 들어가서 발견할 것을 예상하도록 만들어야 한다.
즉, 주요 관심사를 위해 준비하고 주요 관심사로 이끌어야 한다.
… 그리고 장식은 외부에만 있는 것은 아니다. 건축물이 길거리에서 바라보기 위해서만 세워지는 것은 아니기 때문이다.
그러므로 외부에서 내부로의 진입은 단계적이어야 한다.
만일 건축가가 가장 고려해야 할 만한 것 하나를 든다면, 그것은 건물의 모든 부분 부분을 완전히 일치시키는 것이다. 즉, 용기容器와 용기에 담고 있는 내용을 완전히 일치시키는 것이다. 따라서 내부의 배열이 솔직하게 외부로 나타나는 표현은 구조뿐만이 아니라, 구조와 밀접한 관계를 가져야 하는 장식에 대해서도 마찬가지이다.

여기까지가 비올레-르-뒥의 논설이다. 윗글에서도 역시 물리적 구조체와 구조체와 장식의 유기적 결합에 대한 관심이 평소처럼 언급되고 있다. 그럼에도 불구하고, 그는 건물의 클라이맥스로서 내부 공간에 담겨 있다는 공간 개념에 주목하게 한다. 그는 공간의 경계는, 점진적으로 들어가는 진입과정으로서, 외부에서 내부로 설계되는 것이라고 생각하였고(그림 49), 역설적으로 그 경계는 담고 있는 내부를 솔직하게 표현해야 한다고 생각하였다. 내부 공간 개념에 대한 비올레-르-뒥의 이러한 인식은 19세기 프랑스 공간미학 형성에 보기 드문 공헌 중의 하나라 할 수 있다.

그림 49 E.E. 비올레-르-뒥. 생 피에르 드 모아싹 성당의 출입문 드로잉(1839): 점점 내부로 진입되는 공간의 경계

3 자연과의 유사성: 살아 있는 건축

The analogy with nature: living architecture

19세기 유럽의 영향력 있는 건축 이론가 중 한 사람이었던 존 러스킨John Ruskin은, 당시 프랑스나 독일의 풍토와는 크게 대조되는 태도를 보였다. 그의 이론은 훨씬 도덕적이고 지각적인 성격이었으므로, 간접적이나마 이 연구의 주제인 공간에는 중요하다고 볼 수 있다. 러스킨의 세계관은 독일의 칸트나 헤겔, 또한 고국인 영국의 뉴턴과는 대조적으로 선험적이지 않았다. 그에게 **선험적인 직관**a priori intuitions은 존재하지 않았다. 러스킨은 주로 시각을 통해 실재를 인식하였다.[1] 그는 지적 이해력을 인정하였지만, 건물과 같은 인공 형태를 이해하는 인간의 정신능력은 자연형태에서 유추된다고 생각하였다. 이러한 견해에 따르면 건축 형태는, 자연현상 속에서 시각으로 경험되어 이미 알고 있는 개념을 재조정한 것이라고 설명할 수 있다(그림 50). **선험적**인 공간 개념은 러스킨에게는 생소하였다. 그에 따르면 모든 진실과 가치와 교훈은 자연형태로부터 배우는 것이었다. 이런 점에서 볼 때, 러스킨은 영국의 경험주의English empiricism 전통을 따르고 있다.

러스킨은 미와 자연형태의 이상적인 관계를 찾으려고 노력하였다. 우주를 관찰하여 건축에 이식할 수 있는 형태 이미지를 끄집어냈다. 그 예로서 둥근 아치(둥근 볼트 하늘), 포인티드 아치(잎사귀), 코린트식 주두(식물) 등을 제시하였다.[2] 미는 자연을 모방하여야만 얻을 수 있었고, 자연에서 따오지 않는 형태는 추한 것임에 틀림없었다.[3] 장식의 올바른 장소와 위치 그리고 색채에 관련된 모든 법칙은 관찰자 주변의 자연 환경 속에 표현되어 있었다.

그림 50 송Sogn. 노르웨이 호페르스타(1130년경), 목조교회: 소나무나 물고기 꼬리 같은 자연 형태의 유추이다.

러스킨의 연구는 시각vision을 강조하는 순수하게 감각적인 것이었다. 예를 들어 그에게는 눈이 귀보다 더욱 중요하였다.[4] 그는 인간의 수평방향 운동에 속하는 촉감에 대해서는 절대 침묵하고 있었다. 러스킨은 다만 건축의 시각적인 **수직면**vertical plane 처리만을 언급하였다. 러스킨에게 건축의 미는 건물 매스, 즉 수직면의 불필요하고 무목적인 장식을 의미하였다.[5]

이러한 시각적 태도의 배경은 결국 도덕적인 것이었다. 건축은 정신적이고 사회적인 행복을 만들어내는 수공예의 산물이어야 이상적이었다. 오로지 손으로 하는 노동만이 감정을 지닌 '살아 있는 건축Living Architecture'을 만들어낼 수 있었다. 규칙에서 약간 벗어나면 유기적으로 왜곡되는 것이 자연의 특성이라 볼 수 있고, 그러한 이탈은 건물을 오직 수공예로 제작하여야만 모방될 수 있었다. 이러한 태도는 러스킨을 다윈과 연관시킨다. 러스킨은 만일 인간의 손이 물품이나 건물, 또는 도시 건설 전체의 생산을 지배할 수 있다면, 자연형태의 진화 중에 점진적인 변이나 소규모 결정은 재현될 수 있을 것이라고 믿었다. 중세의 건물들 중에서, 자연의 유기적인 성장과 비슷하게 규칙에서 벗어난 수많은 왜곡이 있음을 발견할 때 진실로 살아 있는 건축이라고 말할 수도 있다(그림 51). 그것은 까밀로 지테Camillo Sitte와 같은 19세기 건축가나 도시계획가를 지배했던 도덕적 관심사였으며, 러스킨처럼 이들도 또한 다윈의 숭배자들이었고, 이들 모두는 중세적 이상을 널리 전파하였다. 하지만 이 연구에서는 러스킨의 도덕적인 측면을 깊이 있게 논할 수는 없다. 단지 러스킨이 특히 공간 개념에 주목하여 건축 전문용어를 사용한 영향에 한정하여 다루려 한다.

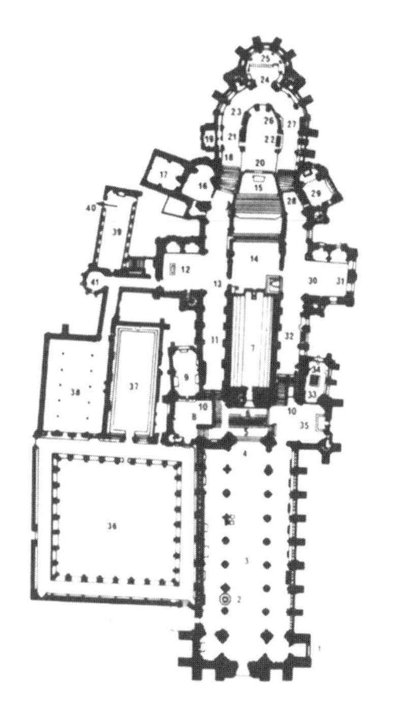

그림 51 캔터베리 성당(1071-1410) a 평면 b 주회랑의 내부 모서리

러스킨은 매스mass와 선line이라는 건축 범주에 깊은 관심을 기울였다. 왜냐하면 이들 범주는 자연에서 유추해낼 수 있기 때문이었다. 매스는 평원plains과 바위rocks를, 선은 숲woods을 상징했다. 그는 실제 형태보다는 시각적 효과에만 흥미를 가진 감각주의자였다.[6] 그는 망막에 만들어진 인상 이상으로는 더 나아가지 않았다. 러스킨은 한때 평탄한 벽(매스)에서 고딕의 트레이서리(선)를 구별해냈다. 이러한 대조 개념을 같은 시대의 고트프리트 젬퍼Gottfried Semper도 적용하였으며, 그는 이를 텍토닉 형태tectonic form(구축적 형태 構築的 形態)와 스테레오토믹 형태sterotomic form(절석적 형태折石的 形態)라고 이름 붙였다. 러스킨은 이것을 철저하게 해석하여, 물질matter, 빛light, 색채color, 세 가지 다른 범주로 적용하였다. 러스킨에게는 텍토닉 형태나 스테레오토믹 형태 어느 것으로 한정되는, 3차원적 성질과 같은 공간 개념은 존재하지 않았다. 그는 건축을 마치 회화처럼 경험하였다. 그의 저서인 《건축의 일곱 등불*The Seven Lamps of Architecture*》이란 책에서도 '공간' 개념이 종종 사용되고는 있으나, 물질, 그림자, 색채라는 세 가지 범주로 잠재적으로 점유되는, 오로지 표면Surface의 2차원적 유동성이란 의미로만 사용하였다.[7]

러스킨과 젬퍼의 두 번째 차이점은 러스킨은 건물 깊이 방향의 운동에 무지하였다는 것이다. 러스킨이 미(예를 들어, 장식)를 올바르게 대할 것을 설명할 때, 비례propotion와 대칭Symmetry의 개념만을 다루고 있다. 그는 비례를 수직 부위와 대칭을 수평 부위와 관련짓고 있다. 젬퍼가 건물의 깊이로의 운동에서 구별해낸 개념인 방향Direction에 대해, 러스킨은 한 마디도 언급하지 않았다. 이러한 누락에도 불구하고, 러스킨이 자신의 비례이론을 논할 때, 비례는 동등한 사물 사이에는 존재하지 않는다[8]고 말한 것은 흥미롭다. 이러한 결론은 비올레-르-뒥이 정의한 '상이한 수단의 통일성the unity of dissimilar measures'과도 닮아 있다.

공간이 아니라 물질matter의 활동적인 생명도 러스킨이 가르치려는 교훈의 초점이었다. 그의 《생명의 등불*Lamp of Life*》은, 러스킨이 표현한 바와 같이, 새로운 감정이입적 상상력을 설명하고 있다. 그것은 뵐플린Wöllfflin, 립스Lipps, 보링거Worringer 등이 이끈 독일 미학파의 핵심이 되기도 하였고, 미국의 루이스 설리반Louis Sullivan이 주도한 영향력 있는 감정이입적 기능주의 사상의 핵심이 되기도 하였다. 《건축의 일곱 등불》에는 다음 글이 담겨 있다.[9]

그림 52 존 러스킨 그림. 글렌핀라스Glenfinlas의 편마암gneiss rock(1853): 감정이입으로 '바위에 목소리를' 주입한다.

자연과 인간 영혼의 관계가 물질을 창조하는 데 보여주는 무수한 유추 중에서, 물질의 활동과 부동 상태를 단단하게 연결시키고 있는 인상impression보다 더 뚜렷한 것은 아무것도 없다. ….
… 미는 유기적인 사물의 생명력 있는 에너지 발현에 의존하고 있다.

러스킨의 생각에 따르면, 건축미의 창조는 물질과 관련이 있었다. 그것은 후에 독일 이론가들이 추구한 바와 같이, 생활감정Lebensgefühl—식물이나 동물의 생명에서 관찰되는 생명력—을 관찰자에서 물질로 열렬히 전달하는 데 달려 있었다. 쇼펜하우어가 건축적 물질에서 하중荷重과 지지支持의 역학적 표현, 즉 중력에 견디는 시각적 표현을 추구한 것과 마찬가지로, 러스킨도 인간의 감정으로 관찰한 자연대상을 구체화하려고 노력하였다(그림 52). 이와 같은 생명력의 부여는 '행동을 구름으로, 기쁨을 파도로, 소리를 바위로'[10] 표현하도록 만들었다. 일치sympathy와 유사한 감정이 독일에서 생겨났으며, 몇 년 뒤 감정이입Einfühlung의 개념으로 나타났다.

러스킨에 따르면, 생명Life은 모든 건축의 참된 출발이었다. 흄Hume과는 대조적으로, 러스킨은 미의 그릇된 원리가 되는 고의적인 우연성과 관습에 몰두했다. 러스킨에 의하면, 자연 그 자체만이 인간에 대해 모든 해답을 줄 수 있었다. 그 해답은 왜곡의 생명력, 유기적인 다양성, 색채와 재료의 올바른 사용 등이었다. 자연에는 자유성이나 고의성은 전혀 없고, 건축에도 그와 같은 것은 전혀 없었다. 자연을 지배하는 것은 올바르고 정직한 보편성universality이었다. 이에 대해 인간은 충실하고 순종하는 하인이 될 뿐이었다.

III 독일 건축 이론의 공간 개념 1850-1930

Ideas of space in
german architectural theory,
1850-1930

1 유물론과 세 가지 공간 요소

Materialism and the three spatial moments

러스킨의 《생명의 등불*Lamp of Life*》에서 표현되었듯이, 19세기 중엽 건축 이론은 모방적(절충적) 예술에서 개념적 표현예술로 건축개념이 진보된 것을 느낄 수 있다. 독일의 프리드리히 T. 피셔Friedrich Theodor Visher의 미학도 이와 비슷하게 발전하였다. 먼저 피셔는 이러한 개념들을 신학적 윤리학과 잘 조화시키려 하면서 헤겔의 이념을 계승하고 있었다. 피셔는 시각적인 미를 선善 Good과 진리眞理 True의 윤리학과 동일시하였다. 러스킨과 마찬가지로 피셔도 건축의 공간 개념을 무시하였으며, 다만 건물 외부의 표면에만 주의를 쏟았다.[1] 피셔는 후기 이론에서 상징Symbol 개념을 발전시켰다. 즉, 건축은 일시적인 생활감정Lebengefühl을 표현하는 예술이 되었다.[2] 피셔는 일찍이 쇼펜하우어의 〈하중과 지지*Stütze und Last*〉라는 논문이나, 러스킨의 《생명의 등불》이라는 저서에서 볼 수 있었던 감정에 공감하여, 물질을 마치 살아 있는 것으로 이해하였다. 이러한 미학적 의미의 양상들은 다음 장에서 다루어진다.

19세기 후반 이후 독일에서 가장 영향력이 컸던 건축 이론가는 건축가 고트프리트 젬퍼Gottfried Semper였다. 영국의 러스킨, 프랑스의 비올레-르-뒥 그리고 독일의 젬퍼 이론은 19세기 후반의 전형적인 건축 사상이었다. 그러나 공간 개념만 본다면, 젬퍼만이 공간 개념을 건축미학의 총합체로 제시한 유일한 이론가였다. 이와 같이 젬퍼는 20세기 초 근대운동의 발흥을 예시한 인물이었다.

영국의 러스킨처럼, 젬퍼도 그 당시 건축의 파국적인 실제 상태를 심각하게 비판하였는데,

그는 그 원인을 두 가지로 보았다. 하나는 파리 에콜 폴리테크니크Ecole Polytechnique에서 뒤랑Durand이 가르치고 있었다는 것이고, 다른 하나는 전반적으로 절충주의가 확산되고 있는 실무상의 문제였다.[3]

그림 53 앙리 라브루스트, 생트 즈느비에브 도서관(1843-1850) 파리: 열람실 내부

그림 54 앙리 라브루스트, 옛 국립도서관, 파리(1868), 열람실 내부: 철과 유리, 채색도기를 혁신적으로 사용하여 공간 개념을 생트 즈느비에브 도서관보다 완전하게 하였다.

젬퍼는 철재가 쓰인 라브루스트H. Labrouste가 설계한 파리의 도서관 건물들(그림 53, 54)과 유럽 각국 수도의 철도역사가 출현하였을 때, 새로운 재료로서 금속재의 위력을 최초로 인식한 건축가 중의 한 사람이었다. 이 때문에 젬퍼는 완전하고 새로운 이론을 재료의 성질에 따라 발전시켜야 한다는 신념을 갖게 되었다. 그는 1851년에 세 개의 장으로 구성된 《양식론*Stillehre*》을 발표하였다. 제1장은 **원형적 형태**archetypal form, 제2장은 원형의 **역사적 발전**historical development, 제3장은 **재료의 기술적 영향력**material influences이었다. 합리주의자였던 젬퍼는 모든 예술작품들을 수식으로 표현하였는데, 그 수식은 다음과 같다.

$$Y = F(x,\ y,\ z,\ \cdots)$$

여기서 최종 결과 Y는 이미 알고 있는 여러 변수(계수 $x,\ y,\ z,\ \cdots$)로 된 함수(F)이다.[4] 젬퍼의 양식론은 유물론적인materialistic 내용을 초월하여, **형태의 기원**origin of form도 포함시키려 하였다. 물질 측면을 강조하여 그의 방법을 '발생학적 비교법genetic-comparative'이라고 부를 수도 있다. 젬퍼는 물질을 적극적인 가치로 보았으므로, 정신적인 이념을 적극적인 힘으로 그리고 건축적인 수단인 **물질**matter을 부정적인 힘으로 구성한 '예술적 위계hierarchy of the arts'라는 헤겔파의 방식에는 반대하였다. 젬퍼는 **물질**을 모든 인공 창조물을 만들어내는 체계의 출발점으로 생각하였다. 창조물은 어떤 시대에 들어맞는 오로지 내재된 개념만이 아니라, 인과관계라는 객관적 유추에도 상응되는 발생-기계학적 인자에 의해 최종 형상이나 디자인에 도달하게 된다. 그는 이 인자들을 **원료**raw material(Rohstoff), **목적**purpose(Gebrauchs-Zweck), **기술**technique 세 가지로 분류하였다. 19세기 디자이너의 절충주의적 혼란에 대한 그의 반발은 신중하고 명확하였다. 즉, 젬퍼는 재료의 참된 성질과 그 기술적인 사용 순서와 수단을 연구하였고, 이를 용도상의 요구나 대상의 목적과 결합시킨다면 올바른 형태가 발견될 것이라고 주장하였다.

젬퍼가 행한 다음 단계는 확고한 시스템 속에 모든 원료를 편성하여 형태를 만드는 것이었다. 1851년 조셉 팩스턴Joseph Paxton이 설계한 크리스털 팰러스Crystal Palace(그림 55)에 자극 받아, 젬퍼는 1852년에 이상적인 **박물관** 모델을 제안하였는데, 그것은 사각 그리드

그림 55 조셉 팩스턴 경. 크리스털 팰러스, 런던(1851). 만국박람회장: 젬퍼의 이상적인 박물관 원형

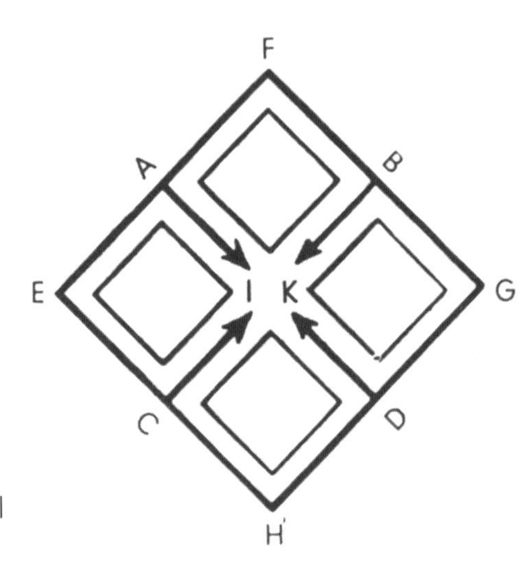

그림 56 G. 젬퍼, 이상적인 박물관 평면(1852): 네 가지 재료 범주로 구성하였다.

평면(그림 56)이었으며, 벽면들은 재료의 범주들을 각각 나타내고 있었다.[5] 그 당시 만국 박람회World Exhibition라는 주제는 건축물의 순수한 기능적 요구를 훨씬 뛰어 넘는 것으로 생각되었다. 왜냐하면 그 건축물은 모든 문화적 성취를 다함께 보여주는 유토피아적인 모델로서 돋보여야 했기 때문이다. 만국박람회라는 유토피아적인 요구는 신공업사회의 예술적이며 기술적인 건물 문제들을 풀어내야만 했다. 근대의 종합예술Gesamtkunstwerk처럼, 고딕시대의 대성당과 같은 구실을 떠맡아야 했다. 또한 20세기의 르 코르뷔지에도 이 주제에 매혹되고 있었다는 사실은 이상적인 박물관의 문제를 해결하려는 끊임없는 그의 시도에서 쉽게 추론할 수 있다(그림 57). 젬퍼가 유토피아적인 모델을 구성하는 데 사용한 범주는, 물질을 직물textile, 도기ceramic, 텍토닉한 것tectonic과 스테레오토믹한 것stereotomic으로 나눈 것이었다. 이는 제조 순서나 재료의 탄성 정도에 따라 세분한 것이다. 이러한 범주들은 재료의 신축성the flexible에서, 가소성the plastic, 탄력성the elastic, 고형성the solid까지 순차적으로 나아간다. 또한 그것은 시각이 아니라 촉각에 바탕을 두고 있다. 대체로 젬퍼는 재료가 이루어야 할 목적 측면을 떠나, 주로 원료의 성질로 부과되는 요구사항을 다루고 있다. 우리들의 관심분야 중 젬퍼가 기여한 가장 크고 궁극적인 공헌은 그의 공간 개념이었다. 젬퍼는 그의 저서 《서론*Prolegomena*》에서, 모든 자연형태에는 폭width, 높이height, 깊이depth 방향의 공간적 확장과 관련된 세 가지 요소들이 있으며, 이들로 부터 대칭symmetry, 비례proportion, 방향direction의 세 가지 요소가 도출된다고 간단명료하게 말하고 있다.[6]

결정체나 분자나 눈송이처럼 비유기적으로 자연에 존재하는 평범한 형태만이 모든 방향으로 균등하게 확장된다. 이러한 규칙적인 원형들 속에서 방향, 대칭, 비례는 모두 하나로 통일된다. 그는 이 현상을 완전한 리듬Eurhytmie* 또는 자기충족Self-containment('Geschlossenheid')이라고 불렀다. 이 원형들은 모두 자연의 발전에 기본이 된다. 자연의 진화에서 이 원형들은 단계적으로 상응하며 변경되기 때문에, 건축가는 이러한 자연조건을 벗어날 수는 없다. 건축에서는 어떠한 새로운 원형도 창조될 수 없으므로, 건축설계 과정은 다만 실존하는 자연 모델들을 변경시킬 수 있을 뿐이었다.[7] 좀 더 대담한 '자기충족적eurythmic' 실험이 수행되었던 노동자 이상도시 쇼Chaux 계획에서 르두Ledoux가 원형을 다루는 것을 음미해 볼

---

* 'eurhythmie', 즉 영어로 'eurythmy'는 라틴어 '에우리트미아eurhythmia'로, '좋은 리듬' '완전한 리듬'이라는 뜻이다, 그리스·로마시대의 작품 각 부분이 전체에 대해 적당히 배속되어 있는 상태, 즉 그 조정의 아름다움, 적절함 및 부분과 세부 간의 심메트리아를 가리켜 이 말을 사용하였다(미술대사전 용어 편 참조).

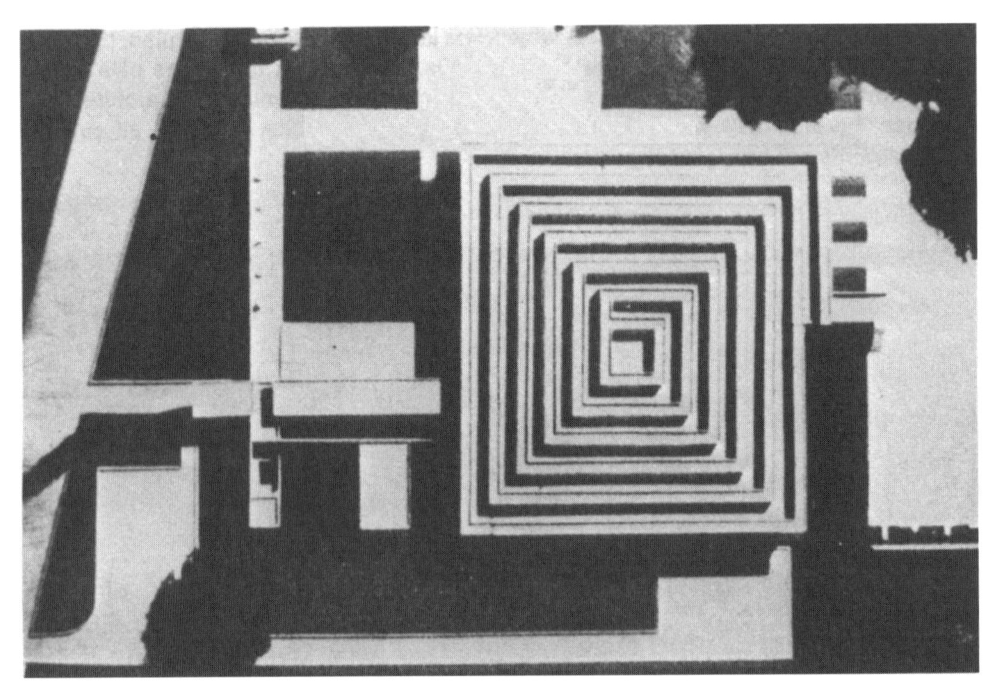

그림 57 르 코르뷔지에. 무한 성장하는 박물관, 알제리 필립빌, 계획안(1939)

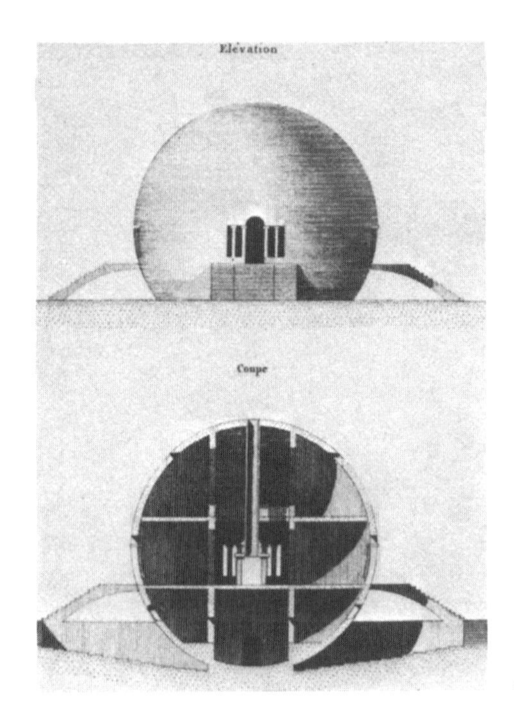

그림 58 C.N. 르두. 농장 관리인 주택(1773-1779)

필요가 있다(그림 58). 젬퍼의 사고방식으로는, 이와 같은 근본 개념들은 인간이 생명력 있게 확장하는 세 가지 요소에 어떤 논리적인 해답을 줄 수는 없었다. 비유기적인 결정체의 3차원적 확장은 관찰자와는 관련이 없으며, 이들을 연결시키는 단 하나의 생명력만이 존재한다. 즉, 식물과 같은 유기적인 자연의 중심 요소nucleus Elements에는 **생명력**vital force이 있으며, 이는 수직방향의 성장력이다. 동물도 또한 생명력을 지니고 있다. 그러나 그것은 수평방향으로 의지력(운동)과 결부되어 있다. 결국 식물처럼 직립하여 서 있는 인간은, 수평적인 의지력과 연결된 수직방향의 생명력을 가지고 있다. 수평방향은 깊이 방향의 운동 요소이며 자유의지의 표현이다.[8] 아마도 몇 세대 뒤에서야 비로소, 오스카 슐레머Oscar Schlemmer가 설계한 **바우하우스 무대 디자인**에서, 이 세 가지 기본 확장요소들이 어떻게 인간이 공간을 조절하는 데 기본이 되는가를 분명히 보여주었다(그림 59). 여기서 젬퍼의 이론은 혁신적인 측면에서 건축가로서의 실제 작품보다 훨씬 흥미 있다고

그림 59 오스카 슐레머, 슬라츠의 춤, 바우하우스 무대 디자인(1927): 3방향으로 인간의 공간이 확장되고 있다.

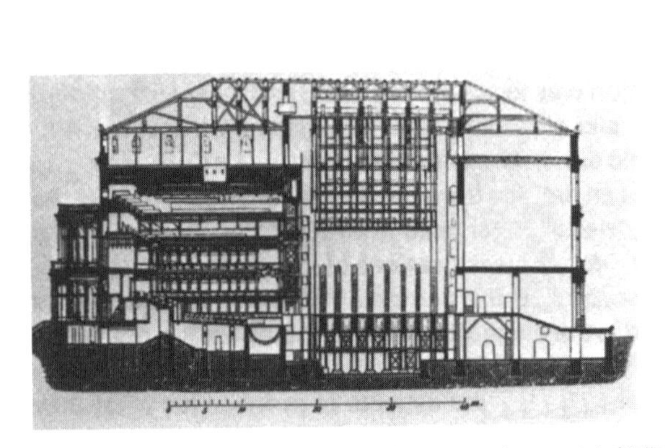

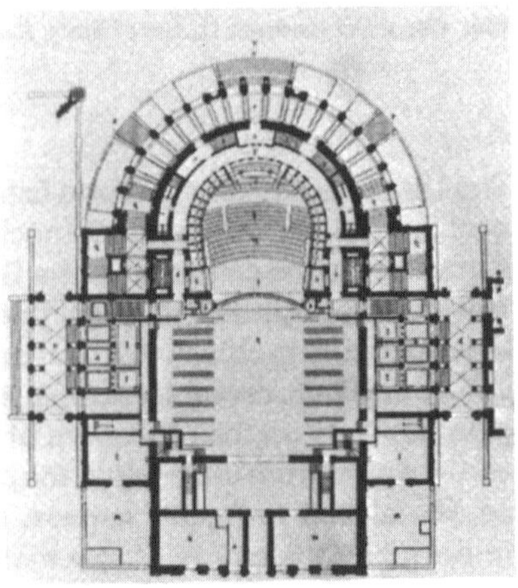

그림 60 G. 젬퍼, 궁정극장, 드레스덴(1838-1841), 1869년 화재로 소실
a 남쪽 입면
b 횡단면
c 평면

할 수 있다. 젬퍼가 설계한 드레스덴의 궁정극장Hoftheater(그림 60)은 그의 '완전한 조화eurhythmy'를 설명해줄 수 있는데, 평면이나 외부 특히 단면에서, 공간적 경계가 세 방향으로 똑같이 확장하는 경향을 보여주기 때문이다.

젬퍼는 직립한 인체에서 도출한 3방향으로 나아가는 데카르트적 공간 확장으로 건축을 이해하였다.

건축 이론 역사상 처음으로 인간이 타고난 존재력existential force이, 인간이 만든 구조물과 기능을 수용한 공간에 연결되었다. 이미 텍토닉 형태와 스테레오토믹 형태는 더 이상 평면적인 장식의 처리로만 간주되지 않았고, 기술과 사용된 재료의 성질은 인간의 공간적 방향과 직접 관련되었다.

젬퍼는 제3차원과 인간의 수평축 방향의 전개를 연상시킨 최초의 건축가라고 할 수 있다. 하지만 공간 개념이 젬퍼의 미학에서 아직도 어떤 명백한 설명으로 받아들여지지 않고 있었다는 사실을 알아야 한다. 그의 인식이 공간이라는 새로운 미학적 관념으로 받아들여지기까지 수십 년이 더 필요하였다. 특히 젬퍼의 양식론Stillehre은 결국 텍토닉 형태와 스테레오토믹 형태의 유물론적이며 구성주의적인 관념을 따랐다는 사실에 주목해야 한다. 기둥과 인방 구조와 같은 텍토닉 형태는 모든 골조를 구체적으로 표현한 반면에, 스테레오토믹 형태는 벽과 천장이 동질한 매스 하나로 형성되는 경우에만 관련된다. 예를 들어 1926년 파울 클로퍼Paul Klopfer가 시도한 바와 같이, 젬퍼의 스테레오토믹 형태 개념을 의식적인 공간 개념으로서 해석하는 것은 과장된 것이었다.[9] 젬퍼는 특히 스테레오토믹을, 전체의 가소성Plasticity이 나누어지지 않는 역학적 동일체를 형성하는 매스 구성방법이라고 하였으며, 중단되지 않고 계속 연결되는 아치-피어의 형태 관계와 같으며, 텍토닉 구성으로 조립되는 기둥과 인방보 결합체와는 구별된다고 하였다. 젬퍼의 이론적 설명으로 판단해보면, 모든 텍토닉-스테레오토믹 구성의 구분은, 물질의 특성에서 나오는 것이지 공간에 의한 것은 아니었다.

2 감정이입 이론: 매스

The theory of empathy: mass

19세기 말 여러 독일 이론가들을 사로잡았던 감정이입Einfühlung 개념은 건축에서 공간 개념의 출현과 밀접히 관련되어 있다. 따라서 이 분석 시점에서 이러한 개념의 기원과 발전에 초점을 맞출 필요가 있다.

로베르트 피셔Robert Vischer는, 아버지인 프리드리히 테오도르 피셔의 형태적 상징주의formal symbolism 미학에 영향받아, 1873년에 감정이입 개념을 처음으로 도입하였다.[1] 그 당시에 경험 심리학empirical psychology이라는 새로운 과학이 처음 제기되었다. 이를 통해 피셔는 촉감이 경험의 정도와 밀접한 관련이 있다는 것, 다시 말해서 어린아이는 촉감으로 3차원을 인지하는 방법을 터득한다는 사실을 알게 되었다. 우리는 공간 속에서 피부와 근육운동의 기억을 통해, 눈의 망막에 나타난 실재하는 평면 이미지가 공간적이라는 사실을 알게 된다. 우리의 손과 발은, 공간에서 3차원의 느낌, 즉 깊이감을 주는 도구들이다.

사실 우리가 앞에서 보았듯이 젬퍼의 세 가지 요소는 인간의 신체와도 관련이 있다. 그러나 이러한 관계는 운동 기능에 국한되어 있었다. 피셔에게 공간의 본질은 3차원으로 이미 경험한 환경과 영혼Soul의 대화였다. 피셔는 자신에게 "공간Space과 시간Time은 무슨 의미이고, 심상心象: Projection, 차원Dimension, 멈춤Rest과 운동Movement은 무엇이며, 형태Forms란 무엇인가? 또한 만일 이들 속에 생명의 붉은 피가 흐르지 않는다면 어떻게 되는가?" 라고 묻고 있다. 그는 영혼의 기본 힘은 감정Feeling이라 하며 그의 논리를 계속 펼치고 있다. 감정은 우리와 대상물을 연결시킨다. 우리는 대상물이 식물이든 예술이든, 인간이든지 간에 이들을 우리 영혼에 주입시키고 있다. 피셔는 이러한 과정을 감정이입Einfühlung

이라고 불렀다. 헤겔이 주장했듯이, 영혼은 이제 더 이상 관찰 대상물로서 타고난 것이 아니며, 관찰자 저마다로부터 나오는 심상이었다. 확실히 이러한 이론적 인식은 예술 창조의 새로운 태도를 탄생시켰으며, 표현주의 시기에 의인론적擬人論的 anthropomorphic* 표출로써 최고로 무르익었다(그림 61).

그러나 피셔의 이론은 경험 심리학의 범주를 거의 벗어나지 못했다. 1890년대에 발표한 여러 연구에서 순수미술fine arts**의 공간적 경험에 그 지식을 적용한 사람은 힐데브란트Hildebrand와 립스Lipps 같은 다른 미학 이론가들이었다. 실제로 1890년대 초 이후에야 비로소 공간 개념이 명확히 예술적 경험의 본질로 여겨졌다.

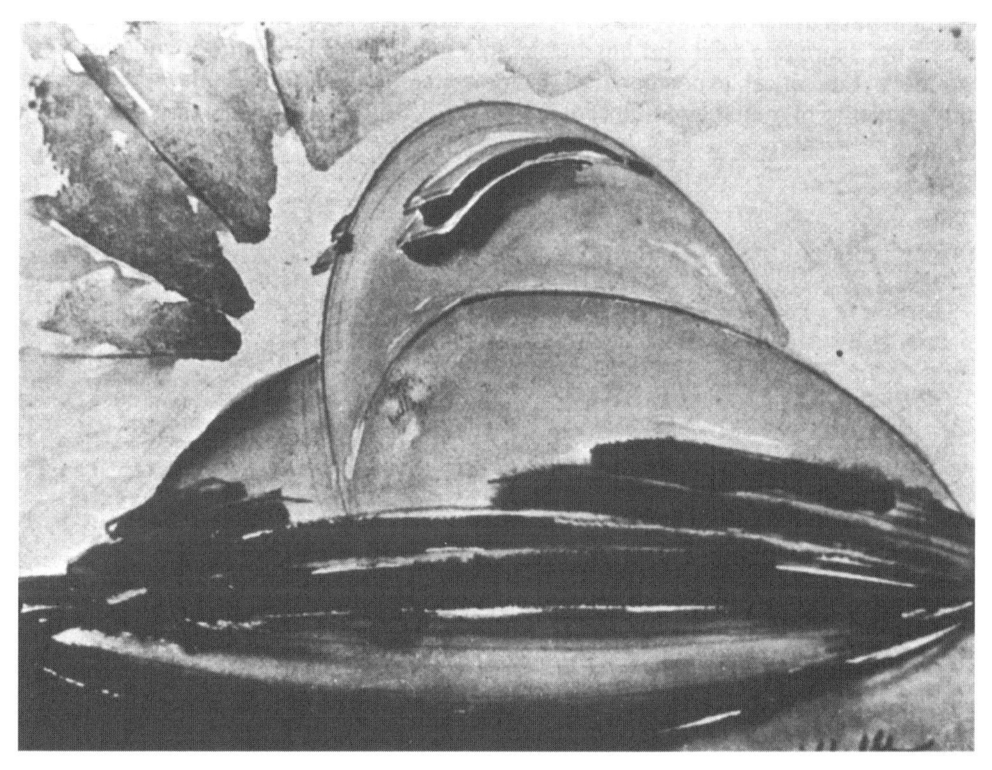

그림 61 H. 샤로운. 음악당 계획, 수채화(1922)

---

* 'anthropomorphic'의 넓은 의미로 '신인동형론적神人同形論的'으로 번역되나, 여기서는 좁은 의미인 '의인론적擬人論的'으로 옮겼다.

** 순수미술 특히 회화, 조각, 건축을 말한다.

그림 62 R. 슈타이너. 제1 괴테아눔, 보일러실, 도르나흐(1914)

테오도르 립스는 시각적 관찰과 심미적 관찰을 구분하였다. '시각적 관찰에서 형태는 형태 그 자체이며, 이에 비해 심미적 관찰은 단지 그 내용Contents과 관계가 있다.'[2] 예컨대 그는 기둥에서 상호 연관된 두 가지 의미를 관찰했다. 첫째, 기계적 요구로 기둥에 직립된 형태를 부여하였고, 둘째로 관찰자의 개인적 공감을 기둥에 부여하여, 기둥이 인간처럼 우리의 시야에서 노력, 분투, 발휘와 같은 행동을 하기 시작한다는 것이었다.[3] 인지과정을 시각화하려고, 립스는 한 세대 후 루돌프 슈타이너Rudolf Steiner의 의인론적인 디자인이 그러하였듯이, 어떻게 그대로 생물학적 교감sympathies에 빠질 수도 있는지를 설명하였다(그림 62). 이와 같이 립스의 감정이입 현상은 주고받는 양방향 흐름이라고 볼 수 있다. 즉, 감정이입이란, 우리가 바라보는 예술 대상물에서 받는 자극과 바로 그 대상물을 관찰하는 개인이, 영혼의 생명을 적극적으로 투영하는 사이에서 일어나는 공명共鳴 resonance이었다.

피셔가 관심두지 않았던 예술적 문제인 이 생명력을 시각화하려고, 립스는 생명력을 추상적 도식abstract schemata으로 변형시킬 수 있는 공간론을 제안했다. 이 이론은, 대상물의 **형상**shape은 그 대상물의 **매스**mass이며, 반면에 **형태**form는 매스를 제거할 때 남는 것, 즉 추상적 공간 구조라고 주장하였다.

두 종류의 감정이입, 즉 기계적, 의인론적인 감정이입과 유사하게, 그는 공간도 **기하학적 공간**geometric space과 **미학적 공간**aesthetic space 두 종류로 인식하였다. 기둥에서 매스를 제거하고 남는 것이 기둥의 공간 구조 또는 **형태**이며, 이를 립스는 **기하학적 공간**이라 불렀다. **미학적 공간**은 힘 있고 생명력이 있으며 형태를 이루는 공간이고, 공간 속에 한정된 생명 그 자체였다. 여기서 유기적인 휨bending과 쏠림inclining이 발생할 수 있다.[4] 이것은 확실히 **유겐트슈틸**Jugendstil이라는 예술적 혁신이었으며, 순수한 선형linearity을 지향하는 물질의 추상화가 '미학적' 공간의 소용돌이와 유기적 휨이 복합되어 나타났다(그림 63). 따라서 립스는 '건축은 추상적인 공간을 형성하는 예술이며 공간 경험의 예술'이라는 극적이고 놀랄 만한 공언을 하기에 이르렀다. 립스는 1893년에 다음과 같이 쓰고 있다.

힘차거나 생기 있는 공간이 추상적 공간을 창조하는 예술의 유일한 목적이기 때문에, 어떠한 것도 물질적인 매개체 제거를 막을 수는 없다. 따라서 공간을 추상적으로 표현하는 예술에서는 공간 형태가 물질화되지 않고도 순수하게 존재할 수 있다. ….[5]

그림 63 V. 오르타: 판 에트벨데 주택, 브뤼셀(1895), 중앙 홀 내부

20여 년이 더 지난 후에야 추상적인 전위예술 운동은 이러한 정신적 지각을 실제로 시각화할 수 있었다. 몬드리안의 회화에서 추상적인 구성은 그 이전의 물질적인 윤곽을 분해하기 시작하였다. 아마도 훨씬 후에야 파울 클레Paul Klee의 투명한 구성(그림 64)은, 선형 공간들을 중복시켜, 립스가 생각했던 것에 가장 가깝게 근접하게 되었다. 그러나 립스와 직접 관계를 갖는 유기적 추상개념은 그 당시의 예술 운동인 아르누보Art Nouveau에서는 찾아볼 수 있다.

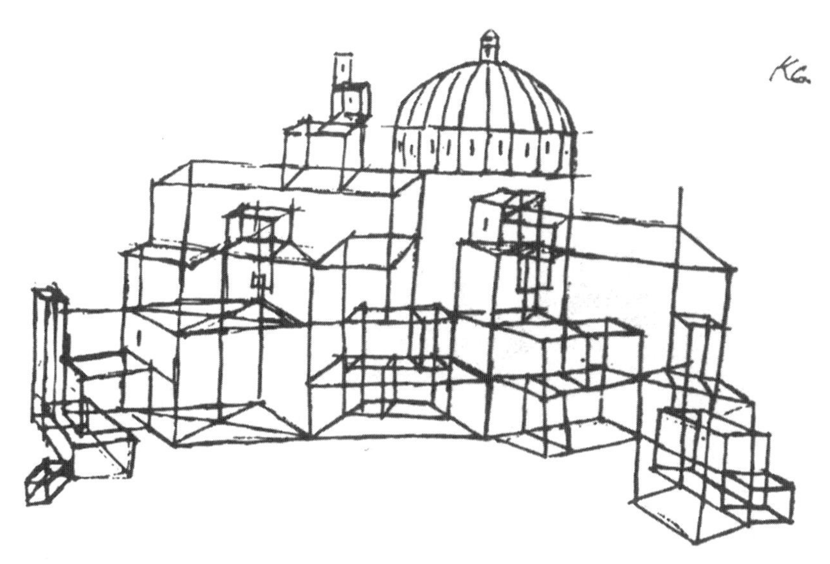

그림 64 파울 클레. B 속의 세인트 A(1929)

예를 들어 건축가 오르타Horta와 기마르Guimard의 놀랄 만한 작품들은, 선형 요소들로 형성된 공간구조에 물질을 분해하려는 충동을 확실히 표현하고 있다(그림 65). 공간 속에서 이렇게 굽이치는 자연스러운 선들은, 클레와 판 두스뷔르흐Van Doesburg가 나중에 만들어내려 했던 바와 같은 입체 공간으로는 아직 형성되지 않았지만, 이미 널리 알려진 감각적인 식물 세계와 밀접한 관계를 유지하였다. 이러한 관계는 관찰자에게, 일반적으로 **감정이입**Einfühlung으로 이해하고 있던 과정을 확신시켜준다.

물론 이 개념들은 건축이란 '실제' 수단보다는 좀 더 환상적이었던 회화 기법에서 더욱 쉽게 표현되었다. 우리가 정신적 개념을 재빠르게 그릴 수 있지만, 과연 그 개념으로 건축을 할 수 있을까? 라는 이러한 의문에 오르타와 기마르의 시도는 긍정적인 해답을 줄 수 있다. 건축 형태에서 물질의 성질을 부정한다면 건축가에게 '**실물처럼 보이는 그림**(**착시화**Trompe L'oeil)'만을 그려내도록 강요하게 될 것이다. 건축 매스 내에 추상화된 생명력은 사실상 이들 매스가 없다면 존재할 수 없다.

립스는 인간이 서 있는 3차원이라는 공간적 둘러쌈에 대해서는 거의 언급하지 않았다. 그에게 공간성spatiality은 물체 자체만을 이해하는 방법 중의 하나에 지나지 않았다. 그 공간성은 주로 내적 정신생활을 시각화하는 문제를 다루고 있으며, 외부 매스의 생김새 physiognomy를 통하여 각 관찰자들에게 이르게 된다. 그러나 아르누보 건축가들의 예술적 실험은, 건축 이론에서 공간 개념의 형태를 수립하는 데 촉매작용을 하였다.

그림 65 H. 기마르 지하철역 입구, 파리 에트왈르 광장(1900): 철거됨

3 순수시각과 동적 시각

Pure and kinetic vision

19세기 말 독일 공간 개념이 발전하는 데 최대로 충격을 준 것은, 1893년에 출판된 뮌헨의 유명 조각가 아돌프 힐데브란트Adolf Hildebrand의 저서인 〈형태의 문제*Problem of Form*〉라는 조그마한 논문이었다. 립스와 마찬가지로 힐데브란트는 그 당시 심리학에서 발표된 지식을 이용하였으나, 감정이입 개념에는 전혀 손을 안댄 채 그대로 두었다. 그 이유는 모든 창조적인 활동이 관찰자에게 달려 있다는 감정이입 개념을, 관련 대상물의 **지적 창조자**auctor intellectualis였던 예술가들이 결국 받아들일 수는 없었기 때문이다. 감정이입에 대한 또 다른 비평으로는, 감정이입 과정 자체가 동물, 식물, 산 또는 예술이나 건축 작품이든지 간에, 관찰 대상물의 종류와 과연 관련 없을 수 있을까라는 의문이었다.

힐데브란트의 〈형태의 문제〉는 예술에서 공간 개념을 탄생시키는 데 크게 영향을 미쳤다. 사실상, 그의 이론은 관찰자와 예술적 경험인 대상물 사이의 공간적 관계만을 다루고 있다. 그의 논문 서두에서, 공간 개념은 공간을 한정하는 형태 개념과 함께 사물의 본질적인 내용, 즉 사물의 본질적 실체를 명확히 해준다고 지적하고 있다.[1] 이러한 두 개념은 두 가지 인식방법, 또는 두 종류의 이미지 형성 결과였다. 첫째로 이미지像는, 눈과 신체가 편안한 상태에 있을 때 **순수시각**pure vision('Gesichtsvorstellung')을 통해 감지된다고 하였다. 순수시각은 관찰자의 두 눈이 평행을 이루고 신체가 특정한 원거리 지점에 고정되었을 때 생긴다. 그 대상물에서 인간은 독립된 통일감을 느끼게 된다. 그는 이 이미지를 **원거리 상**distant-image ('Fernbild')이라고 불렀다. 이때 대상물의 모든 지점들은 똑같이 명확히 보인다. 이 원거리

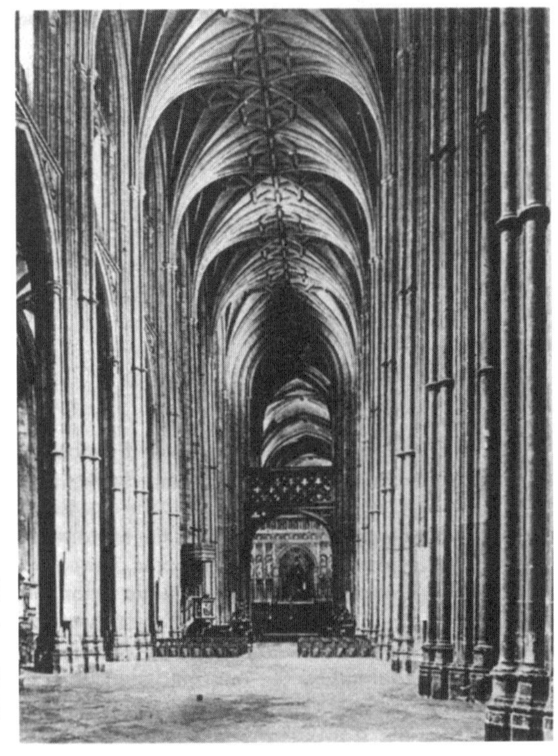

그림 66 캔터베리 대성당(1071-1410): 원거리상은 2차원적인(평면적인) 윤곽선만으로 보이며, 통일된 단일 인상을 준다.

그림 67 캔터베리 대성당(1071-1410), 동쪽을 향한 네이브: 동적 시각은 연속적인 인상을 준다.

상은 관찰자에게 통일된 평면 상planar image을 제공하며 2차원적이다. 예를 들어 거리가 충분히 떨어진 지점에서 캔터베리 성당을 바라보게 되면, 전체가 평면적인 윤곽선만이 보이는 2차원적 이미지가 형성된다(그림 66). 힐데브란트가 말하는 두 번째 지각방법은 **동적 시각**kinetic vision 또는 **이동시각**vision-in-motion('Bewegungsvorstellung')을 통해서 감지되는 이미지像로서, 각기 다른 시점을 취하거나, 대상물에 더 가깝게 접근하면서 신체가 움직이며 관찰자의 눈이 한곳으로 수렴되고 조절된다. 이때에 전체를 파악하는 것은 불가능하다. 이동시각은, 예를 들어 앞서 언급한 캔터베리 대성당에 들어갈 때처럼, 어떤 건축 공간에 접근하거나 들어갈 경우에 발생하게 된다(그림 67). 이때 연달아 연속적인 인상들을 받게 되며, 각 인상들은 명확히 초점을 이루는 한 지점만을 갖게 된다. 주위를 둘러보고 대상물들을 살펴보면, **조형적 개념** 또는 3차원적인 인상을 받게 된다(그림 68). 힐데브란트의 동적 시각 개념은, 그 당시 지각 심리학에서 발전된, 입체시각stereoscopic vision이라는 생

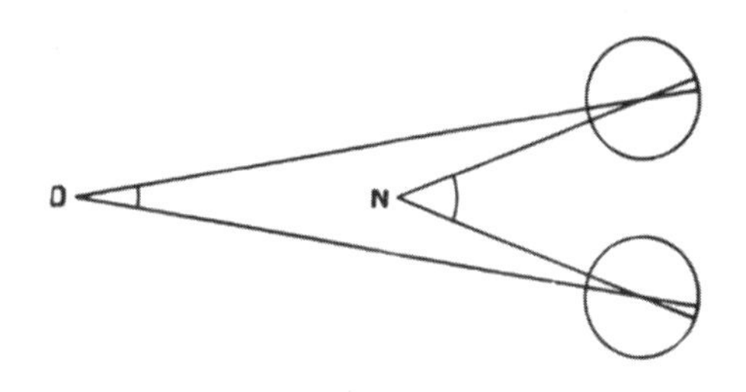

그림 68 동적 시각 원리를 설명하고 있는 힐데브란트의 예술적 지각 이론. '형태의 문제'(1893)

a 수렴Convergence: 시선 축이 외측점 D의 빛을, 가장 완벽한 감각점인 망막과 중심에서 받으려면, 일정한 각도를 이루어야 한다. 보이는 점이 가까울수록 각도, 즉 수렴각은 더욱 커진다. 눈의 외근육으로 눈이 조절되며, 수렴감을 느끼게 된다.

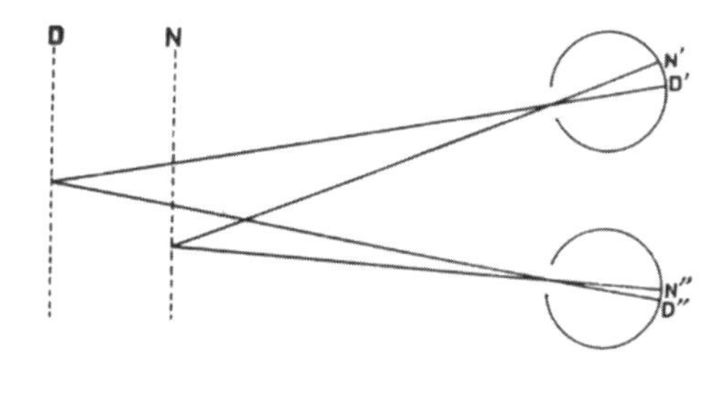

b 입체시각Stereoscopic vision: 먼 지점 D와 가까운 점 N에서 나온 빛은 어떻게 망막에 투영되는가? D'와 N'의 간격이 D''와 N''의 간격보다 크다. 다음 그림 c는 상대적인 이동이 우리 의식에 어떤 시각적 상으로 나타나는지를 보여준다.

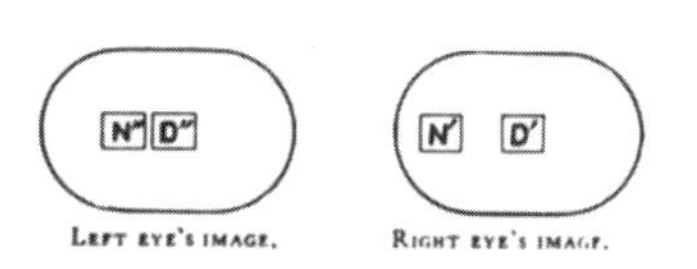

c 입체시각Stereoscopic vision: 그림 b의 두 대상물 N과 D가 우리 좌우측 눈에 어떻게 나타날까? 우측 눈의 이미지 D'는, 좌측 눈 이미지인 N'과의 공간적 관계를 비교해볼 때, (좌측 눈에 비치는 D''보다) 오른쪽으로 이동되어 보인다. 등등(한쪽 망막에 맺히는 상은 그림 b와 같이 항상 반대편에 맺힌 것으로 보이는 데 주목하여야 한다).

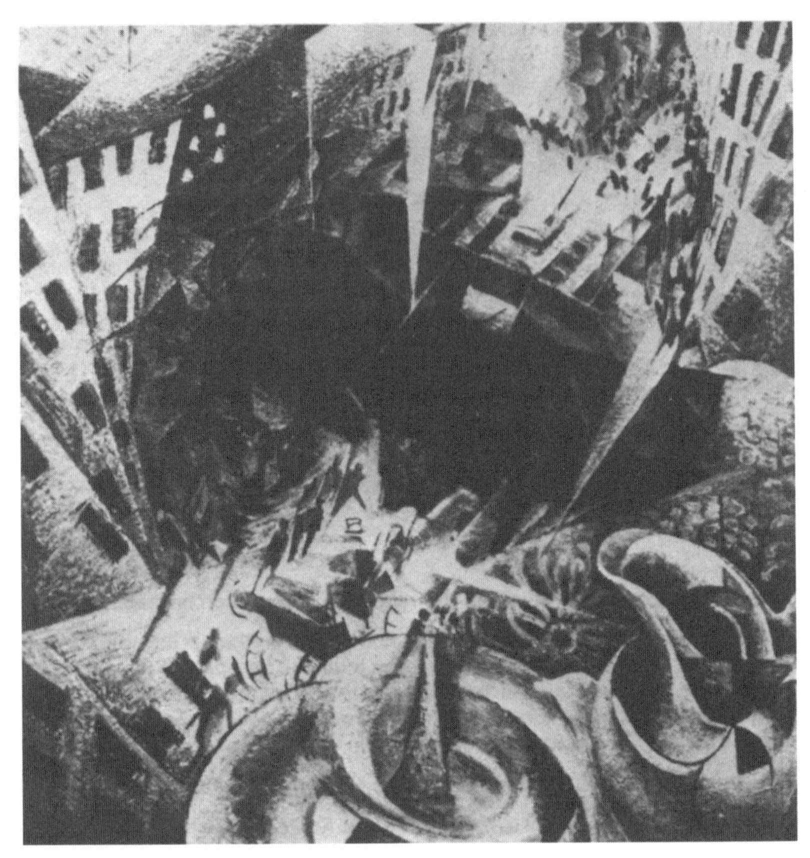

그림 69 움베르토 보치오니, 집으로 들어가는 가로(1912)

물역학biological mechanics을 따르고 있다. 힐데브란트는 "대상물의 조형적 형태에 대한 모든 경험은 손과 눈의 촉감에서 비롯된다."라고 결론지었다.[2] 따라서 예술가들은 물체를 형태로 주조하고 형성할 때, 의식적으로 이 두 종류의 상을 재생하여야만 한다. 즉, 원거리 상distant-image을 통일시켜야 하며, 근접 상closer image을 연속하여 재현해야 한다. 그러면 우리는 예술작품의 조형적 본질을 경험하게 된다. 그러므로 모든 예술가들의 목적은 '공간의 보편적 개념을 표현하는 것'이라고 할 수 있다.[3]

힐데브란트의 동적 시각 개념은 19세기 공간 개념에 가장 뛰어나게 이바지하였다. 그는 공간이 모든 예술작품의 기본임을 강조했을 뿐만 아니라, 전체 지각이미지 형성과정에 시간이란 요소를 도입하기도 하였다. 이 장 뒤에서 다루어질 **부조**浮彫 **개념**Concept of Relief으로 알려진 그의 논증은, 그것이 야기한 혼란을 고려해볼 때 그의 이론 전반에는 어떠한 손상을 주었을지도 모른다. 그러나 그의 동적 시각 개념은 미래파 회화의 '동시성simultaneity 개념'(그림 69), 판 두스뷔르흐의 **시간-공간**space-time 원리 그리고 모홀리-나지의 **이동시각**vision-in-motion 개념의 전조가 되었다. 큐비즘 운동의 중간 활동 결과가 빚어낸 예술 성과물과 함께 힐데브란트의 동적 시각 개념은, 1890년대 슈마르조로부터 1920년대 말의 프라이에 이르기까지, 실제적으로 3세대에 걸친 독일 건축 이론가들의 **중심사상**Leitmotiv을 제공하였다.

형태의 실재와 관련해서 힐데브란트는, 물리적 실재인 **현존 형태**actual form('Daseinsform')와 조명, 환경, 관찰자의 위치 등의 변화인자에 따르는 **지각적 형태**perceptual form('Wirkungsform')를 구분하였다. 세 가지 인자인 빛, 스케일, 시점은 서로 관련될 때에만 존재한다. 그러므로 과학은 오로지 현존 형태에만 관심을 두었고, 반면에 예술과 미학은 형태의 두 번째 종류인 지각적 형태에 관심을 갖게 되었다.

공간 개념에 대해 힐데브란트는 **총합 공간**Total Space으로서의 **자연**에 주목해야 한다고 일깨웠으며, 그것을 데카르트가 그랬듯이 3차원적 확장과 동일시하였다. 그 논지는 연속성인데, 다음과 같은 내용이다.[4]

물water이라는 실체로 이루어진 총합 공간을 상상해보면, 우리들은 그 속에 빈 용기를 가라앉힐 수 있고, 또한 모든 것을 에워싸는 물의 연속적인 매스 개념을 버리지 않고 물의 용량을 각각 한정할 수도 있다. …. 우리는 눈이나 단일 시점만으로 자연을 감지하는 것이 아니라, 항상 변화하고 움직이는 어떤 것으로 단번에 모든 감각으로 감지할 수 있기 때문에, 우리 주위를 둘러싸고 있는 공간의 인식과 함께 살며 행동한다. ….

실체와 관련된 그의 공간 개념을 다음과 같이 이해할 수 있다.

단일 대상물의 볼륨은 그 형태의 윤곽으로 정해지므로, 어떠한 대기air의 볼륨은 함께 위치한 여러 대상물에 의해 정해진다고 볼 수 있다. 왜냐하면 그 대상물들의 경계도 또한 그들 사이에 있는 대기의 볼륨을 제한하기 때문이다. 우리들의 과제는 다음과 같은 방법으로 대상의 질서를 확립시키는 일이다. 그 방법이란 대상들이 일으키는 시각과 운동을 분리된 채로 내버려두지 않고, 모든 방향에서 서로 합치고 작용하며 서로 유도하도록 하는 것이다.

여기에서 나무를 예로든 힐데브란트의 예리한 설명을 보면 다음과 같다.

수평한 면plane은 어떤 물체가 그 수평면 위에 놓였을 때, 예를 들어 한 그루의 나무가 수직으로 서있을 때 더욱 분명하게 지각되고··· 공간적으로 적극성을 띤다는 것은 확실하다. 만일 그 나무가 지표면에 그림자를 드리우게 되면, 양쪽의 공간적 관계가 다시 강조되며, 공간 개념은 더욱 고무된다. ····. 우리는 이제 한 대상의 위치와 의미가 전체 공간 표현에 어떻게 작용하는 가를 이해할 수 있게 된다. 단일 대상을 정확히 사용했을 때 전체의 공간 효과가 크게 강화되는 것을 알 수 있다. ····. 전체와 부분에 대한, 이러한 이중 기능의 공간적 효과로, 전체 속에 부분들이 예술적으로 밀착하게 된다.

힐데브란트는 결국 부조浮彫 개념concept of Relief('Reliefauffassung')에 전념하게 되었는데, 부조개념은 본질적으로 예술적 대상에 이상적인 평면Ideal Plane을 적용하는 것을 뜻하며, 모든 형태는 그 평면의 뒤에 있게 된다. 이 개념을 그의 조각품(그림 70)에 적용해보면, 관찰자와 관련 대상물(이 경우에는 인간 형상) 사이에 있는 가상 평면과의 일정 거리depth에서 부조 이미지를 느낄 수 있다. 그것은 고정 가상면을 의미하며, 그 면으로부터 3차원을 보게 된다. 그런데 이러한 부조 개념은 큰 혼동을 초래해왔다. 그것은 여러 비평들을 자아냈으며, 실체를 제멋대로 2차원적인 평면으로 환원시켰다고 여겨졌다. 어떤 사람들은 건축 형태 자체에 그러한 가상 평면을 글자 그대로 시각화하려고 시도하였다.
힐데브란트의 이론이 결코 안이한 편의주의expediency로 보이지는 않았으며 그렇다고 순수 시각적 이론도 아니었다. 왜냐하면 정확한 촉각과 모든 감각은 공간 개념Spatial Idea의 경험을 얻는 데 필요조건sine qua non이었기 때문이다. 가장 작은 대상에서부터 전체 우주에 이르기까지, 개념을 자극하고 시각화하는 것이 예술가의 임무이다. 예를 들어 기둥과 출입구에 대한 기능과 의인론적 감정이입 개념은 그다지 중요하지 않다. 왜냐하면 그것들은 공간속에서 관찰자와 연속적인 관계를 가져야만 그 가치를 지닐 수 있기 때문이다.[5] 건축은 본질적으로 공간을 통해서 인간의 운동을 불러일으킨다. 건축가는 공간 개념을 충분히 이해할 때 이러한 운동을 분명히 표현할 수 있으며, 디자인에 이를 재현할 수 있다.

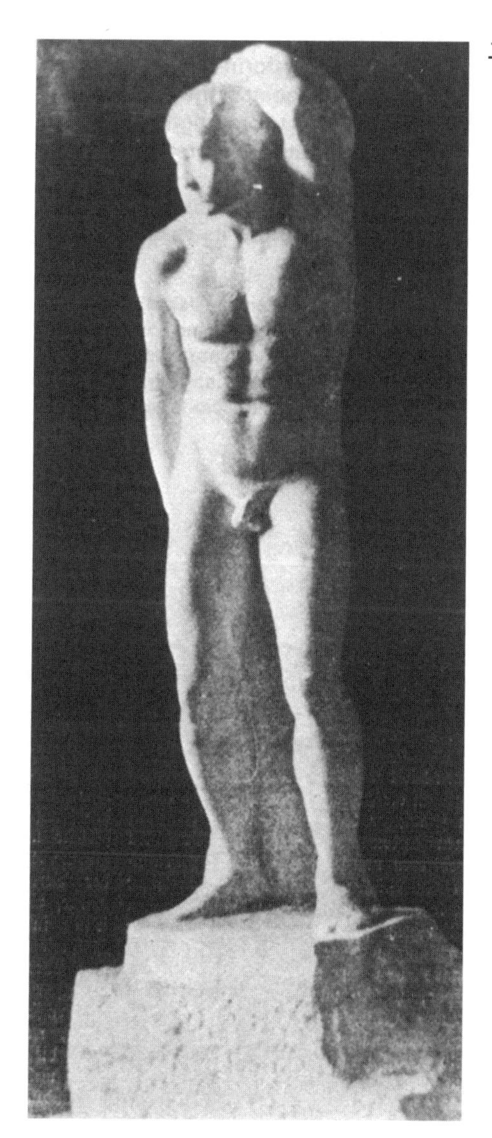

그림 70 A. 힐데브란트. 어부(1902 이전): 대리석은 부조 개념에 어울린다.

4 공간의 창조자와 예술의지

The creatress of space and artistic volition

조각가 힐데브란트가 그의 논문을 발간했던 1893년에, 예술사학자인 아우구스트 슈마르조August Schmarsow는 라이프치히 대학에서 교수 취임 첫 공개강의를 하였다. 거기서 그는 인간의 옛 피난처—원시 오두막—를 포함하는 건축 예술을, **공간의 창조자**Creatress of Space('Raumgestalterin')로 제기하였다.[1]

그는 공간에 대한 인간의 감정과 환상이, 예술에서 만족을 찾도록 인간에게 강요한다고 설명하였다. 그의 가설은, 건물의 내용은 에워싸는 벽체를 다루거나 세우는 것이 아니라, 인간이 자기 세계와 공간을 논쟁하며 분명하게 되는, 'état d'âme', 즉 **영혼**Soul을 표현하는 것에 있음을 암시하고 있다.[2] 따라서 슈마르조는 건축의 역사는 공간 감각('Raumgefühl')의 역사라고 결론짓고 있다.

슈마르조의 이론은 전적으로 젬퍼의 세 가지 요소에 기반을 두고 있지만, 그는 공간 개념을 더욱 명확하게 만들었다. 건축은 비트루비우스가 생각한 바와 같은 모방에서가 아니라, 인체로부터 발생한다 하여, 슈마르조는 인체를 모든 예술적 상상력의 활기찬 근원으로 보았다. 조각은 인체의 1차원적인 '수직축'에 기반을 두고 있고, 회화는 2차원적인 '수평축'에 기반을 두고 있는 반면에, 건축은 본질적으로 **'공간과 시간'**에서 인체의 움직임이 연속되어 나타내는 3차원에 기반을 두고 있다. 건축의 주된 대상은 인체의 움직임이며 공간에서 그 운동을 확장시킨다. 슈마르조는 제3축의 미학적 가치를 **리듬**rhythm이라고 불렀는데, 젬퍼가 명명한 **방향**direction과 같은 개념이었다.*

1905년 〈근본 개념*Grundbergriffe*〉이라는 논문에서 슈마르조는 젬퍼와 힐데브란트가 제시했던 원리들을 더욱 정교하게 다듬었다. 슈마르조는 **공간 개념**spatial idea과 **공간형태**spatial form를 구별하였고, 공간형태는 공간 개념을 재현한 것이라 하였다. 공간 형태는 우리를 둘러싸고 있는 '네 개의 벽'들로 가장 기본적으로 표현된다고 하였다. 형태를 네 개의 기본 면plane으로 축약하는 것은 예를 들어, 드 스테일과 후기 드 스테일 건축(그림 71)의 추상적 형태를 예견하는 것이었다. 슈마르조의 공간 형태는 자동적으로 지붕을 포함하지는 않았다. 왜냐하면 예를 들어 정원이나 둘러싸인 도시 공간의 경우처럼, 공간이 반드시 덮일 필요가 없었기 때문이다. 그는 인간이 만들어낸 공간 개념이나 형태가 무엇이든지 간에, 항상 두 가지 양극이 존재한다고 인식하였다. 즉, (둘러싸인) 공간의 창조와 그 불가피한 대응상대인 영역의 창조, 즉 둘러싸는 매스이다.[3]

슈마르조는 젬퍼 등이 주장한 **목적**Purpose이, 인간이 자유롭게 움직여 다닐 수 있는 한정된 공간의 창조와 같다는 것을 최초로 규정하였다. 목적을 지닌 의도는 더 넓은 실존 예술 영역으로 유도한다. 공간은 단순히 인간의 활동을 보호하는 피난처만을 의미하는 것이 아니라, 자기의 **놀이방**Play Room('Spielraum')을 의미하기도 한다. 실존적으로 공간은 세 종류의 **촉각적**tactile, **운동적**mobile, **시각적**visual 공간을 융합시켜, 공간과 시간 속에서 동시에 그리고 연속으로 발생하는 경험과 인간의 모든 감각들을 통합시키고 있다.[4]

슈마르조가 공간 개념이 역사적 양식을 구분 짓는 중대한 인자라는 확신을 밝힌 후에, 리글, 브링크만, 프랑클을 포함한 모든 세대의 독일 미술사학자들은 공간 개념을 주요 기준으로 삼아 과거를 재조명하기 시작하였다.

그들 중 가장 영향력 있던 사람은, **예술의지**Artistic Volition('Kunstwollen')의 개념을 도입한 알로이스 리글Alois Riegl이었다.[5] 예술의지는 물리적, 기후적, 지리적인 환경과는 관련 없이, **그 자체**per se로서 존재하는 어떤 충동이었다. 간단히 말해서, 젬퍼가 강조한 물질-발생학적material-genetic 기원을 따르는 것이었다. 리글은 예술의지를 선험적 조건으로 보았으며, 세 가지 요소인 실리적 목적, 원료, 기술과는 완전히 분리된다고 보았다. 그는 형태가

---

* 제3부 제1장의 내용 참조.

그림 71 G. 리트벨트, 조각 파빌리온, 손스벡(1954)
a 전경
b 평면

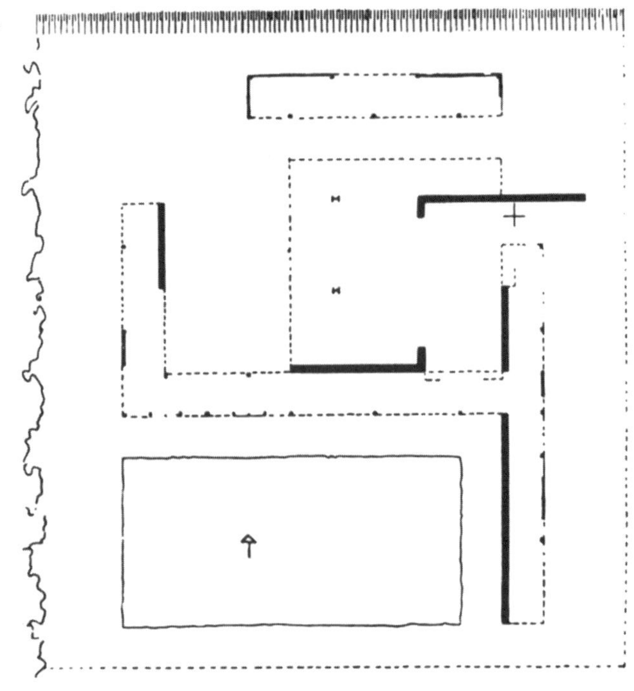

어떠하던지 간에 모든 예술의지의 원천은 공간 개념이라고 할 정도에 이르렀다. 따라서 그는 선험적 충동의 결과로 여겼던 그리스, 이집트, 로마의 건축을 아주 대단한 상상력으로 연구하기 시작했다. 이는 예를 들어 리글의 이론적 상상력이 구축하고자 노력했던 방식을 혹평한 슈마르조와 같이, 다른 사람이 이미 논의한 바 있는 해석의 문제를 여기서 다시 다루려는 것은 아니었다.[6] 이 연구는 양식적 경계를 주관적으로 해석하는 데에는 오히려 관심이 없었다. 그보다는 과학과 예술에서 역동적인 힘으로 받아들이려는 존재로서의 공간 개념 발생에 주로 관심을 두고 있었다. 따라서 리글의 사고방식은, 슈마르조의 경우와 마찬가지로, 그의 역사적 이론에 반발하는 타당한 비평들이 있었음에도 불구하고, 문화적으로는 상당히 중요하다고 볼 수 있다.

리글은 힐데브란트에게 분명히 영향받아, '촉각에 의한 근거리 시각tactile-close vision'과 '시각에 의한 원거리 시각optical-distant vision'의 관계를 규명하였다. 불행하게도 그가 범한 실수는, 어떠한 정점 이른바 근거리 또는 원거리의 지점을 설정하는데, 촉각과 시각의 경험을 분리한 것이었다. 19세기의 지각 심리학은 이미 두 가지 감각이 기억을 통하여 모든 경우에 동시에 작용한다는 사실을 밝히고 있었다. 리글의 후속 이론은 '공간에 대한 두려움horror vacui'('Raumsheu')의 일종인 공간에 대한 정신적 공포dread of space를 이용하여, 촉각에 의한 근거리 시각을 규명하려는 것이었다. 다시 말해서, 예술의지는 어느 양식 시기, 예를 들어 이집트시대에서는 공간을 부정하려고 하였다(그림 72). 이러한 공간에 대한 공포는 외부세계를 접하는 인간에서 기원한다고 리글은 가정하였다. 그러나 이집트인들은 차차로 이러한 공포를 극복하고, 절대적인 2차원적 폐쇄 평면에서 출입 가능한 3차원적 입체공간으로 발전되는 모습을 보여주었다(그림 73).

일반적으로 리글은 보링거와 같은 후대 이론가들 그리고 예술 및 건축에서 추상운동을 탄생시키는 데 활발하였던 말레비치, 판 두스뷔르흐 그리고 모홀리-나지와 같은 예술가이자 이론가들에게 중요하였던, 상당히 놀랄 만한 개념을 가졌던 사람이라고 볼 수 있다. 다만 리글이 필요한 자료를 충분히 갖추지 못한 채로 과거 역사시대에 그의 비판적 학설을 적용시키려 했다는 사실은 유감스러운 일이다. 이 점에 대해 사람들은 기꺼이 그를 용서할 것이다. 왜냐하면 그의 사상, 특히 평면을 입체공간으로 해석한 것은 상당히 예술

그림 72 케오프스 피라미드(B.C. 2600 - B.C. 2500), 이집트 기자, 높이 147m

그림 73 루이스 I. 칸: 다주식 홀, 카르나크 신전(B.C. 1300), 크레용 드로잉(1951)

적으로 중요함이 증명되었기 때문이다. 특히 '깊이Überschneidungen' 방향으로 구조면들을 시각적으로 중첩시키는 효과를 탐구함으로서, 큐비즘이나 신조형주의 같은 당시로는 아직 태동되지 않았던 운동들의 전조가 되었다.

리글의 또 다른 가설을 여기서 언급해야 한다. 리글은 예술의지가, **윤곽**Outline, **색채**Colour, **평면**Plane과 **공간**Space으로 이루어진, 시각적이고 형태적인 요소에만 관련된다고 믿었다. 그는 도해적 형상을 통합시키는 의인론적 상징주의Anthropomorphic symbolism를, 무엇인가 분리시키는 것, 심지어 비예술적인 것으로 간주하였다. 이 점에서 리글은 힐데브란트의 견해와 일치하고 있는데, 예술의 진정한 내용이란 주로 공간 개념이었으며, 다른 세 가지 형태요소를 공간 개념의 도구로서 설정하였다. 모든 예술의지의 목적은 공간이었다. 상징 개념의 거부로, 이후 건축에서 나타날 근대운동의 여정을 제시하였다. **신즉물주의**新卽物主義 Neue Sachlichkeit 또는 **기능주의**Functionalism는 공간을 순수하게 표현하려고, 모든 상징 유형들을 분명히 배제하였다.

5 감정이입에서 평면적 시각까지

From empathy to planar vision

힐데브란트, 슈마르조나 리글의 공간 접근방법과는 대조적으로, 예술사가인 하인리히 뵐플린Heinrich Wölfflin은 형태를 지닌 매스에 구체화된 의인론적인 형상을 건축의 본질이라고 믿었다. 그는 과거의 어떠한 양식이나 시대에 대해서도 감정이입 사상을 훌륭히 설명할 수 있는 해석가로서 자기 자신을 드러내보였다. 따라서 그는 피셔, 폴켈트Volkelt, 립스의 전통을 계승했다고 볼 수 있다.

19세기 전환기 무렵에 중요한 건축사상 유파 둘이 출현하였다. 하나는 **공간** 개념의 옹호자들이었고, 다른 하나는 **매스**에 의인론적 상징주의를 투영하면서 감정이입 개념에 기반을 두는 경향의 신봉자들이었다. 대립되는 이 두 철학적 양상은 20세기 초기 표현주의Expressionism와 추상적 신조형주의abstract Neo-Plasticism 사이의 격렬한 논쟁의 전조가 되었으며, 더욱 일반적으로 말하자면 서로 반대되는 경향 사이에서 한쪽은 자연 형태를, 다른 쪽은 추상 형태를 지지하였다.

뵐플린은 활동을 시작한 초기에는 **영혼**état d'âme의 시각적 표현인 건축 형태를 어떻게 설명하느냐는 문제와 씨름하였다. 그는 결국은 정신과학이었지만 심리학에서 해답을 찾으려고 노력하였다. 뵐플린은 건축의 새로운 분야인 **건축 심리학**Psychology of Architecture을 창안하였는데, 인간 영혼의 잠재력으로 건축 매스 속에 융합되어 숨겨진 상징주의를 설명하는 것을 과제로 하였다. 그는 이러한 새로운 과학을 그의 《서론*Prolegomena*》[1]에 기록하였다. 초판은 그의 학위 논문으로, 뵐플린의 신조를 나타내고 있다. 그는 인간 자체가 물질적 육체라는 이유 때문에, 건축이란 대상은 단지 물질적 형태여야만 한다는 신조를 결코 수정하지 않았다. 감정이입의 심리학은 주로 객관-주관의 관련성을 다루고 있다. 이와 같이 그가 결론지은 기본 법칙은 "우리 자신의 신체조직은 형태이며, 그 형태로 모든 물질적 존재corporeality를 이해한다."라고 말하고 있다. 이러한 주장은 건축가 가우디의 표현주의 전파pre-Expression적인 작품(그림 74)을 예로 들면 쉽게 받아들일 수 있다. 뵐플린에게 건축의 기본요소들은 물질과 형태였지 공간은 아니었다. "건축은 **물질적 매스의 예술**art of corporeal mass이다."라는 유명한 말을 한 2년 후에, 자신의 신조를 되풀이하여 강조하였다.

그림 74 A. 가우디. 라 페드레라(카사 밀라), 바르셀로나(1906 - 1910), 옥상 위 굴뚝 전경

아마도 그의 가장 뛰어난 저서이자 두 번째 출판물인 《르네상스와 바로크*Renaissance and Baroque*》(1888)에서, 뵐플린은 로베르트 피셔의 이론을 본받아, 물질적 매스에서 이상화한 그 시대의 '**생활감정**Lebensgefühl'이라는 명제를 발전시켰다.[2] 그러한 명제는 공간 개념을 분명한 시대구분으로 양식적, 역사적으로 분류·입증하려는 헤겔파의 전통적인 해석이라 볼 수 있다. 뵐플린은 초기의 심리학적 해석에서, 더욱 형태적이며 시각적인 해석으로 점차 돌아섰다. 이는 확실히 그의 친구이자 우상인 아돌프 힐데브란트의 영향 때문이었다. 그의 분석은 '**예술적 시각**artistic seeing' 방법으로 바뀌었다. 그러나 그는 힐데브란트를 사로잡았던 조형론적 공간 개념은 결코 채택하지 않았다. 뵐플린의 방법은 평면의 2차원성에 집착하고 있었다. 그는 자신의 고전적 저서인 《예술사의 원리*Principles of Art History*》(1915)에서, 니체의 **아폴론적-디오니소스적** 예술[3]이라는 계보 이래로 많은 독일 학자들을 사로잡았던 이중개념이나 반대개념 방식을 개발했으며, 이를 통해 모든 시각 경험을 설명하려 하였다. 따라서 감정이입적인 개념은 서서히 사라져갔다. 예술의 역사는 양식의 형태적 측면을 방법론적으로 분석하는 과학이 되었다.

《예술사의 원리》에서 뵐플린의 미학적 평가는 회화에서 시작되었으며, 건축은 단순히 부차적 존재로 점차 쇠퇴하였다. 그가 주장한 다섯 가지 정반대의 성격을 가진 개념들은 결코 건축 형태의 공간적 구조를 해명하지 못하였으며, 건축을 평면이미지로 축소시켰을 따름이다. 세 번째 차원인 깊이depth는, 그의 두 번째 이중개념인 평면plane과 후퇴recession로 설명하여, 힐데브란트의 부조 개념에 매혹되었음을 분명히 밝히고 있다. 그는 이를 일종의 교리문답집catechism으로 간주하였으며,[4] 모든 조형적 대상들을 평면으로만 해석할 것을 의미하였다. 그러나 앞서 언급했듯이, 힐데브란트는 단지 '**하나의 해석**one reading'이나 한 가지 이상적 평면이나 하나의 시점만을 믿지 않았으며, 여럿이 있음을 믿었다. 그러므로 연속된 '여러 시점das Nacheinander'으로 관찰자가 시간의 흐름 속에서 예술작품을 체험하도록 강제하고 있다.[5] 우리는 인간의 정신생활에 스며들어 잠재한 듯한 또 다른 측면의 공간 개념에 주의를 기울일 필요가 있다. 그것은 메달리온medallion의 또 다른 측면으로, 힐데브란트, 리글, 뵐플린과 이후의 보링거 등이 저서로써 조명한, 이른바 **공간의 공포**dread of space였다. **공간의 공포**horror vacui 그 자체를 명확히 나타내는 몇몇 방법들을 열거해보면 충분할 것이다.

첫째로 거대한 매스로 구체화된 것들인, 이집트 기둥, 피라미드, 스톤헨지의 상인방 구조물(그림 75) 또는 피렌체 팔라초 피티(그림 76)의 러스티카 주초rustica plinths를 보고, 우리는 엄청나게 큰 것에 대한 강한 충동을 느낀다. 이러한 거석들은 모두 '두려운 공허감dreadful emptiness'을 메워주는 거대 매스에 대한 숭배로서 간주될 수 있다. 둘째로 어떤 입체인 실체를 평면으로 해석하려는 기대를 들 수 있는데, 그것은 실체를 둘러싸고 있는 공간이 확대되면 몇몇 사람들을 불안하고 고통스럽게 하기 때문이었다(힐데브란트의 '고뇌 Quälende' 개념). 셋째로 아리스토텔레스처럼 무한을 부정하고 공간을 확장시키면서, 우주를 한정된 총체로 보는 우주론적 관점을 들 수 있다. 넷째로 **광장공포증**Agoraphobia이라 불리는 거대한 개방공간에 대한 공포를 들 수 있는데, 주택 실내와 같이 더 작은 규모에서도 사람들은 방을 옛날 가구bric á brac로 채우며, 정원을 풍성한 수풀과 나무들로 가꾸며, 급기야는 주택의 빈 벽면조차 장식하려 하는데, 이는 종종 회화와 장식의 유일한 존재 이유 raison d'être가 되고 있다.

인간의 이상주의idealism는 '**공간에 대한 사랑**Love of space'뿐만 아니라, 그 반대 주제인 '**공간에 대한 혐오**Abhorrence of space'로도 표현될 수 있다. 또한 이러한 공포를 극복하려는 투쟁이 인간이 직면한 현실이며, 이와 같은 혐오감은 반드시 고려되어야 한다. 인간을 보호하는 거대한 존재 속에 그 자신을 투영시키려는 기본 욕구에 대응하는 것이, 바로 매스와 표면에 대한 인간의 적극적 사랑이다. 감정이입론은 이러한 고유 욕구에서 나온 의미를 건축 형태에 부여하려는 것이다. 공간에 대한 적극적 이상주의는 매스의 적극적 이상주의에 의해 중화된다. 많은 경우 3차원적 공간의 연속성은 불안감을 발생시키고, 이런 불안감은 인간의 영혼에 고통을 주고 괴롭게 하며, 입체공간을 2차원적인 평면으로 변형시키도록 자극하고, 그 변형을 통해 인간은 평화와 휴식을 발견한다. 2차원에 평면적인 공간을 표현하려는 몬드리안의 의식적인 충동 이후에, 우리는 다각적인 시각에서 이집트의 부조를 살펴볼 필요가 있다(그림 77). 아마도 미지의 공간세계에 대한 인간본연의 공포에서 이러한 부조가 기인하였다고 가정한 리글이 옳았다고 볼 수도 있다.

그림 75 스톤헨지(B.C. 2200 - B.C. 1300). 중앙부 가구식 석구조 일부 상세

그림 76 팔라초 피티, 피렌체(1458) 거대한 러스티카 주초로 처리된 주 출입구

그림 77 콤 옴보 세벡과 하로에리스 신전(B.C. 145 - A.D. 14): 입체 공간을 2차원 평면으로 변형시킨 부조

6 추상과 공간의 공포
Abstraction and the fear of space

앞서 언급한 인간정신의 **생명력**vital forces에 극적으로 반대되는 중요한 저작이, 1908년 발행된 빌헬름 보링거Wilhelm Worringer의 〈추상과 감정이입*Abstraction and Empathy*〉이라는 논문이었다.[1] 미학에서의 감정이입 이론은, 립스의 논문과 마찬가지로 보링거에게도 주요한 논리였다. 그러나 보링거는 감정이입 이론만으로는 예술작품을 설명할 수가 없다고 믿었다. 따라서 그는 립스의 이론과는 달리, 감정이입에 대립된다고 생각했던 힘인, 추상으로 향하는 강한 충동을 만들어냈다. 그가 설명했던 두 양극을 이루는 충동들은, 리글의 중심 논제인 근원적이고 절대적인 **예술의지**Artistic Volition(Kunstwollen)를 만족시키는 인간 욕구에 대한 회답이었다. 젬퍼의 경향을 띠는 세 가지 작용요소인 **목적**Purpose, **원료**Materials, **기술**Technique은 예술의 기원이 될 수 없으며, 오직 예술의지의 달성만이 그 시대의 최고 수준의 미를 만들어낼 수 있다고 하였다.[2]

예술작품의 가치, 이른바 예술작품의 미는, 인간에게 행복을 주는 힘 안에 존재한다. 모든 양식은 그것을 만들어낸 인류를 위해 많은 행복을 주고 있다. 현재 우리 관점에서 볼 때 가장 큰 왜곡은, 그것을 창조한 당시에는 가장 아름다우며, 작가의 예술적 의지가 충족된 작품이었음에 틀림없다는 사실이다.

한편 감정이입은, 가우디의 작품(그림 78)처럼 유기적이고 자연적인 형태에 대한 인간의 욕망을 표현하고 있다. 반면에 추상적 개념은 비유기적이고 결정체와 같이 양식화된 기

그림 78 A. 가우디, 카사 밀라, 바르셀로나(1906-1910), 파사드 상세

그림 79 V. 오르타, 타셀 주택, 브뤼셀(1892-1893), 계단실

하학을 강하게 추구하고 있다. 그러나 건축가 빅토르 오르타Victor Horta는 유기적 형태도 추상적으로 나타낼 수 있음을 보여주고 있다(그림 79). 감정이입의 추구는 '인간과 외부세계 현상 사이의 행복하고 범신론적인 관계'에서 생겨났다. 반면에 추상적 개념의 추구는 '외부세계 현상과 인간 사이에 야기된 커다란 내적 불안'의 결과였다. 여기서 보링거는 공간 개념의 결여, 즉 공간의 공포가 추상적 개념을 종용한다고 주장하고 있다. 그의 가정에 따르면 추상적 개념은 '공간에 대한 인간의 거대한 정신적 불안'의 결과였다. 그가 앞서 말한 광장공포증 현상을 정상적인 인간 발전의 한 잔여물로 설명하고는 있지만, 여전히 눈에 보이는 인상을 자기 자신 앞에 펼쳐진 공간에 친숙해지는 수단으로는 전혀 믿지 못하고, 인간은 여전히 촉감에 의존하고 있다고 한다. 인간은 '확장되고 단절되고 혼미한 현상세계', 짧게 말해 카오스Chaos에 직면해 있다. 인간은 우주에서 길을 잃었다고 느끼고 있다. 이 우주는 인간에게 고통을 주고, 인간에게 '평온함에 대한 무한한 욕구를 강요하며, 독단적으로 외부세계를 받아들여 그 자체의 절대적인 가치로 정화하게' 한다.

인간이 예술 세계에서 찾으려는 이러한 행복의 상태는, 인간에게 추상으로 제공된다. 보링거에 따르면 이러한 내적 충동의 결과에는 두 가지 측면이 있다. 첫째는 모든 예술적 표현을 **평면**plane으로 변형하는 것이고, 두 번째는 **공간**space에 대한 표현을 억제하는 것이었다. 이 점에서 보링거는 '육면체의 거북스러운 특징the cubic of its agonizing quality'을 없애버리는 것이 예술가의 과제라는 견해를 가진 힐데브란트의 부조 개념을 최대한으로 이용하였다.[3] 평면으로 절대적으로 순수화하려는 인식은 추상화가인 몬드리안을 예술적 시각artistic vision으로 이끌었다(그림 80). 이런 점에서 보링거의 이론은 추상회화의 탄생과 추상공간 창조에 상당히 중요한 구실을 하였다고 볼 수 있다.

그림 80 피트 몬드리안. 흰색 바탕 위 색 평면 구성 A(1917)

보링거는 제1차 세계대전 직전 유럽문화에 만연한 낙관주의와 비관주의의 기묘한 혼합을 주창하였다. 예술의지에 대한 그의 견해는 더욱 소극적이고 일종의 도피 같이 생각되었다. "미학적인 기쁨은 자기 희열로 객관화된다."는 말은 그가 시작한 명제이지만 곧 **자기소외**self-alienation로 판명되어버렸다. 즉, 실존 인간이 외부로 자기실현을 하는 것이 아니라, 자신 속으로 자기 세계를 지시하고 있기 때문이다. 쇼펜하우어와 같이 보링거는 마야Maya와 같은 불가사의한 세계로부터 열반涅槃 Nirvana의 더 높은 곳으로 도피하고 있었다.[4] 이제 자기 객관화Self-objectivation는 혼돈스러운 주변의 고뇌로부터 인류를 해방시키는, 행복이라는 상상의 세계로 나아가는 탈출구가 되었다.

보링거의 이론들은 세계에 대한 인간의 모순된 견해를 이해하는 데 가치가 있다. 그의 이론은 어떤 현상과 인간의 투쟁을 다루고 있다. 이 현상이란 공간과 매스의 대비가, 인간 자신의 정신-생리학적psycho-physiological 모순의 복합과 계속 묶이는 한 결코 끝나지 않을 비극이었다.

7 오목면과 볼록면: 건축 공간의 양면성

Concavity and convexity: the double face of architectural space

공간 개념과 관련된 이론 중에서 가장 관심을 끄는 것 중의 하나가 비엔나의 건축가이며 도시계획가였던 카밀로 지테Camillo Sitte의 이론이었다. 지테는 건축가로서는 그리 두각을 나타내지 못하였지만 도시계획 이론으로는 상당히 중요한 인물이었다. 1899년 지테는 오랫동안 논쟁을 불러일으켰던 〈예술 원리에 따른 도시계획*City Planning according to Artistic Principles*〉이라는 유명한 논문을 발표하였다.[1]

지테는 적어도 유럽에서, 오직 토목기술자들만이 참여한 당시의 경직되고 쓸모없는 도시계획에 진절머리를 내고 있었다. 지테는 이에 대한 개선방안을 연구하면서, 과거에 성공했던 도시 공간들(그림 81, 82)을 열심히 조사하고, 그 사례에서 미의 기본을 형성할 수 있는 일반 원리를 유도해내려고 노력하였다. 지테는 이러한 원리들이 이해될 수 있다면, 그 원리들을 다시 따를 수도 있고, 그렇게 함으로서 놀랄 만한 결과를 똑같이 낳을 수 있으리라 믿었다.[2]

그가 추구한 특성은 공간적인 것이었다. 젬퍼, 베를라허, 로스 등의 이론에서 인식될 수 있는 순수화purification의 경향은, 일반적으로 건물 내부의 건축 공간에 한정되어 있었다. 그러나 지테의 관심은 개방 공간open space인 광장the plazas에 있었다. 정확히 말하자면 지테는 지금까지 언급된 건축 이론가와 마찬가지로, 도시공간의 절충주의에 관심을 둔 것이 아니라, 모든 시대에 유력하게 적용할 수 있는 기본 성질에 관심이 있었다. 외부 공간에 대한 지테의 관찰은 그리스 아고라agora에서 프랑스 바로크시대의 전면 광장Cour d'honneur에 이르렀고, 이 모든 사례에서 일관된 예술 원리들을 논증할 수 있었다.

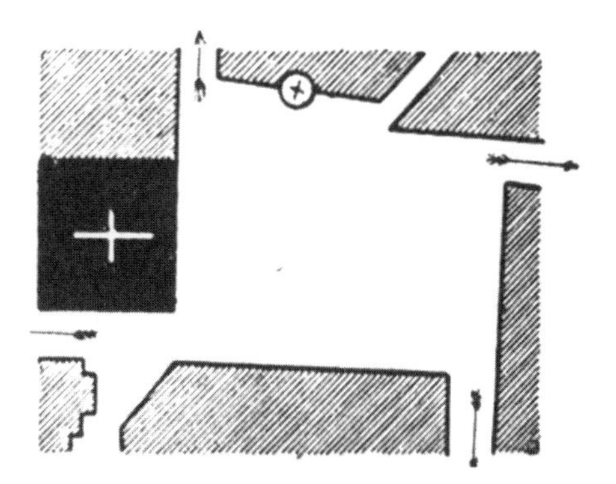

그림 81 C. 지테. 라벤나 광장의 배치 도해(1889): 시선 vision lines이 벽체 때문에 차단되므로 내부 공간감을 높인다.

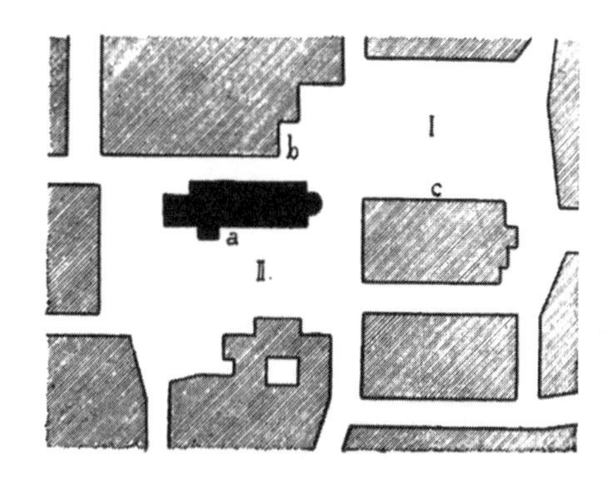

그림 82 C. 지테. 브라운슈바이크 광장 배치 도해(1889): 둘러싸인 도시 공간. 시선이 차단되어, 각 도시 공간은 에워싸인 연속체가 된다.

지테는 자신의 연구를 명백하게 외부 공간의 예술적 특성에만 국한시켰다. 그의 관점으로 볼 때 공간미학에서 내부 공간과 외부 공간의 구별은 부적절하였다. 예를 들어 예술적 공간 개념을 처음 설정한 슈마르조는 지테의 영향을 받았음이 틀림없다. 슈마르조가 지붕 없는 공간을 인정하였을 때나 그가 발전시킨 '네 개의 벽 개념'은, 모두 공간 개념과 동등한 표현이었다.[3]

그러나 지테는 공간 개념의 존재를 의식적으로 확인하지는 않았다. 지테는 자신이 성공적인 공간으로 인식하여 추출한 수많은 예술적 수단들을 결코 넘어서지는 못했다. 그에게 성공한 것이란, 둘러싸는 감각a sense of enclosure이었다.[4]

광장의 주요 요건은, 방room과 마찬가지로, 그 공간을 둘러싸는 성질이다.

주위 매스의 연속성을 깨뜨리지 않고 이 원리를 잘 나타내고 있는 가장 보기 좋은 도시 공간 중의 하나가 시에나의 캄포 광장Campo of Siena(그림 83)이다.

우연하게도 지테가 관찰하였던 모든 사례들은, 건물들이 연속적으로 둘러싸고 있다는 한 가지 점에서 유사하다. 따라서 둘러싸인 공간enclosed space 개념은 예술원리가 될 수 있었다. 아리스토텔레스와 마찬가지로 지테도 공간 개념이 그 곳의 거주자들을 안전하고 행복하게 할 것이라고 느꼈다. 그러나 지테는 사회·경제적인 이유로, 고대와 중세의 옥외광장이

그림 83 시에나 캄포 광장. 시청사 방향 경관
그림 84 시카고, 조감도(1940년경). 더 루프the loop를 가로질러 남쪽을 본 경관

19세기에 이르러 더욱 안락한 지붕 덮인 시장 홀market halls로 대체되었다는 사실을 깨달았다. 외부 공간으로 남아 있는 것은 근본적으로 교통상의 요구 때문이었다. 이러한 모순은 지테가 해결하지 못한 치명적인 갈등을 암시하고 있다. 공간적인 도시단위들로써 시각적으로 그리고 연속적으로 둘러싸려는 지테의 열망은, 현대 도시에서 절대로 거부할 수 없는 실체인 기계화된 교통의 발전을 분명히 저해하고 있다(그림 84).
그러나 이런 실용적 측면에서 지테를 공격하는 것은 올바르지 않다. 보행자의 통행은 더욱 절묘해야 할 필요를 주장한 지테의 공헌에 주목해야 한다. 그런 면에서 지테는 완벽한 능력을 보였다. 즉, 운동과 시선의 비평행성, 축의 중단, 시각적인 중첩, 스케일과 비례, 높이와 폭 관계, 도시내부에서 공간의 율동적 연속성 등의 효과들을 개괄적으로 보여주었다.
지테는 도시공간을 지배하는, 홀로 서 있는 조각적 매스를 단호히 거절하였다(그림 85). 매스를 둘러싸는 공간은 도시공간의 통일성을 파괴시킬 수 있다. 그러므로 광장의 중심은 비워져야 하며, 기념물은 광장을 둘러싸는 벽체로 한정되어야 한다. 지테가 사랑한 것은 공간을 둘러싸는 매스였으며, 그래서 전체를 깨뜨리지 않으면서 경험될 수 있어야 했다.[5]

모든 것은 잘 보여야만 하고 사물 주변은 일정하게 빈 공간이어야 질서정연하다는 착각 속에 우리는 항상 빠져 있다. 이는 텅 빈 공간 그 자체는 극히 지루하며, 어떤 효과의 다양성을 파괴한다는 사실을 고려하지 않았기 때문이다.
광장 내부의 가장 유리한 위치에서 보았을 때, 그 광장 전체의 틀은 깨뜨려지지 않는 연속체로서 보인다. 넓은 도로의 개방성에도 불구하고, 어떻게 둘러싸인 경관an enclosed tableau('geschlossenes Bild')이 그런 효과를 낳는 것일까?

지테는 도시계획을 '공간 예술art of space', 또는 절대적 가치를 갖지 않는 예술이라고 생각하였다. 그러나 그와는 정반대로, 모든 공간의 지각은 크기와 형태의 관계에 달려 있다고 생각하였다.[6]

공간 예술에서는 상대적인 관계만이 중요하며, 반면에 절대적인 크기는 그리 중요하지 않다.

그림 85 파리 개선문, 에뜨왈르 광장(1854). 조감사진

브링크만, 베를라허 또한 후대의 르 코르뷔지에 같은 비평가들은, 지테가 찬미한 비대칭적 편향asymmetrical deviations과 도시경관에 회화적 특성을 주는 굴곡진 가로 벽면streetwall을 비난하였다.[7] 그럼에도 불구하고 지테의 찬미는 매우 의미가 깊었다. 지테는 자연에서 관찰하였던 편향을 건축 개념으로 이상화하려 하였다. 이는 러스킨의 《생명의 등불*Lamp of Life*》과 상당히 비슷하다. 하지만 아마도 가장 강력한 영향을 지테가 진심으로 존경하였던 다윈에게서 받았다고 볼 수 있다.[8] "옛 도시구조의 회화적인 불규칙성the picturesque irregularity은 도시가 단계적으로 발전한 결과이다"라고 지테는 말하였다. 회화적인 불규칙성은 **자연적으로**in natura 발전한 것이었다. 이러한 지각은 다윈이 돌연변이mutation를 관찰

한 바나, 생물체가 그 자체 환경에 최적화하려고 지속적으로 발전한 결과인 단계적 진화의 원리와 유사하였다. 이 원리는 1960년대와 1970년대에 도시재생 문제에서 새롭게 관심을 끌었다.

지테는 1871년에 발견된, 개방된 너른 공간에 대한 두려움, 이른바 '광장공포증agoraphobia'을 지적하였다.[9] 이러한 발견으로 지테는 둘러싸는 자그마한 실체에 한층 더 애정을 더하였다. 방해받지 않는 개방된 경관에 대한 지테의 강한 혐오는, 지테의 저서 《도시계획 *Der Städtebau*》을 프랑스어로 번역하며 한 장의 내용을 덧붙였던 C. 마르텡Martin의 언급에서 다시 나타나고 있다.[10]

이상적인 가로는 완전히 둘러싸인 통일체를 이뤄야만 한다! 어떤 사람의 인상이 그 가로 내부에서 제한되면 될수록 경관은 한층 더 완전하게 될 것이다. 즉, 사람은 경관을 바라보는 시선이 유한하게 유지될 수 있는 공간에서 편안함을 느끼게 된다.

중세에 형성된 많은 유럽도시에서 사람들은 가로경관street-tableau을 경험할 수 있는데, 마르텡은 이를 가장 이상적이라고 생각하였다(그림 86). 그러나 지테와 마르텡이 공간 특성의 역사적 증거를 조사하는 데 정말로 객관적이었는지는 의문이다. 이들은 좀 더 주관적이고 향수적인 기호에 이끌리지는 않았을까? 또한 단지 필요성 때문보다는 무한히 방해받지 않는 경관에 대한 감정상의 환희 때문에 이끌린 것은 아니었을까? 이런 이유로 지테의 제자 중 한사람이었던 브링크만은 개방된 경관open vistas에 대해 다소 논쟁거리가 덜 되도록 설명할 수 있었다.[11]

어떻게 개방하는가는 일정 거리를 띄어 유효한 효과를 얻는 외부 공간에서 경험된다. 자유스러운 조망을 원하기 때문에 직선적이고 단순한 가로선이 만들어진다.

이런 두 상반된 태도에서 건축창조의 기초가 되는 공간에 대한 두 가지 중요한 감각을 이끌어낼 수 있다. 이 두 가지 요소는 격렬한 예술적 투쟁을 야기하여 서로 상반된 예술 이론의 기본이 되었다.[12]

그림 86 루앙의 생 로멩St. Romain 거리. 둘러싸인 특성을 보여주는 도시경관

물론 문화적-역사적 환경은 성장에서 형태가 차이 나는 원인이 된다. 예를 들어 미국의 무한 확장하는 도시 그리드(그림 87)는 유기적으로 성장된 옛 유럽도시의 좁고 구불구불한 패턴과 대비되며, 무한히 뻗어나가는 오스만Haussmann의 축은 중세 도시(그림 88)의 미로와 대비된다. 그러나 예술가들은 왜 어느 한 개념은 거부하고 다른 하나는 좋아하며, 때로는 이상적인 개념을 위해 생사결단으로 싸우는 것일까? 이에 대해서는 프로이드의

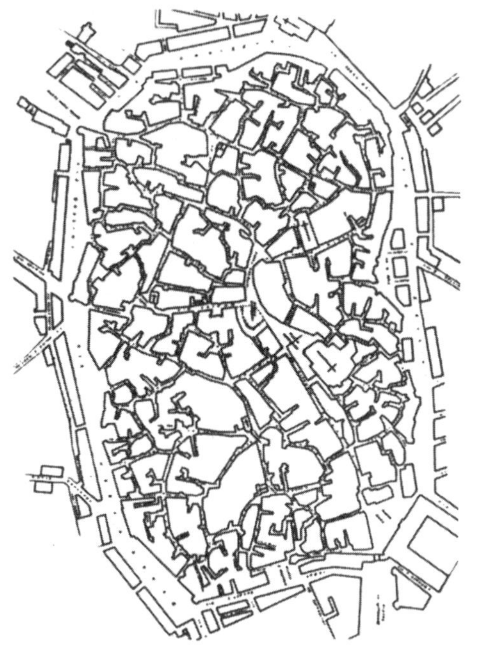

그림 87 필라델피아의 브로드 스트리트Broad Street, 시청에서 북쪽을 바라본 경관

그림 88 이탈리아 마르티나 프란카Martina Franca. 미로형 배치도. 단계적으로 진화한 결과로 옛 도시구조는 그림 같은 불규칙성을 보인다.

정신분석학이 많은 도움을 줄 수 있다. 개방된 공간 또는 둘러싸인 공간을 선호하는 본능의 결과로써, 개인의 초자아superego를 명확히하고 도덕적 가치를 나타내기 때문이다. 이런 내적 충동과는 달리, 습관의 느낌과 경험의 친숙함이 관여되기 시작한다. 개인마다 어느 정도 폐쇄공포증claustrophobia이나 광장공포증이 있기 때문에, 이러한 증세와 반대되는 어떤 공간을 좋아하는 경향이 있다. 어떤 본능은 자궁의 태아처럼 완전히 오목하게 둘러싸임에 편안함을 느끼기도 하며, 반면에 어떤 본능은 거부할 수 없는 완전한 개방감으로 이끌어, 아득히 먼 수평선이나 광대한 바다로 우리의 시선을 다다르게 할 수도 있다. 건축가의 주요 관심사 중의 하나는 이러한 두 가지 내적 충동들을 전체로 균형을 이루게 하거나 조화로운 전체가 되게 하며 또는 오히려 긴장시키게 하는 것이다. 이 두 가지 힘이 함께함이 가장 잘 나타난 예를, 애버리 쿤리 플레이 하우스Avery Coonley Playhouse(1912)(그림 89)와 같은 라이트의 '전원주택natural house' 개념에서 볼 수 있다. 공간적으로 이 주택은 뛰어난 친밀감을 주며, 내부는 둘러싸인 **널찍함**roominess이 두드러진다. 또한 먼 거리에서 보는 경관도 자연환경과 일치되어 전체로 하나 되어 보인다.

지테는 공간 지각에 관심을 가진 최초 건축가 중 한 사람이었다. 그는 모든 건축-공간적인 효과는 공간지각의 심리학에 근거한다고 주장하였다.[13]

사람들은 일반적으로 시각작용, 즉 모든 건축구성 효과의 기본이 되는 공간지각이 발생되는 생리학적 방법에 더 관심을 가질지 모른다. 눈은 시각 원추의 정점에 위치하고 있다. 즉, 관찰되는 대상은 시야에 따라 다소 오목하게 배열하는 눈을 중심으로 하는 반경 위에 있어야 한다. …. 그러나 현대건축물이 모여 쌓여 있는 가로들은 이런 경험과는 정반대 양상을 보이고 있다. 캡슐의 형태로 표현하자면, 예술은 **오목함**concavity을 요구하지만, 건축의 토지이용은 **볼록함**convexity을 요구하고 있다. 이 둘처럼 서로 상반되는 것도 없다. 그럼에도 불구하고 훌륭한 도시계획에서는 이 두 가지 어느 것도 우세하지 않도록 요구된다. 저마다의 개별적 환경에 따라, 이 두 가지 양극단은 기술적으로 조정되어, 경제적으로나 예술적으로 최대 효과가 함께 얻어져야 한다.

공간문제에서 오목면과 볼록면이라는 양면성의 발견은 지테의 가장 중요한 공헌이라 여겨진다. 이렇듯 예리하고 정확한 관찰로 지테는 건축의 가장 본질적인 문제를 지적하였다. 여기서 지테는 노자의 철학과 연결된다. 이는 헤르만 죄르겔Herman Sörgel의 공간 이론의 핵심이 되는 주제이며, 오늘날까지도 많은 건축 이론가들을 매혹시키는 문제이기도 하다.[14]

그림 89
F.LL. 라이트, 애버리 쿤리 플레이하우스, 일리노이주 리버사이드(1912)
a 주택 정면
b 평면

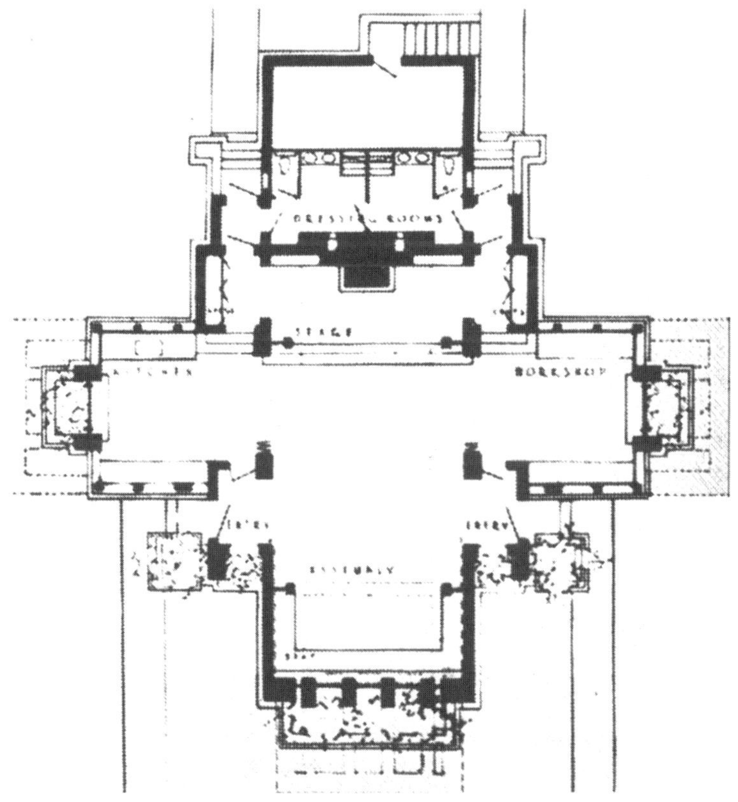

8 공간과 매스의 미학적 결합

The aesthetic coalition of mass and space

지테의 도시계획 이론은 공간 개념의 발전에 촉매로 작용하였다. 그렇지만 지테는 공간을 미학 개념으로 명쾌하게 공식화하지는 못하였다. 그는 근본적으로 회화적이며 낭만적이었다. 그러나 브링크만이 그러하였듯이 지테의 관찰을 2차원으로 전형화하였다면, 그것은 사실을 왜곡하는 불명예스러운 일이 되었을 것이다.

사실 브링크만A.E. Brinkmann이 공간 개념을 도시 외부에 최초로 적용하였다고 생각할 수 있다. 그러나 《광장과 기념비*Platz und Monument*》라는 브링크만의 연구는 지테가 《도시계획*Der städtebau*》을 발간한 지 20년 후에 나타났다.[1] 따라서 1890년대 이래로 전개된 공간 개념 지식들이 브링크만에게는 상당히 도움이 될 수 있었다.

브링크만은 공간 어휘를 가장 많이 개발해냈다. 즉, 'Raumbildung(공간형태space-formation)', 'Raumfassung(공간적 틀spatial framing)', 'Raumanschauung(공간적 직관spatial intuition)', 'Raumwirkung(공간 효과spatial effect)', 'Raumgestaltung(공간계획spatial design)', 'Raumgefühl(공간 감각feeling for space)', 'Raumanordnung(공간배치spatial disposition)' 등이었다. 그러나 이 모든 개념은 본질적으로 언어상의 의미로만 남아 있다. 저술가로서 브링크만의 재능은 저명한 선배 사상가였던 힐데브란트, 마에르텐스, 뵐플린, 슈마르조, 리글 그리고 지테 등의 모든 장점을 잘 결합하는 능력이었다. 브링크만이 《광장과 기념비》에서 다루었던 예들은 지테를 그대로 베낀 것이었다. 브링크만은 뵐플린에게서 가져온 운동 개념the notion of movement으로 지테의 이론을 더욱 풍부하게 한 것뿐이었다. 그때까지도 뵐플린은 물질인 매스에서 운동의 감정 표현에만 관심이 있었다. 브링크만은 공간에서 광학적 시각과 촉각적 운동의 연결을, 대부분 힐데브란트, 슈마르조, 리글을 통해서 인식하였다. 건축 매스로 유발되는 공간에서의 인간 운동 개념은 대부분 브링크만의 저서로 퍼져나갔으며, '휴머니즘 건축humanist architecture' 개념을 주장한 스코트G. Scott와 같이 유사 개념을 주장하는 이론가들을 이끌었다.[2]

브링크만은 슈마르조에서 '공간 감각Raumgefühl' 개념을 빌려왔고[3] 리글로부터는 모든 건축양식 시기가 공간에 대한 특정 문화개념에서 발전되었다는 생각을 도입하였다.[4] 브링크만은 공간의 두 개념을 양극화하여 조각과 건축을 명확히 구분하였다. 조각은 공간 내in space에 위치하면서 표면을 창조하는 반면에, 건축은 공간 주변around space의 표면들로 형성되는 예술이라 하였다.[5] 건축 매스의 외부 표현은 매스에 내포된 공간의 내부 분위기를 표현하는 부산물이었다. 훌륭한 건축은 내부와 외부의 공간조직을 통합하여 표현되었다.[6]

바로크시대에는, 가로, 광장, 네이브, 돔과 콰이어choir가 서로 연관 있게 융합되면서 공간적 전체로서 격상되고 있다.

이런 종합 효과를 바로크 건축가인 베르니니Bernini가 보여주었는데, 그는 건축 공간과 도시공간을 융합하는 전문가였다(그림 90).

프랑클의 주요 형태이론이 제시되고 1년 후인 1915년에, 브링크만은 건축을 공간과 매스의 통일체라고 정의하였고, 공간이 우위에 있는 요소라 하였다:[7]

건축은 공간과 물질인 매스를 창조한다. 조형적인 매스와 대비되는 공간은 조형적인 매스와 맞닿는 곳에서 경계가 정해지고, 공간은 그 내부에서 감지된다. 반면에 조형적인 매스는 둘러싸는 공간에 의해 경계가 정해지며 외부에서 감지된다.

공간 개념의 변화가 없는 새로운 조형의 창조는 건축 재생renewal으로 생각할 수 없음을 항상 염두에 두어야 한다. 왜냐하면 건축의 최고 목적은 공간창조이기 때문이다.

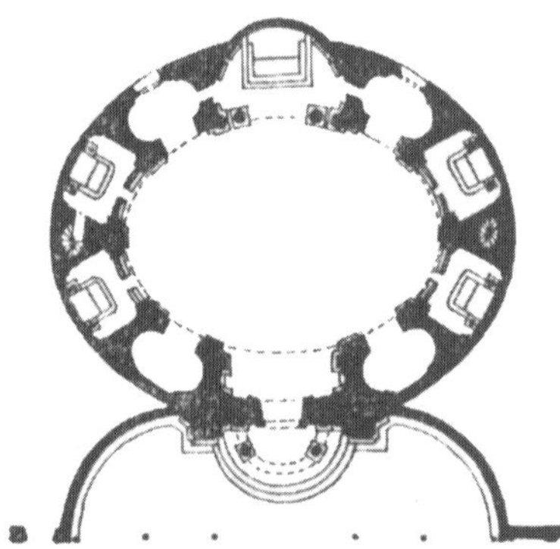

그림 90
지안 로렌초 베르니니. 산 안드레아 알 퀴리날레Sant'Andrea al Quirinale 성당, 로마(1658-1670)
a 정면
b 평면

브링크만은 이후 연구에서도, 공간과 매스의 결합을 계속 반복하고 있다.[8] 이 두 양상의 상호작용은 과거와 현재의 건축을 비판하는 그의 기준이 되고 있다. 공간 예술로서의 건축은 조형적이며 공간적인 볼륨으로 종합되면서 최고조에 이른다. 공간적이며 조형적인 개념spatio-plastic ideas의 통일은 조각적이며 건축적인 공간을 복합적으로 상호 관입시키며 그 절정에 이르게 된다. 후기 바로크와 특히 중부 유럽의 로코코 건축(그림 91)에서 탁월했던 이런 종류의 상호관입은, 인체의 운동을 자극하면서 공간의 율동적인 시퀀스로 사람들을 자연스럽게 이끌었다. 이런 점에서 브링크만은—비록 간접적이기는 하지만—당시 건축운동의 공간 개념에 영향을 미쳤던 공간의 상호관입과 융합에 대해 몇 가지 훌륭한 분석을 내놓았다.[9]

본질적으로 브링크만은 3가지 공간 개념을 추출해냈다. 첫째는 공간으로 둘러싸여 홀로 서 있는 조각적 매스, 둘째는 매스로 둘러싸인 공간, 셋째는 바로크와 로코코 건축 내부에 존재하는 것과 같은, 매스와 공간이 상호관입하거나 절정을 이룬 것이었다. 브링크만 이후 공간 개념을 이와 비슷하게 구분한 사람은 건축가이며 이론가인 F. 슈마허Schumacher 였다.[10] 그러나 무엇보다도 브링크만은 20세기 건축서적 중 베스트셀러였던 지그프리트 기디온의 《공간·시간·건축*Space, Time and Architecture*》에 영향을 주었음에 틀림없다.[11]

독일어권 내에서 가능한 한 모든 파문을 불러일으키며 대두된 공간 개념을, 건축가이며 이론가인 헤르만 죄르겔Herman Sörgel이 1918년 《건축미학*Arkitektur-Ästhetik*》에서 마침내 체계화하였다. 진정한 독일 역사가의 이상이었던, 모든 것을 아우르는 전통에 따라, 죄르겔은 건축미학이론을 구축하려 하였다. 서양문화에 대한 그의 접근 방법은 헤겔파 철학을 따랐다. 그는 문화를 철학, 종교, 예술, 세 부분으로 분류했다. 이러한 것들은 정신the mind, 영혼the soul, 감각the senses이라는 세 가지 매체media와 연관되어 있다. 이 세 가지 매체는 건축의 본질인 공간을 이끌어내고 있다. 슈마르조의 주장과 마찬가지로, 죄르겔도 모든 건축 형태는 의식적으로 공간 개념을 필히 표현해야 했다. 죄르겔은 "건축은 언제 어디서든 예술적 공간창조에 관계하며, 건축은 공간 개념('Raumliche Vorstellung')에서 발생된다."라고 말했다.[12] 힐데브란트처럼 그는 공간을 **실제적 공간**actual space('Daseinsraum')과 **지각적 공간**perceptual space('Erscheinungsraum')의 두 종류로 구분하였다. 그러나 그는 세 번째인 **효과적 공간**effectual space('Wirkungsraum')을 추가하였다. 첫 번째 것은 객관적이고 물리적인 공간을

그림 91
요한 딘첸호퍼. 수도원 교회, 반츠 (1710)
a 내부 전경
b 평면과 단면

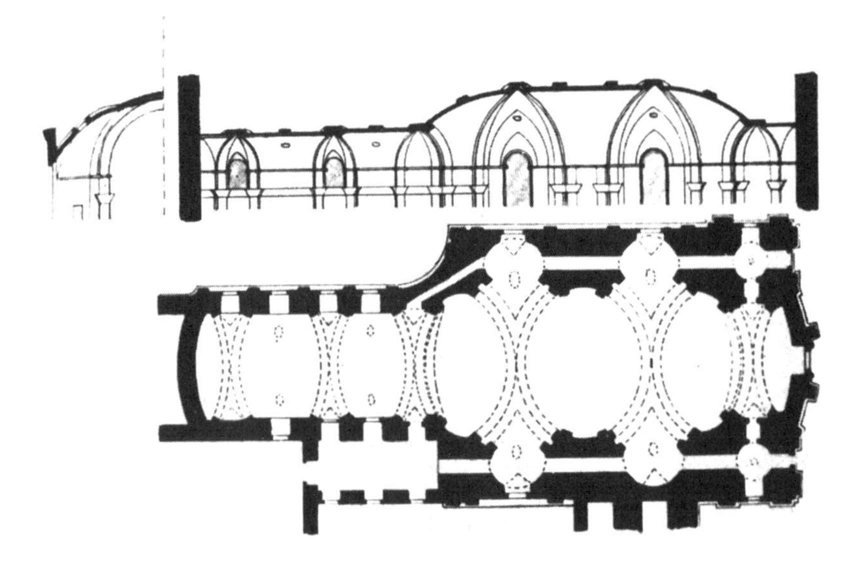

나타내고, 두 번째 것은 망막 위에 맺히는 공간의 생리적 인상이며, 세 번째 것은 기본적으로 건축가의 미학적 공간 개념으로, 관찰자가 감지하는 공간 개념이기도 하였다.[13] 이러한 세 가지 건축 공간은 여러 면에서 정신, 감각, 영혼이라는 세 가지 문화적 매체와 일치하고 있다. 이 중에서 '효과적 공간Wirkungsraum'에 죄르겔은 제일 중요한 가치를 부여하였다.

위 언급보다 더욱 중요한 것은 세 가지 시각 예술을 그가 이론적으로 구분한 것이다. 그는 회화는 2차원 이미지를 대상으로 삼는 평면적 예술이고, **조각**Sculpture은 3차원의 볼록한 매스를 갖는 물질적인 예술이며, **건축**Architecture은 3차원의 오목한 공간을 다루는 공간 예술이라고 믿었다. 이러한 분류에서, 그의 완전한 삼위일체인 **평면**Plane, **매스**Mass, **공간**Space이라는 세 가지 요소를 만들게 되었으며, 이는 나중에 바우하우스 교육체계에서 매우 중요한 구실을 하게 된다.[14] 죄르겔은 또한 슈마르조의 주장인 '공간은 건축의 본질'이라는 말을 되풀이하고 있다. 모든 건물의 기원은, **성소**聖所 cella*와 같이 둘러싸인 공간이었다. 그는 건축이 물질적 매스의 예술('Kunst körperliche Massen')이라는 뵐플린의 개념에 반대하였다. 도시 공간과 지붕 덮인 공간은 실내의 방interior room으로서 다루어야 한다고 말하며, 그는 지테, 브링크만, 언윈Unwin, 슈마르조를 언급하고 있다.

죄르겔에게 건축은 텍토닉tectonic한 예술이었으며, 건축은 기존 매스를 **공제**subtraction해가거나 매스 일부를 치워가면서 만들어지는 조각과는 본질적으로 달랐다. 반면에 건축은 **부가**addition해나가는 것이며, 기존 공간 주변의 요소들을 결합한 것이었다.

이러한 견해는 더욱 독단적으로 보인다. 왜냐하면 두 가지 진행과정이 조각과 건축 두 예술에서 모두 나타나기 때문이다. 이 관점은 또한 젬퍼의 스테레오토믹sterotomic 공간 형태와도 충돌한다. 죄르겔은 건축을 본질적으로 텍토닉한 것으로 생각하였다. 왜냐하면 건축은 최종적으로는 매스를 공제한 비워진 공간hollowed out space처럼 보이지만, 대지 위에서 부재들을 조립하는 것이 건축이기 때문이다. 텍토닉과 스테레오토믹의 이론적 차이는, 젬퍼가 의미한 바와 같이, 역학과 구조기술과 관련하여 공간 형태를 살펴보고자 했던 그의 바람에서 나타났다. 죄르겔의 부가와 공제라는 한 쌍의 현상은, 예술가가 매스

---

* 성소聖所의 원어는 셀라cella이다, 셀라는 고대 그리스나 로마의 신전건축에서 신전 가장 깊숙한 곳의 사면이 막힌 신상안치장소나 공간을 말한다.

를 더하는 공간뿐만 아니라 공간에서 비워내는 매스로 제작을 시작하는 원재료raw material의 추상화 과정으로 보아야만 한다.

이러한 과정은 가장 기묘한 건축 현상인 **접합부**the joint에서 볼 수 있다. 이미 젬퍼는 접합부가 만들어내는 위대한 예술적인 힘을 지적한 바 있다. 그는 《서론*Prolegomena*》에서 건축 부재를 결합할 때 필요한 접합부를 제거하지 말고, 그 대신 접합부의 장점을 이용하도록 제안하였다. 그는 독일어로 다음과 같이 말했다. 'Aus der Nat eine Tugend machen(전화위복이다).'[15]* 이런 이론적 인식은 수많은 건축 디테일(그림 92)에서 그것을 형태로 이용했

그림 92 H.P. 베를라허. 증권거래소, 암스테르담(1898-1903): 측면 출입구의 계단실 상세

---

* 독일어 'aus der Not eine Tugend machen'는 '화를 복으로 바꾸다, 즉 전화위복이다'의 뜻이다. 여기서는 접합부나 장부구멍이 오히려 쓸모 있음을 빗대어 말하였다.

그림 93 루이스 I. 칸, 킴벌 미술박물관, 포트 워드, 텍사스(1966-1972): 출입 포티코

던 건축가 베를라허에게는 매우 중요하였다.[16] 더욱이 설계한 건축물에서 구조요소와 융합한 방법을 우리가 분명히 알아낼 수 있듯이, 접합부가 장식의 시작the beginning of ornament임을 계속 역설한 루이스 칸Louis Kahn에게도 마찬가지로 중요하였다(그림 93).

죄르겔의 건축미학은 '**내·외부 공간의 오목면**interior and exterior concavity of space'이라는 건축선언에서 절정을 이루고 있다. 이와 같이 그는 30여 년 전에 이미 지테가 제시하였던 오목면-볼록면concavity-convexity의 이중개념을 해결하려고 시도하였다. 그의 책 속 '공간예술로서 건축의 본질The essence of architecture as the art of space'이라는 장章에서 죄르겔은 다음과 같이 결론내고 있다.[18]

엄밀하게 말한다면, 진정한 건축창조는 물질적인 육면체 매스가 아닌, 공간을 파낸 오목한 볼륨에 존재한다.

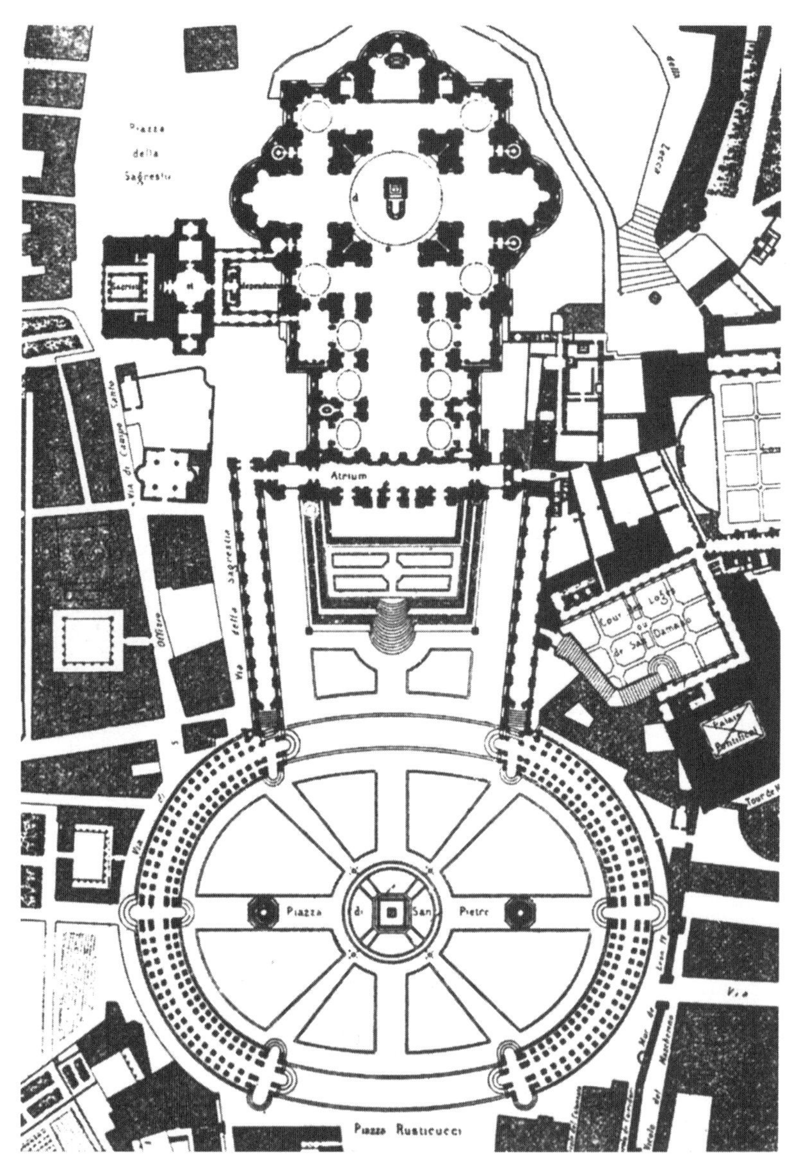

그림 94 산 피에트로 성당 배치평면도. 로마 바티칸

따라서 죄르겔은 도시공간 개념이 건축 공간 개념과 동일하기 때문에, 건축이 내·외부 오목면의 법칙을 따라야만 한다는 명백한 역설을 만들어냈다. 또한 이러한 야누스 면 Janus-face이 기본적으로 표현될 수 있는 곳은 확실히 도시공간이었다. 왜냐하면 죄르겔에게 공간 예술의 본질은 무엇보다도 '가로와 광장의 닫혀진 오목면 효과'[19]였기 때문이다.

죄르겔이 제시하는 지각작용은 대도시 공간의 외부 오목면을 나타내고 있는 바티칸의 공공 광장인 성 베드로 광장Plazza di San Pietro(그림 94)의 평면에서 찾아볼 수가 있다. 이 산 피에트로 광장은 중간의 경사진 공간으로 성당 내부의 오목면과 결합되고 있다. 그러나 주요한 논쟁은 외부 볼록면 모서리에서 생겨난다. 즉, 결과적으로 생겨나는 외부 볼록면은 둘러싸여진 기존 도시 구조물의 모서리에서 특징 없는 공간을 만들어내기 때문이다. 볼록면의 지각 법칙은 더욱 큰 스케일인 자연 경관 스케일로도 확대될 수 있다. 산악, 계곡, 강어귀, 수목, 바위, 해안, 단구段丘 등은 조형적으로 볼록면을 표현하는 데 기여하는 요소들이다. 흥미롭게도 이러한 개념은 피라미드를, 지평선에서 지평선으로 걸쳐 있는 하늘이란 돔의 구두점으로 보게끔 한다(그림 95). 건축은 공간 예술이기 때문에, 세계 전체의 공간 창조뿐만 아니라, 가구와 같은 최소의 공간 조직까지도 포함하고 있다.[20]

그림 95 멘카우레와 카프라 피라미드. 기자, 이집트(B.C. 2723 - B.C. 2563년경)

함부르크의 시정 건축가였던 프리츠 슈마허Fritz Schumacher도 그의 저술에서 공간 개념을 강력하게 지지하였다. 그는 브링크만과 죄르겔에게 매우 크게 영향받았다. 슈마허는 물질적인 매스로 확립되는 2차원 이미지로 건축을 보는 뵐플린의 모순된 견해를 지적하였다.[21] 슈마허의 중요한 쟁점은, 공간과 매스의 양면을 동시에 상상할 수 있어야 하고, 율동적으로 상호관입하며 공간과 매스를 시각화할 수 있어야 한다는 것이었다. 그에게 예술은 형태가 발전한 것이며, 형이상학적 개념에서 발생한 것이었다. 이는 헤겔의 견해를 다시 한번 정제한 것이었다. 슈마허는 건축을 물질적인 매스로서 취급하는 뵐플린의 견해와 건축을 공간 창조로서 다루고 있는 슈마르조의 견해를 함께 융합하고 있다. 그는 공간과 매스의 거의 반동적인 결합을 제안하였다. 그는 브링크만과 죄르겔처럼 내·외부 양면의 균형이 목적이었다. 그러므로 그는 건축을 **'물질적 형태를 수단으로 이중 공간double-space을 창조하는 예술'**[22]이라고 정의하기에 이르렀다. 슈마허에게 공간의 시각적인 인식은 오로지 한 측면일 뿐이었다. 그는 공간의 운동적이고 촉각적인 인식도 중요함을 강조하였고, 특히 피부 신경으로 지각되거나 오히려 공기 중에서 '진동하는 것Das Schwingen'처럼 눈에 보이지 않는 신비적인 자극의 중요성을 강조하였다. 이렇게 진동을 매개로 공간과 인체가 형이상학적으로 접촉하는 데에는 영혼과 관계된 모든 현상이 포함되었다. 슈마허는 정신과 감각과 영혼이 상호 작용하여(죄르겔의 이론 참조), 공간적 경험인 건축의 전체 인상이 만들어진다고 하였다.[23]

9 공간의 형태론

The morphology of space

독일 미술사가의 계보에서, 젊은 세대였던 **파울 프랑클**Paul Frankl은, 건축 이론의 비평 체계를 형성하려고 노력하였다. 헤겔파의 미술사 전통에 따라, 그의 체계는 역사적·과학적 자료 연구, 관념의 이론적 구조 연구 및 이들 관념을 역사적 사실에 적용하는 연구, 세 가지 단계로 구성되었다. 프랑클은 브링크만과 같은 시대 사람이었다. 브링크만의 《광장과 모뉴먼트*Platz und Monument*》와 같이, 1914년에 출판된 프랑클의 최초 주요 저서인 《건축사의 원리*Principles of Architectural History*》[1]도, 그들의 학문적 아버지인 뵐플린에게 바치는 저작이었다. 프랑클은 뵐플린의 극성 체계極性体系 System of polarities에 매료되었는데, 뵐플린의 극성 체계는 프랑클이 저술한 《르네상스와 바로크*Renaissance and Baroque*》에서 처음 적용되었다. 그 당시 뵐플린은 1915년에 간행된 고전적 저서인 《예술사의 원리*Principles of Art History*》[2]를 준비하고 있었다.

오늘날까지도 뵐플린은 당대에 가장 이름을 떨쳤던 비평 이론가 중의 한 사람으로 여겨지고 있다. 그가 성공한 이유를 두 가지 들 수 있다. 첫째, 그는 모든 예술작품을 시각적인 형태로 환원하여 분석하였다. 즉, 모든 예술 작품들을 평면적으로, 즉 액자framed 이미지로 다루었다. 따라서 회화는 뵐플린의 접근 방법에서 출발점이 되었다. 조각과 건축 같은 다른 시각예술과 비교하여, 회화는 관념적인 문제를 순수화하는 데 가장 접근하기 쉬운 매체라는 장점이 있다. 회화는 형태가 변하지 않는다. 즉, 회화는 실제 형태와 시각적 형태 사이에 문제될 만한 차이가 나타나지 않는다. 또한 보통 한 시점만으로도 전체 이미지를 인식하기에 충분하므로, 회화는 **동적 시각**kinetic vision의 복잡성도 일으키지 않는다. 더구나 조각이나 건축보다 회화는, 착각을 일으킬 수단들이 많기 때문에 관찰자의 상상을 불러일으킬 가능성이 더욱 많다. 조각이나 건축은 기술적으로 더욱 복잡하기 때문에 그리고 오늘날, 소비자의 상상력에 덜 영향력을 미치기 때문에, 예술 이론가가 모든 예술에 똑같이 주의를 집중하여 미학체계에 어떤 일관된 필요조건을 부여하는 것을 더욱 어렵게 하고 있다.

뵐플린이 성공한 두 번째 요인은 더욱 단순한 대립 개념 조합을 완벽하게 사용했다는 것이다. 일반적으로 대립 개념의 조합은, 그 양극단 사이의 현상을 아우르기 때문에 성격 차이를 분명하게 설명하는 최선의 방법이다.

그러므로 프랑클은 뵐플린이 그랬듯이 대립개념을 사용하도록 자극받았다. 그의 주요 문제는 그 대립개념을 더욱 복잡한 건축 분야에 납득이 되도록 적용하는 것이었다. 따라서 그는 설득력 있는 또 다른 비평가인 슈마르조의 공간이론에 주의를 돌리게 되었다.[3]

슈마르조와 뵐플린 모두가, 앞서 지은이가 설명한 바와 같이, 인체를 유추하였다는 사실은 주목할 만한 일이다. 뵐플린은 《서론*Prolegomana*》에서 의인론적anthropomorphic 감정이입 과정을 통하여 **매스**를 인체human body에 비유하고 있다. 그리고 슈마르조는 공간 개념에 이르는 유추, 즉 공간 확장의 세 가지 요소를 인체에서 보았다.

프랑클은 어느 한쪽으로 치우치지 않고 이 두 가지 접근 방법이 모두 효과 있다고 생각하였다. 그리고 브링크만과 마찬가지로, 그는 건축이 두 가지 개념을 동시에 갖고 있음을 정확히 관찰하였다. 그러나 브링크만은 매스와 공간의 개념을, 서로 상호관입mutal interpenetration하여 절정에 이르는 양 극단으로 설정하였다. 그리고 이 개념은 그의 후계자인 기디온Giedion의 성공으로 비추어볼 때, 오늘날까지도 그 타당성이 유지되고 있는 틀framework이 되고 있다. 불행하게도 프랑클은 **빛**Light과 **목적**Purpose이라는 다른 두 개념을 첨가함으로써 전술한 두 개념을 분리시켜버렸다. 뒤의 두 요소는 완전히 다른 개념적 질서에 있는 것이었다. 사실상 빛과 목적이라는 범주는 **공간**과 **매스**의 개념 속에 산재되어 있으며, 빛은 매스와 공간을 나타내주며 반면에 **목적**은 매스와 공간을 발생시킨다.

이와 같이 프랑클의 비평 체계는 **공간적 형태**Spatial form, **물질적 형태**Corporeal form, **시각적 형태**Visual form, **목적의지**Purpose intention라는 형태의 네 가지 범주로 구성되어 있다. 우리는 앞서 힐데브란트가 예술적 관점에서 두 양상을 **실제 형태**Actual form와 **지각 형태**Perceptual form로 구분했던4 것에 주목해야 한다. 프랑클은 실제 형태를 공간적 형태와 물질적 형태로 분리하였는데, 이는 근본적으로 옳은 것이었다. 그러나 그는 이러한 구분을 시각적 형태의 범주에 적용하는 데에는 실패하였다. 왜냐하면 그 범주에는 공간과 매스 양면 모두가 포함되어 있으며, 인간의 눈은 이 둘 모두를 지각하기 때문이었다.

그의 네 번째 범주인 목적의지는 조금 불합리한 추가 사항으로 보인다. 이 범주는 형태의 세계라기보다는 오히려 관념의 세계에 속하는 것처럼 보이기 때문이다. 그것은 리글Riegl의 예술의지와 같은 목적 없는 의지purposeless intention와는 구별되어 설정되어야만 한다. 앞서 언급했던 젬퍼의 세 가지 요소와 같은, 목적론적이며 유물론적인 시대의지의 예술적 충동을 리글은 반대하였다. 한편 공간 개념에 대해서, 슈마르조와 베를라허는 그 이전부터 목적의지는 건축미학의 기본인 공간으로 유도하는 예술적 이상으로 보아야 함을 가르쳐왔다. 아주 흥미롭게도 프랑클도 목적을 공간적 형태의 기본 충동으로 생각하는 경향이 있었다. 그러므로 그의 저서인 《건축사의 원리》의 제4장은 제1장과 통합해야만 한다.

프랑클의 공간 개념을 그의 전체 미학체계의 맥락과 분리하여 이해하기란 쉽지 않다. 그러나 그가 말하는 네 가지 주요 요소, 즉 **공간**, **매스**, **빛**, **목적**을 간략하게 평가해봄으로써, 그가 이해하고 있는 공간 개념을 명확하게 설명할 수 있다.

(1) 공간적 형태Spatial Form

이 형태의 양상은 공간적 **부가**spatial addition와 공간적 **분할**spatial division이라는 반대개념으로 조정되고 있다. 프랑클은 **부가**란 공간적 실체를 명확히 구분함을 의미하였고, **분할**은 공간적 부분spatial parts들을 전체a whole로 통합함을 의미하였다. 그러나 언어학적으로 이 용어들은 부분들의 존재와 관련 있다. 수학적으로는 부가는 부분에서 시작하여 전체로 끝나는 것을 의미하고, 반면에 분할은 전체로서 시작하여 각 부분으로 끝나는 것을 의미한다. 더구나 감산subtraction과 이에 반대되는 가산addition, 즉 수학적으로 정확히 반대되는 한 쌍을 물질적 형태의 구조적 표현을 분석할 수 있도록 죄르겔과 같은 이론가들이 사용해왔다. 이러한 어법상의 차이가 있음에도 불구하고, 프랑클을 공간적 실체를 최초로 형태로 표현한 진정한 형태론자로 부를 수도 있다. 그는 다양한 율동적 구조 관계에 따라 공간을 그룹으로 분류하는 데 아주 독창적이었다.

프랑클의 부가와 분할이라는 한 쌍의 개념은, 증가하는 현대건축의 거대구조 현상을 이해하는 데 충분히 구실을 다하고 있다(그림 96). 도시 거대구조urban megastructure의 문제는, 부가 과정이 끝이 없는 것이 아니라 정지된다는 궁극적인 한계가 있다. 모듈에 의한 거대구조의 통일unity은, 집중화된 르네상스 공간처럼 전체를 분할하여 조절되는 것(그림 97)이 아니라, 부분들의 단순 반복으로 얻어진다. 그러나 이러한 반복으로 생겨난 통일은 그 반복되는 요소가 인간적이거나 소규모 스케일이라 할지라도, 단조로움을 피할 수 없다. 이는 분할 개념이 전체에 다양성을 주는 데 좀 더 적합한 것임을 의미한다.

(2) 물질적 형태Corporeal Form

이 형태의 양상은 힘force의 **발생**generator(또는 중심center)과 힘의 **전달**transmitter(또는 경로channel)이라는 양극성으로 조절된다. 프랑클에게 힘의 발생이란 외력에 대항할 수 있는 매스를 의미하였다. 힘의 발생 개념은 자족 개념이었다. 그것은 감정이입이나 의인론적인 움직임도 일으키지도 않고, 그 자체가 힘의 중심이 된다. 힘의 발생을 표현하는 건축 부재는 텍토닉한 개체가 그 특성이다. 그러한 원리를 스톤헨지의 청회색 사암 기둥과 인방구조에서 볼 수 있다(그림 98). 이와 반대로 힘의 전달은 스스로 조절되는 것이 아니라, 불안하고 불확실하며 미완성인 감각에 따르는 건축 매스에 의해 이루어진다. 그러한 경우에 감정이입empathy 과정을 통해, 각 건축부재 상호간에, 또한 전체로서의 건축과 이를 바라보는 인간 사이에, 어떤 힘의 흐름이 생기게 된다. 이런 과정은 예를 들어, 수평에서 수직까지의 변화가 명백한 움직임으로 나타남을 솔즈베리Salisbury 성당의 종려나무 형태의 후기 고딕 기둥에서 알 수 있다(그림 99). 건축 부재들은 일반적으로 산만한 연결부와 윤곽 부위를 피할 수 있도록 중첩되는 특성이 있다. 프랑클은 감정이입의 역학을 강하게 고수하는 쇼펜하우어의 '하중과 지지load and support'의 이론을 따랐다. 이 부분에서 프랑클의 이론은 뵐플린의 방법에서 강한 영향을 받았음을 알 수 있다. 비록 프랑클이 뵐플린의 '**선적이며 회화적인**linear and painterly' 양극성의 개념을 곧바로 적용하지는 않았지만, 그의 분석은

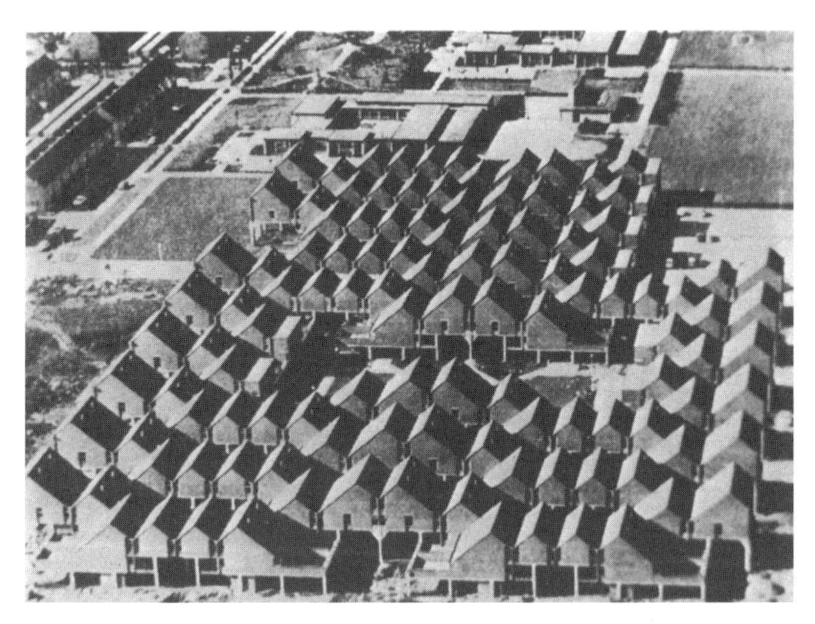

그림 96 피트 블롬. 카스바 집합주거단지, 헨헬로, 로텔담(1972) 조감사진: '부가addition'의 예
그림 97 도나토 브라만테. 산타 마리아 델라 콘솔라치오네, 토디(1508) 전경: '분할division'의 예

그림 98 스톤헨지(B.C. 2400 – B.C. 1600): 청회색 사암들이 원을 이루고 있다.

그림 99 솔즈베리 성당, 챕터하우스(1280년경): 종려나무 형태의 기둥

감정이입 현상에 완전히 지배되고 있었다. 여기서 우리는 공간의 형태론과 유사함을 피하려 한 프랑클의 고뇌를 알 수 있다. 또한 그는 물질인 부재들은 접합부를 독특하게 처리하여 부가와 분할의 특징적 차이를 따라야 한다는 것도 인식하고 있었다.

(3) 시각적 형태Visual Form

이 형태의 양상은 **'단일 이미지 같은**one image-like' 지각('einbildig')과 **'다수 이미지 같은**many image-like' 지각('vielbildig')이라는 대립 개념과 관련되었다. 건물 전체를 인식하는 데 건물이나 내부의 한 시점만으로 충분할 경우, 이때의 시각적 형태를 '단일 이미지와 같은' 유형이라고 말할 수 있다. 반면에 관찰자가 전체를 파악하기 위해 다수의 시점이 있어야 하는 시각적 형태를 '다수 이미지와 같은' 유형이라 할 수 있다. 건축을 예술적으로 지각하는 절정은, 관찰자가 무한하고 지칠 줄 모르는 다수의 이미지를 형성할 때 일어나게 된다. 이런 점에서 보면, 당시의 큐비즘 공간 개념, 특히 브라크와 피카소 회화를 분석한 양상인 4차원에 대해 언급하는 것은 중요하다(그림 100). 그들은 프랑클의 '동시성'과 '다수 이미지'라는 이론이 나타나기 몇 해 전에, 이미 관찰자의 '단일 이미지one image'라는 시점을 파괴하면서 프랑클의 이론을 시각화하고 있었다. 이러한 **동시성**simultaneity의 원리는, '다수 이미지'가 구문론적으로 배열되는 미래주의Futurism나 멤링Memling의 **'예수 수난**Panorama of the Passion'(그림 101)과 같은 **'연속**succession' 원리와는 크게 구별된다. 프랑클의 시각적 형태는 힐데브란트가 일찍이 언급했던 **동적 시각**kinetic vision 이론을 분명히 응용하고 있다. 프랑클은 때때로 시각적 형태를 '빛'과 동일하다고 말하며 단순화하였다. 그러나 이는 단지 부분적으로만 사실일 뿐이었다. 힐데브란트는 시각적 형태가 세 가지 변수, 즉 '빛', '관찰자의 위치', '환경(스케일)과 물체의 특수 관계'에 좌우된다고 정확하게 설명하였다. 더구나 힐데브란트는 단일 이미지와 다수 이미지라는 대립 개념을 이른바 '순수 시각과 동적 시각'[5]이라는 개념으로 이미 밝혀내고 있었다. 그러나 힐데브란트나 프랑클 모두가 과연 건축이 '단일 이미지'만을 제공하는가 아닌가라는 문제를 해결하지는 못하였다. '단일 이미지'라는 순수하게 이론적인 개념은 우리를 불가피하게 둘러싸고 있는 건축의 본질과 관련하여 **의미의 모순**contradictio in terminis을 낳게 된다. 그러므로

그림 100 파블로 피카소. 세레의 아코디언 연주자(1911). 뉴욕 비구상 미술관 소장: 동시성과 '다수 이미지' 원리. 프랑클이 시각적 형태의 논문을 쓴 시기에 이미 '단일 이미지' 시점의 파괴를 보여준다.

그림 101 한스 멤링. 예수 수난(1417년경): '연속' 원리와 '다수 이미지' 원리

건축은 항상 '다수 이미지'나 '동적 시각'을 유발하기 때문에 이러한 대립개념을 지지한다는 것은 독단처럼 보일 수 있다. 프랑클 자신도 이 약점을 잘 알고 있었다. 그는 '단일 이미지 같은' 시각 형태라 할지라도 다수의 시점many viewpoints이 존재할 수 있다고 인정하였다. 그러므로 건축에서 '단일 이미지' 개념은 어떤 안정 상태의 표현, 즉 우리가 다른 시점을 취한다 하더라도 시각 이미지가 반복되는 특징으로 이해해야만 한다. 그러한 경우에 '단일 이미지'는 형태의 완전한 실체라 해도 충분할 것이다.[6]

(4) 목적의지Purposive Intention

마지막으로 형태의 네 번째 양상은 '**구심적-원심적**Centripetal-Centrifugal'인 힘의 대립과 '**개성의 자유**freedom of personality'와 '**개성의 속박**constraint of personality'이라는 대립으로 통제된다. 이러한 두 쌍의 대립 개념들을 사용하면서 프랑클은 건축주와 사용자의 정신상태 속에 공간적 조직을 연결시켰다. 사실상 공간의 형태에 자신을 한정시킴으로써 슈마르조의 경우처럼, 프랑클도 공간과 목적은 하나라고 결론내릴 수 있었다. 따라서 프랑클은 "목적은 공간 형태가 구체화된 것이다."[7]라고 말하기도 하였다. **목적**Purpose은, 기능적 활동의 결과로 생겨나는 '**멈춤**repose의 공간'과 순환 통로를 확보하는 '**운동**movement의 공간'으로 구성된 공간조직이란 개념으로 프랑클을 이끌었다. 여기서 프랑스 보자르 이론가이자 건축가인 줄리앙 가데Julien Guadet의 견해와 1933년 《아테네 헌장*Charter of Athens*》에서 발표된 후기 기능주의자들의 공간 개념이 아주 밀접한 관계가 있음을 알 수 있다. 이러한 프랑스의 영향은, 프랑스 건축 이론가인 뒤랑J.N.L. Durand이 제시하였던 개념인 건물 프로그램상의 목적이라는 프랑클의 방식에서 더욱 잘 인지할 수 있다. 건물 프로그램building program은 공간을 결정하는 인자이다. 즉, 프로그램은 건축 형태와 한 시대의 문화적 구조를 유기적으로 연결하고 있다.

프랑클의 이론으로 판단하자면, 공간 개념은 비록 건축 예술의 유일한 목적은 아닐지라도 매우 중요하였다. 프랑클은 그의 책 《서문*Introduction*》에서, 공간 개념은 시각적 이미지optical image에 종속되거나 또는 시각적 이미지에서 유추되는 것이라고 제안하였다.[8]

빛과 색으로 형성되는 이미지인 시각적 인상은, 어떤 건물을 지각하는 데 가장 중요하다. 우리는 경험적으로 이러한 이미지를 물질의 개념 속에서 재해석하며, 거기서 내부 공간의 형태를 규정하게 된다.
일단 시각적 이미지를 매스로 둘러싸인 **공간 개념**Idea of Space으로 재해석한다면, 우리는 **공간 형태**Form of Space로부터 그 공간의 목적을 알 수 있게 된다. 따라서 우리는 공간의 정신적 취지와 내용 및 그 의미를 파악하게 된다.

건축 디자인 프로세스에서 그의 순수한 기능적 개념은, 놀랍게도 다르게 작용하여 공간 개념의 모든 예술의지를 제외시키고 있다.[9]

(원문 그대로 옮긴다면!) '설계 중인 건축가는 물론 정반대의 방향으로 작업해나간다.' 건축가는 건물의 프로그램에서 시작한다. 그는 요구에 따라 활동 양상을 배치해나가면서 방이 배치된 주위에 동선체계를 만들어낸다. 마침내 그의 프로그램에 맞는 공간적 형태를 알아냈을 때, 건축가는 둘러싸는 매스를 설계하기 시작한다.

프랑클은 분명히, 모든 예술 창조는 예술의지, 즉 공간 개념에서 발생한다는 리글의 명제로부터 자신을 분리시켰다. 프랑클은 "만들어진 공간은 인간 활동을 위한 극장이다."라고 하였는데, 이러한 정의는 아마도 행태적 요구사항을 충족시키는 건축 공간과 인간의 상호작용에서 진실을 찾아야만 하는 그를 전형적으로 나타내고 있다.[10]

10 제3세대 건축 이론가들: 1920년대

The third generation of architectural theorists: 1920s

프랑클과 죄르겔의 공간미학 이후, 건축 이론 발전에 대한 독일의 기여는 쇠퇴기로 접어들어간 것처럼 보였다. '제2세대' 이론가의 대표적 인물인 브링크만, 프랑클, 죄르겔은 모두, 근대 건축운동이 발전하기 시작했던 시기인, 20세기 두 번째 10년, 즉 1920년대에 그들의 고전적 이론 서적들을 저술하였다. '제1세대' 이론가들의 중요성은 의심할 여지가 없다. 리글, 슈마르조, 힐데브란트와 뵐플린은 근대 건축운동이 시작되기 이전에 이미 그들의 이념들을 확립하였다. 그들은 독일인들의 사고방식을 훈련시키고 영향을 주었으며, 그리하여 근대운동 대부분에 공간 개념을 적용할 길을 열어주었다. '제2세대'의 이론가들이 우수한 논문들을 제기하였을 때, 전위적avant-garde인 화가, 시인 및 건축가 소수가 비로소 공간미학에 관심을 집중하기 시작하였다. 예술에 대한 이런 전위 건축가들의 공헌은 이 책 제4부의 주제로서 다루어질 것이다. 전위적인 예술가와 정평 있는 '과학적인' 미학자 사이에 어떤 정신적인 유대가 있었는가를 추정하는 것은 당연한 일이라고 생각된다. 그런데 비극은 양자의 자기중심적인 관심이 두 분야를 더욱 멀리 떼어놓아 버렸다는 사실이다. 이는 '제3세대' 건축 이론가들에게는 더욱 심각하였는데, 이에 주목하여 이 장에서 살펴보기로 한다.

1920년대에는 당대의 예술 활동에 큰 변화가 일어났음에도 불구하고, 많은 젊은 이론가들은 스승들이 지적하였던 경향을 거의 갱신하지 않고, 자신들의 이념으로 발표하기 시작하였다. 이러한 그룹에 독일 학자로는 아들러Adler, 클로퍼Klopfer, 추커Zucker, 프라이Frey 및 기디온Giedion이 속해 있었다. 이 미술사가art-historian들은 마치 비밀의 쇠사슬에 묶여 있는 것처럼 보였는데, 거기서 다만 젊은 **지그프리트 기디온**Giegfried Giedion만이 빠져나올 수 있었다. 프랑클과 죄르겔이 견고하게 확립하였던 사고방식을 오토 회버Otto Höver의 저서《비교 건축사*Vergleichende Architekturgeschichte*》(1923)에서 직접 추론해볼 수 있다. 회버는 의심할 바 없이 공간이 건축에서 제일 중요함을 알고 있었기에, 독일 후기 바로크 건축양식(그림 102)을 건축의 클라이막스를 구현한 것이라 정의하였다. 그 이유는 물질적 요소가 제거

그림 102 J.M. 피셔. 츠비팔텐 수도원 성당(1741): 회랑의 디테일을 보여주는 내부 모습

된 유일한 양식 시기였기 때문이다.[1] 그러나 그러한 결론은 민족주의 감정을 완전히 배제할 수는 없었으므로, 건축역사 속의 독일 전통, 특히 공간 개념에 큰 타격을 주게 되었다. 이러한 점에서 독일 로코코 건축을 선호하며 프랑스 고딕건축을 거부한 회버의 주장은 매우 의문스러운 데, 이는 회버가 프랑스 고딕건축은 불필요한 조형성에 지배받았다고 믿고 있었기 때문이다.

공간 개념에 대한 다른 소소한 저서로는 건축가 오토 카로Otto Karow가 1919년에 쓴《공간 예술로서의 건축*Architecture as the Art of Space*》이 있으며, 죄르겔, 프랑클, 브링크만 및 슈마르조 등의 개념들이 일반적으로 중복되어 있으므로, 더 이상 그 내용에 대해 논할 필요는 없을 듯하다.[2]

파울 클로퍼Paul Klopfer는 1918년부터 1919년에 걸친 겨울에 바이마르의 '고등 조형예술학교Hochschule für Bildende Kunst'에서 강의한 후, 이 강의 내용을 1920년에《건축예술의 본질*Das Wesen der Baukunst*》이라는 제목으로 출판하였다.[3] 그의 강의는 쇼펜하우어, 젬퍼, 슈마르조, 베를라허 및 프랑클의 가장 핵심적인 개념들을 단순화하고 대중적으로 각색한 것이었다. 특히 '세 가지 요소'라는 젬퍼와 슈마르조의 명제는 어떠한 변경도 없이 이 책에서 그대로 반복되고 있다. 클로퍼는 공간을 제3의 요소인 리듬rhythm으로 분류하였다. 클로퍼는 특히 공간의 지각에 관심이 있었으며, '단일 이미지'와 '다수 이미지' 같은 시각적 형태 지각에 대한 프랑클의 논법을 따랐고, 결과적으로 '순수시각'과 '동적 시각'이라는 힐데브란트의 이중 개념을 추종하였다. 클로퍼는 두 종류의 이미지로 지각을 분할시켜 각색하였다. 그 하나는 정지 이미지image at rest('Ruhebild')로, 이것은 얼핏 보았을 때 균형을 이루고 있는 대상물에 대한 동시적 경험이었고, 다른 하나는 촉각 이미지tactile image('Tastbild')로서 눈이 연속적인 단계로 환경을 포착하려고 할 때 경험되는 종류였다. 클로퍼는 마에르텐스Maertens[4]와 브링크만[5]의 지각 이론에 영향을 받았다. 클로퍼는 시야각angles of vision에 따른 시각적 스케일을 제안하였는데, 이것은 최적의 만족을 얻는 객관적인 수단으로 쓰일 수 있었다. 클로퍼는 〈공간적 시각*spatial vision*〉[6]이라는 제목의 초기 논문에서 촉각 이미지를 먼저 내세웠다. 왜냐하면 인간 눈의 촉각적 움직임이, 환경을 하나로 통일시키는 데 도움을 주고 관찰자의 집중을 자극하기 때문이었다. 이러한 점에서 볼 때, 클로퍼는

그림 103 안토니오 산텔리아. 발전소(1914): 미래파의 '연속성'을 보여준다.

자기 자신을 입체파 회화의 이념이나 드 스테일 미학과 간접적으로 연결하고 있었다. 죄르겔이 건축미학에서 중대하게 빠뜨렸던 시간과 공간 개념의 결합을, 1919년과 1920년에 걸친 건축 이론가 그룹 중에서 미술 역사가였던 파울 추커Paul Zucker가 최초로 명백하게 언급하였다.[7] 그때부터 시간-공간의 관계는 제3세대 이론가들의 주요 철학적 쟁점이 되었다. 공간 개념이 건축의 가장 중요한 특성으로 여겨지고 있는 동안에, 근대 건축 운동인 입체파와 미래파가 근래 발견한 시간-공간 개념은, '연속성continuity'이 공간 개념 자체보다 건축의 본성을 더욱 잘 나타낸다는 사실을 1921년 추커에게 확신시켰다.[8] 입체파나 미래파, 드 스테일의 공간-시간 연속체space-time continuum는 널리 인정되는 개념이었으며, 특히 미래파인 산텔리아Sant'Elia의 도면(그림 103)에서는, 피어오르는 연기의 선과 쭉 뻗은 전선마저 포함하여, 건축이 연속된 형태라고 여겨지는 공간감sense of space을 내세우고 있다. 그러한 연속성은 (둘러싸인 공간에 서 있는 동안 끊임없이 우리를 둘러싸는) **매스**mass나, (풍경 속에 고립되어 있는 건물을 둘러싸는) **공간**space에 적용될 수 있었다. 추커는 공간 개념(슈마르조의 명제), 매스의 개념(뵐플린의 명제) 및 공간과 매스가 결합된 개념(브링크만의 명제) 어느 것도, 시간의 개념을 포함하지 못하기 때문에, 건축의 본질을 설명할 수 없다는 것을 논증하려 하였다. 그러나 이미 30여 년 전에 힐데브란트는 '**동적 시각**kinetic vision' 개념으로 시간-공간의 개념을 제시한 바 있었다.[9]

대체로 독일 제3세대 건축 이론가들은 공간 개념이 건축의 기본임을 받아들였다. 매스 개념을 지지한 사람들은 특히 1923년에 표현주의 운동이 퇴색된 후에 급속히 그 숫자가 줄어들었다. 이와 반대로, 전위적인 화가나 건축가들의 4차원과 관련한 진보적인 개념은, 평범하고 전통적인 미학자들이 소화하기에는 너무 어려운 것이었다. 예를 들어, 레오 아들러Leo Adler는 3차원을 초월한 모든 것은 단지 추상수학에만 속하는 비현실적인 허구라고 하였다.[10]

아들러는 당시의 '예술학 교수art-professor'와 창조적인 예술가 사이에는 다리를 놓을 수도 없는 큰 간격이 벌어져 있음을 정확하게 관찰하였다. 그리하여 창조적인 예술가들은 그들 자신의 미학을 글로 쓸 수밖에 없었는데, 물론 이러한 글들을 당시 교수들은 비과학적이며 어리숙하다고 비판하였다.[11] 전통 건축개념은, 가끔 미술 역사가들이 옹호하긴 하였지만, 개혁적이고 전위적인 교수들이 경직된 미술 역사가들을 새로운 교육과정에서 추방하게 만들었다. 이는 바우하우스(그림 104)에서 일어났으며 그리고는 대부분의 미술학교가 그 모범을 따르게 되었다.

그림 104 W. 그로피우스. 바우하우스 교사동 일부, 데사우(1925-1926), 남동쪽에서 본 기숙사동

1920년대 독일 학자들 사이의 학술적 문제 중의 하나는, 건축을 회화나 조각과 구별하여 어떻게 정확하게 정의하느냐는 것이었다.[12] 그런데 근대운동은 정확히 다른 방향, 즉 여러 예술의 종합을 목표로 움직이고 있었으므로, 그러한 학술적인 문제에 올바른 해답을 찾기란 점점 더 어려워졌다. 그리고 그 같은 문제의 성질이 실제로는 타협할 수 없는 근대운동과는 단절되는 것이라는 사실을 이해하기란 그리 어렵지 않았다. 공간, 시간 및 매스의 개념은 다양한 분야로 예술을 **구분**divide하려고 학자들이 채택한 것이었으나, 반면에

근대 화가나 조각가 및 건축가들은 예술사이의 장벽을 헐고 **통합**unite하려고 이 개념들을 교묘하게 다루었다.

예를 들어 다고버트 프라이Dagobert Frey는, 공간, 매스, 시간이 애초부터 논쟁의 의미를 잃고 있다[13]고 생각했기 때문에, 예술의 각 영역에 적당한 이름을 붙여줄 수 있는 올바른 기준을 설정하려고 열심히 모색하였다. 그는 아마도 비건축적인 예술들의 전형적인 특성인 **재현**representation과 **고립**isolation이라는 개념을 건축에 적용하려고 하였다. 그러나 그는 곧 이러한 독단적인 설정을 포기하였으며, 1929년에는 모든 순수예술에 공평하고 타당한 개념으로서 시간-공간의 개념을 적용하였다. 《고딕과 르네상스*Gotik und Renaissance*》[14]라는 저서에서 그는 리글의 예술의지와 시간-공간 개념을 결부시키려고 하였다. 이것은 분명히 그 당시 널리 알려져 있었던 바우하우스의 간행물에서 인용한 공식formula이었다. 이와 같이, 프라이는 한 시대(고딕)는 생성되는 시간-공간의 개념의 **조화**becoming로 이해해야만 하고, 다른 한 시대(르네상스)는 3차원적인 **정적**static 개념으로 이해해야 한다고 주장하였다. 이러한 근대적 개념을 과거 시대에 적용함으로써, 프라이는 시간-공간의 개념이 근대운동만의 특권이 아니라는 사실을 논증하려 하였다. 프라이는 확신을 가지고 고딕건축의 공간에는 'Nacheinander'(연속), 즉 시간적으로 연속된 경험successive experience in time의 모든 특성이 있다고 주장하였다.

일반적으로 말해서, 고딕건축과 고딕건축이 지니는 파우스트적인 공간에 특별한 감각을 갖고 있던 독일 이론가들의 선입관은 괴테시대 이래 계속되고 있었다. 독일 대성당의 자연스러운 장엄함(그림 105)은, 예술과 기술, 수공예와 기계화, 개인과 집단들을 융합하려는 독일 개혁가들의 낭만적인 이상이 되었다. 특히 1919년부터 1920년 사이에 걸쳐, 보링거, 슈펭글러, 쉐플러와 같은 이론가들이나 예를 들어 한스 푈치히Hans Poelzig(그림 106) 같은 독일 표현주의 건축가들의 편견 때문에, 고딕 공간 개념은 북유럽 민족주의Nordic-nationalism 문화와 거의 동일시되었다. 결과적으로 그것은 특별한 관심을 끌게 되었다. 프라이Frey나 얀첸Jantzen 심지어는 파울 프랑클의 고딕시대 연구들은 모두, 고딕시대를 근대적인 시간-공간의 개념으로 어떻게든 재조명하였으며, 그 결과 고딕건축에 우호적인 이런 경향 때문에 편견에 시달리게 되었다.

그림 105
쾰른 대성당의 코이어(1248년 이래)

그림 106 H. 푈치히. 베를린 대극장(1919), 대극장 내부

1930년 이후 건축 이론가 쪽에서는 새로운 개념들이 별로 나타나지 않았으며. 단지 지그프리트 기디온Siegfried Giedion의 《공간·시간·건축*Space, Time and Architecture*》(1941)이라는 저서가 널리 알려졌을 뿐이다. 이 책은 시간-공간이란 새로운 개념이 마치 근대 건축운동에서 기인한 것처럼 다루고 있다. 물론 근대운동에 대한 그와 같은 언급은 반 정도만 믿을 수 있었다. 이와는 전혀 상반된 편견이 전통적인 학자 진영으로부터 제시되었다. 예를 들어, H. 얀첸의 《예술사에서의 공간 개념*Über den Kunstgeschichtlichen Raumbegriff*》[15]에서, 모든 공간 개념은, 정의하자면 미학적 사고의 영역에만 속할 수 있다고 하였다. 바꿔 말하면, 미술역사가는 공간 개념이 학자들만의 전유물이라고 주장하였다. 그러한 부당한 주장은 1930년경 자기고립self-isolation된 독일 미술역사가에게는 전형적인 것이었다. 몇 년 뒤에 건축학도들에게 펼친 기디온의 열정적인 강의들은, 이러한 어려운 상황들을 재조정할 필요가 있었음을 이해하게 한다.

IV 근대 건축운동의 공간 개념 1890-1930

Ideas of space in the modern movements 1890-1930

1 발생적 유물론 개념의 중요성

The importance of genetic-materialist ideas

루이스 설리반의 글들은 정신적으로 러스킨Ruskin의 저서 《힘과 생명의 등불*Lamp of power and life*》과 유사하게, 건축을 자연 속 생명력vital force의 강렬한 표현이며 숭고sublime라고 여기는 경향을 보이고 있다. 이는 설리반이 설계한 개개의 건축물을 이야기하려는 것이 아니라, 일반적으로 설리반의 작품이 러스킨이 심사숙고하게 정리하여 주장한 **숭고**崇高: Sublime*의 개념을 반영하고 있다는 말이다.

이 숭고의 성격을 설리반은 사각형, 원 같은 단순한 형태를 채택하여 건물 벽면에 대가답게 능수능란하게 장식을 배치하면서 구체화하고 있다(그림 107). 이와 같이 설리반은 **숭고**를 지향하는 적응이라는 기본 과정을 통해, 새로운 양식으로 유도하는, 발생적이며 기계론적인 원천genetic-mechanistic origin을 추구하였다. 이러한 모색은 설리반을 당시 유럽의 젬퍼 작업과도 연결시켰다. 건축가 존 웰번 루트John Wellborn Root는 젬퍼의 양식이론을 설리반이 속해 있던 시카고파 건축가들에게 소개하였다. 유럽에서 젬퍼의 제자들이 강력히 추구하고 있었듯이, 시카고파 건축가들도 이 양식을 새롭게 정의하는 데 심취하였다.

---

* 숭고는 영어로 the sublime, 독일어로 Das Erhabene, 한자어로는 崇高(숭고)로 표기되는 미학상의 용어이다. 숭엄미崇嚴美로도 번역된다. 숭고(숭엄)라는 용어는 통상적으로 위대한 것에서 느끼는 사람의 경이로움과 외경畏敬을 표현할 때 쓰이는데, 우미優美와 더불어 가장 훌륭한 미적 범주에 속한다(문학비평용어사전, 2006., 국학자료원). 구체적으로 숭고는 보통 좁은 의미의 '미'와 대립되는 개념으로 쓰인다. 대상이 인간을 압도하는 크기 또는 힘을 갖는 경우, 소위 미적 형식은 상실되며 처음에는 그 형식과 내용의 길항拮抗으로 인해 불쾌감을 느끼지만 곧 그런 느낌이 사라지면 유한한 감성을 매개로 무한한 것을 표현하려고 한다. 그럼으로써 오히려 인간의 생명 감정이 자극되고 역감力感이 앙양되어 대상에 대한 경외, 정서적인 경악이나 황홀경, 즉 넓은 의미로의 '미'의 감정을 낳게 된다(세계미술용어사전, 1999, 월간미술).

그림 107 L. 설리반: 교통전시관, 시카고(1890-1891) '황금문Golden Door': 러스킨이 말한 '숭고'를 나타내는 사각형과 원

설리반은 모든 형태의 근원을 자연 속에서 찾았다. 그는 19세기의 위대한 사상가인 다윈Darwin, 그리너Greenough, 에머슨Emerson, 테느Taine의 저작을 연구하였고, 휘트먼Whitman의 시를 읽었다. 이 사상가들의 태도는, 설리반이 건축을 자연형태와 유사하거나, 인간 내부의 생명력vitality과 구조적 논리의 표현이라고 정의하는 데 도움을 주었다. 또한 이는 설리반이 "형태는 기능을 따른다Form follow Function."라는 유명한 격언에 이르게 하였으며, 설리반에게 기능은 형태를 창조하고 구성하며 따라서 모든 형태는 그 기능을 표현해야만 함을 의미하였다.[1] 설리반에게 기능이란 생명력 없는 건물의 프로그램이 아니라, 창조적인 예술가에 내재되어 있듯이, 사물의 본질 속에 존재하는 생명력 있는 의지vital will였다. 설리반의 관심 대상은 둘러싸인 공간이 아니라 매스mass가 가진 성질에 있었다. 따라서 설리반은 건축물의 최고 숭고sublime인 건물 외관과 벽면의 표면처리에만 자신의 재능을 집중하였다. 건축에 대한 그의 모든 글들을 살펴보아도, 공간 개념에 대해 언급한 단 한 단어도 발견해낼 수 없다. 실제로 실무에서 공간 구성은 그의 파트너였던 단크마 아들러

Dankmar Adller가 담당하고 있었음은 매우 흥미로운 사실이다.[2] 이에 대해 그의 제자였던 프랭크 로이드 라이트Frank Lloyd Wright는, 장식ornament이야말로 설리반의 최대 업적이며, 그 외의 모든 특색은 설리반 파트너의 공헌이라고 말하고 있다.[3]

공간을 최초로 예술적으로 표현한 것은 1890년 이후 아르누보였다. 선line이 매스mass를 정복한 것은 형태의 추상성과 투명성이라는 새로운 개념을 암시하는 최초의 실제 징후였다. 그러나 아르누보의 대표적인 3차원 이론들이나, 오르타Horta, 가우디Gaudi, 매킨토시Mackintosh, 반 데 벨데Van de Velde, 기마르Guimard 등의 건축가들을 살펴보아도, 공간 개념을 의식적으로 미학적 목표로 삼고 있지는 않았다. 다만 그들은 양식style을 재정의하는 데에만 주로 관심을 두고 있었다. 예를 들어 반 데 벨데는 장식과 구조의 융합 속에서 해답을 찾아냈다. 어쨌든 물체의 선적 처리linear treatment가 중심이 되었고, 그래도 물체의 이러한 변환은 선들 사이에 공간이 존재한다는 불충분한 개념으로 직접 이끌 수 있었다. 한편 아르누보는 가끔 2차원의 예술로 여겨지는데, 그 이유는 아르누보의 기원이 제 스스로 서있는 조각이나 건축 공간이 아니라, 표면 처리에서 비롯된 때문이었다. 그러나 오르타는 3차원으로 확장된 볼륨에서 놀랄 만한 공간적 투명성을 만들어냈고(그림 108), 가우디는 '이중'공간double-spaced으로 된 투명한 파사드로 건축의 경계를 만들어냄으로써(그림 109), 이러한 견해가 잘못임을 입증하였다. 이러한 공간들을 만들어내는 위대한 거장들의 예술적 재능과 이들이 만들어낸 동적 공간 구성들은, 정적이며 생명력 없던 신고전주의Neo-classicism 전통을 타파하였다. 그 모든 것이 변화였으며 (근대적) 운동이었다. 그러나 아르누보 예술가나 이론가 대부분은 공간 개념에는 이론적으로 아직 무관심하였다. 왜냐하면 이들의 최고 관심사는 19세기 절충주의가 빚어낸 혼란을 제거하는 데 있었기 때문이다. 이들은 수공예, 추상성, 자연적 성장, 재료의 성질, 예술적 정서, 상징성symbolism 등을 다루었다. 즉, 이들은 물질과 물질의 연속성을 다루었다. 아르누보에서 발생적 유물론자들의 관심은 고도로 개인적이며 정서적인 표현을 찾아내는 것이었다. 형태의 추상화 경향은 물체 그 자체의 요동치는 생명력을 잃지 않게 하였으며, 사실상 추상화와 생명력은 절대적인 조화를 만들어냈다. 이들의 예술적 표현은 바로 슈마르조Schmarsow, 보링거Worringer, 테오도르 립스Theodore Lipps 등의 논문에 대한 시각적인 대응물이었으며, 그들의 논문은 아

르누보 건축의 자극적인 효과 없이는 존재할 수 없었을 것이다.[4]

아르누보 예술가 중에서 건축가 앙리 반 데 벨데Henry van de velde는 특별한 위치를 차지하였다. 이 예술가의 광범위한 저술들은 주로 유물론적이며 기능주의적인 경향을 보인다.[5] 반 데 벨데의 관심은 '재료Weskstoff'의 기능과 시각적 표현 그리고 생산품의 사회적 의미

그림 108 V. 오르타: 막스 알레(팀버만) 주택, 브뤼셀(1902-1905), 정원 쪽 입면

그림 109 A. 가우디. 구엘 저택, 바르셀로나(1885-1889). 거실 내부: 벽이 공간화되고, 2중 3중으로 중첩되어 있다.

였다. 유기적인 것에 대한 그의 개념은 디자인에서 오로지 매스의 구조와 조형에만 영향을 미쳤으며, 공간의 구성적 흐름과는 관계가 없었다. 반 데 벨데가 설계한 주택들의 평면배치를 주의 깊게 살펴본다면, 그의 초기 작품인 블뢰멘베르프Bloemenwerf(1895) 주택의 구성 프로그램을 그대로 따르고 있다고 말할 수 있다. 한편 블뢰멘베르프 주택은 원형인 팔라디오식 빌라를 유기적으로 바로 변형한 것이었다(그림 110).

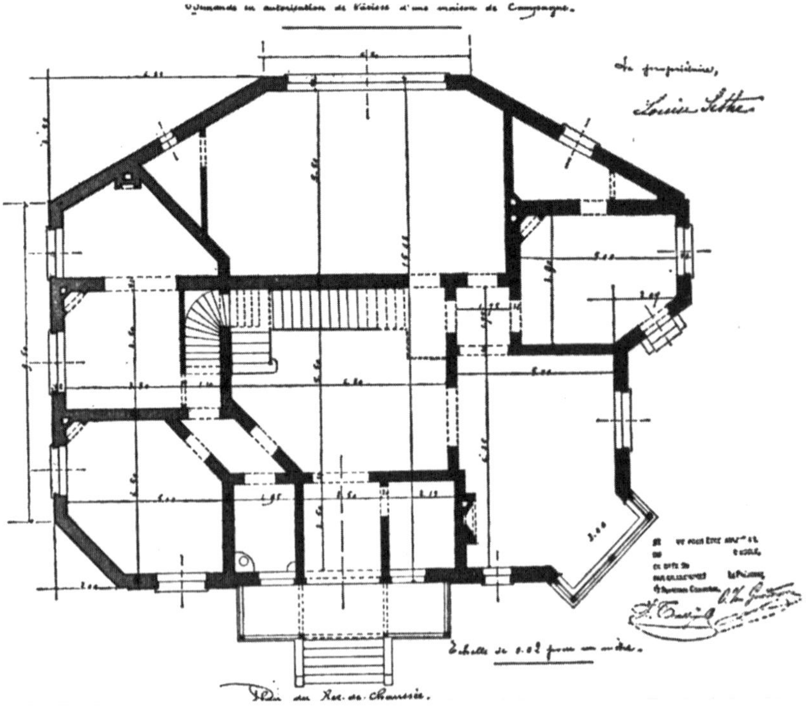

그림 110 H. 반 데 벨데. 블뢰멘베르프 주택, 브뤼셀(1895). a 정면 b 1층 평면

그림 111 H. 반 데 벨데, 뢰링 주택, 쉬페늉겐(1902), 현관 포티코 상세: '보완적 형태complementary form'를 불러일으키는 실루엣 같은 처리

반 데 벨데의 공간 개념은 물질적 요소들 사이의 소극적인 형태negative form로서 이해될 수 있다. 그것은 전형적으로 매스의 부수적 기능이며, 선으로 절단한 물체들 사이에 생겨나는 실루엣 같은 결과였다(그림 111). 반 데 벨데 자신은 이러한 시각을 '보완적 형태

complementary form' 또는 '보완적 선complementary line'이라고 불렀다. 선과, 선으로 만들어지는 유기적인 형상은 둘러싸인 공간enclosed space을 만들어낸다. 그러므로 반 데 벨데에 따르면, 공간은 더욱 중요한 그러나 다소 비물질적인 선의 개념에서 파생되는 것이었다.

20세기 초 아르누보가 쇠퇴할 무렵, 공업적이며 사회적인 힘이 새로운 것을 추구하였으며, 공간 미학은 완전한 침묵 속에 잠기게 되었다. 독일을 이끌던 건축가인 페터 베렌스Peter Behrens, 헤르만 무테지우스Hermann Muthesius, 젊은 발터 그로피우스Walter Gropius 등은 그 당시 공업생산, 표준화, 대상물의 진정한 성질 등에만 관심을 쏟았으며, 이러한 것들이 새로운 양식을 가져온다고 믿었다. 영향력 있는 이론가였던 카를 쉐플러Karl Scheffler는 건축을 일상생활에 접근시키는 유일하고 진실된 힘은 경제적·사회적 요인이라고 지적하였다.[6] 쉐플러는 건축이란 사회적 예술이고 사회 구조의 권력에 기반을 둔 주체이며, 마찬가지로 이는 다윈이 논증하였듯이, 사회적인 상호작용에 의지하는 자연 속 유기체라고 하였다. 쉐플러는 미학과 일상생활 사이에 가로놓인 틈gap을 잇는 다리가 필요하였다. 건축 형태의 근원은 목적Purpose이었으며, 목적과의 인과관계로 정의되는 것이 미Beauty였기 때문에, 쉐플러는 이러한 인과관계를 부정한 반 데 벨데가 구현한 아르누보와 프랑스 에꼴 데 보자르의 네오르네상스neo-Renaissance양식을 거부하였다. 쉐플러는 이 두 양식들이 저마다의 형태적인 원칙에만 사로잡혀 있다고 믿었다.

이 시점에서 건축의 공간 개념 발전에 중요한 구실을 하였던, 발터 그로피우스와 프랭크 로이드 라이트의 초기 글들을 검토해볼 필요가 있다.

젊은 시기에 그로피우스는 주로 예술과 공업을 조화시키는 데 관심을 두었다. 그는 예술가, 기업인, 기술자 사이의 협력을 추구하였으며, 이 협력이 삼자 모두에게 이로운 것이 될 수 있었다. 예술가들은 단순히 장식가에 머물지 않고, 근대 산업에서 파생되는 공간 조직의 문제, 즉 철도역, 공장, 모든 종류의 동력이용 차량 등에 스스로 관심을 가져야 했다. 그리고 예술가의 과제는 공간과 시간을 가장 경제적으로 이용하려 노력하고 이를 달성하는 것이었다.[7] 그로피우스는 **예술적 형태**art form와 **기술적 형태**technical form를 구별하였으나 이 둘은 전체로 통합되어야 한다고 말하였다. 이 둘 사이의 조화로운 일치야말로, 1914년 그로피우스가 말했듯이, 그 시대의 진정한 예술의지artistic volition였다. 그는 슈마르조의 언명을 따라, 건축의 목적은 **매스**와 **공간**의 창조라고 하였다. 여기서 매스가 주가 되며, 매스는 'Geborgenheit'(안전), 즉 공간적 안전성spatial security과 불가침성impenetrability의 인상을 주어야만 하며, 이를 **형태의 치밀성**Compactness of Form이라 하였다.

… 한눈에 보기에도 명쾌하고 지각적인 형태는, 기술적 유기체로서의 복잡성을 찾아볼 수 없다. 이는 기술적 형태와 예술적 형태가 유기적 통일체로 융합되었기 때문이다.[8]

1914년 쾰른에서 개최된 공작연맹 전시회Werkbund exhibition에 건립되었던 건물 중에서, B. 타우트Taut가 설계한 **글라스 파빌리온**Glass Pavillion은 치밀하게 둘러싸인 구조물로, 그야말로 가장 명백히 매스라는 지각적인 선입견을 표현하고 있었다(그림 112).
그로피우스보다는 다소 적지만, 라이트도 초기 글에서 건축의 기본으로서 공간 개념을 언급하고 있다. 자신만의 건축을 시작할 무렵에 라이트는 설리반의 숭고sublime를 따르고 있었다. 그의 주요 관심사는 정직honesty과 개성individuality의 원칙이었으며, 이는 아마 민주사회의 기저를 이루는 것이었다. 라이트는 어떤 유형의 표준화나 획일성에도 반대하였지만, 기계를 '건축가의 가장 좋은 친구'라 할 만큼 기계에 대해서는 어떤 낙관론을 갖고 있었다. 그에게 '명실 공히 가치 있는 건축이란, 자연적 감정과 실제 요구에 부응하는 공업적 수단 사이의 조화 있는 성장'이었다.[9] 형태의 치밀성이라는 그로피우스의 원리와는 달리, 라이트는 지표면을 따라 수평으로 형태를 연장시켜나가려 하였다(그림 113). 그는 다음과 같이 추구하고 있었다.[10]

… 과거 우리의 극단적인 풍토 속에서 밀폐된 상자였던 건물을, 개개의 부분으로 나누어, 더욱 유기적인 표현물로서 펼쳐라.

라이트는 그의 스승인 설리반으로부터, 다윈의 진화론과 일치되는 **유기적인 것**The Organic에 대한 열정을 계승하였다. 유기적인 것은 기능과 형태가 결합된 것으로 자연현상에서 유추된 것이었다. 유기적인 자연organic nature은 양식style으로 나타났는데, 이는 그 성격의 결과였다. 자연은 건물이 주위환경과 어떻게 조화를 이루며 성장할 수 있는가에 교훈을

그림 112 B. 타우트. 유리 산업 파빌리온, 공작연맹 전시회, 쾰른(1914)

그림 113 프랭크 로이드 라이트. 로비 주택, 시카고 오크 파크(1909)

주고 있다. 또한 형태의 조화는 내부 기능이나, 재료나 편리한 도구인 기계를 올바르게 사용함으로써 얻어진다.[11] 가끔 라이트는 평면the plan에 대해 언급하고 있다. 그러나 그의 글 전체를 살펴보면－또한 적어도 그의 초기의 글들을 보면－평면을 본질적으로 생각지는 않은 듯하다. 혹시 후기에 쓰인 저서에서 보이기를 바랄 수도 있을지 모르겠으나, 적어도 1928년 이전의 글들에서는 라이트가 공간적 예술적 의지spatial-artistic will를 다룬 것은 찾아볼 수 없다. 1928년 이후에서야 라이트는 공간 개념을 깨닫게 되었는데, 그때는 이미 서유럽에서는 공간 개념이 완전히 발전된 상황이었다. 따라서 라이트는 자기 작품에 대한 애초의 설명들을 수정하기 시작하였다. 즉, 흐르는 공간flowing space으로서 개방적인 평면open ground plan이라는 공간 개념이 논리적인 결과로서 그의 마음속에서 의식적으로 생겨났던 것이라고 마침내 주장하기에 이르렀다.[12]

건축가로서 타고난 재능을 지녔음에도 불구하고, 라이트는 가끔 자신이 얼마나 위대하고 독창적인가를 세상에 증명하려는 편협한 마음을 그의 글 속에서 드러내곤 하였다. 이는 유럽의 경쟁자였던 르 코르뷔지에도 똑같이 사로잡혔던 비극적인 불평이었다. 하지만 '상자를 파괴한다break box'라거나 '흐르는 공간의 연속성sequence of flowing space'에 이르는 영웅적인 예술적 투쟁의 흔적을 그의 초기 이론에서는 전혀 찾아볼 수 없다. 베를라허가 1911년 미국 연구 여행에서 돌아온 후 라이트의 작품에 깊은 인상을 받았지만, 공간의 연속성이나 공간의 상호관입 등은 라이트의 예술적 재능의 결과라기보다는 미국인들 고유의 관습에 따른 것이라고 추측하였다.[13] 이 점에 대해 예술사가인 빈센트 스컬리Vincent Scully도, 자유롭게 짜인 바닥평면(그림 114)은 19세기 말 쉬글Shingle 양식의 특징을 잘 반영한 것이라고 하였는데, 이는 상당히 그럴듯한 주장이었다.[14]

제1차 세계대전 이후에 나타난 근대 건축운동의 주요 대표자로서 언급되고 있는, 라이트와 그로피우스의 초기 글 중에서는 공간 개념이 명확히 드러나 있지 않다. 그로피우스는 1923년, 라이트의 경우에는 1928년에 이르러서야 공간 개념을 건축예술의 미학적 기초로 크게 강조하면서 명백히 채택하기 시작하였다.[15]

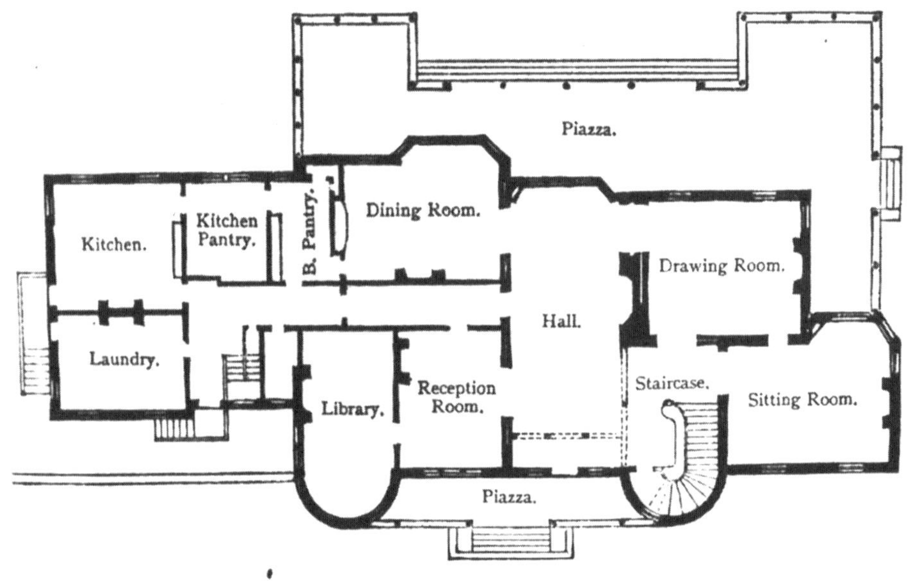

그림 114 맥킴. 미드 & 화이트, 로버트 걸렛 주택, 뉴포트, 로드 아일랜드(1882-1883)
a 전경
b 평면: 거실의 벽난로를 중심으로 공간이 연속 개방되고 있다.

2 공간의 예술의지

The artistic volition of space

힐데브란트와 슈마르조가 1893년에 소개한 공간 개념을, 건축가 자신들이 실제로 적용하기까지 무려 10년 이상이나 걸렸다는 것은 놀라운 일이다. 이 장에서는 공간 개념을 최초로 자각했던 건축가인, 헨드릭 페트뤼스 베를라허Hendrick Petrus Berlage, 아우구스트 엔델August Endell, 루돌프 M. 쉰들러Rudoph M. Schindler의 이론들을 다루려고 한다. 이들의 논문을 보면 마치 자신만이 지적知的이며 창조적인 힘으로 새로운 공간 개념을 발견한 것처럼 주장하고 있다. 그러나 실제로는 어떻든 이전 이론가들의 개념이 참된 근원이었음은 틀림없는 사실이다.

1905년 베를라허는 한 해 전 강의를 바탕으로 《논고*Gedanken*》[1]를 발간하였으며, 이를 수정하고 확장하여 1908년에 유명한 《원리*Grundlagen*》[2]를 출판하였다. 이 두 책에서 베를라허는 가치 체계와 배경에 대해 언급하였으며, 그 속에 새로운 공간 개념을 담고 있다. 건축가로서의 바쁜 업무 중에서도 베를라허는 철학과 건축 이론에 적극 관심을 쏟았다. 그는 칸트, 헤겔, 쇼펜하우어를 연구하였고, 특히 19세기 건축 이론가들인 러스킨, 젬퍼, 비올레-르-뒥을 연구하였다. 무엇보다 베를라허는 대량생산이나 투기, 가짜 리바이벌 양식을 야기시킨 자본주의의 태도를 극히 싫어했다. 그러나 새로운 양식으로 작업한 러스킨, 젬퍼, 비올레-르-뒥의 순수하고 구조적인 접근은, 베를라허에게는 마치 새로운 건축을 가르치는 고등기술학교나 '예비학교Vorschule'와 같았다.

베를라허는 새로운 공동체 세계관feeling-for-the-world('Weltgefühl')에 기반을 확고히 한, 새로운 양식의 원리들을 정의하였다. 그 세계관이란 모든 인간, 특히 노동자들의 사회적 평등을 의미하였다. 오직 문화의 사회적 구조만이 새로운 양식style의 참된 근원이 될 수 있었다. 왜냐하면 예술의 양식이란 사회의 양식과 일치하기 때문이었다. 둘 다 모두 '다양성 속의 통일Unity in Plurality'이란 격언에 지배되고 있는데, 그 격언은 괴테에서 인용하였다고 밝히고 있다. 베를라허의 건축 작품들은 이 격언을 구현하였으며, 기능적인 공간 단위들의 두드러진 다양성을, 종합을 이룬 전체 속에 조직화하는 일반 원리를 따르고 있다(그림 115). 고트프리트 젬퍼도 그의 《서론*Prolegomena*》 제39장에서 '통일과 다양성Einheit und Vielheit'의 개념을 공식화하였는데, 이 장은 베를라허에게는 교리문답서와 같았다. 그러므로 베를라허가 개념의 바탕을 괴테보다는 젬퍼에 두고 있다고 결론지을 수 있다. 통일과 다양성은 18세기, 19세기의 모든 미학 이론에서 수없이 반복 사용된 진부한 문구였다.[3] 그러나 베를라허는 한걸음 더 나아가 구체적인 기하학적 비율로써 이 원리를 시각적으로 설명해나갔다. 그 기하학적 비율이란 삼각형 분할과 사각형 분할이라는 재래

그림 115 H.P. 베를라허. 크리스천 사이언스 제1교회, 파르크 조르흐플리트, 헤이그(1925): '다양성 속의 통일'

방식으로 규정되었다. 베를라허는 양식은 다양성 속의 통일이며, 양식은 휴식Repose이며, 양식은 질서Order라고 믿었다. 그의 저서 《원리*Grundlagen*》에서, 이집트의 피라미드 건설자, 비트루비우스, 중세의 숙련된 석공들을 떠올리고, 세사리노Cesarino, 페르구손Fergusson, 로리처Roriczer, 뒤러Dürer, 케플러Kepler, 시피에Chipiez, 데히오Dehio와 비올레-르-뒥 등의 작품을 연구하여, 비례proportion의 기하학적 법칙을 예시하고 있다. 기하학과 비례는 과거의 모든 위대한 양식들에 내재되어 있던 공통 원리였다. 베를라허가 말했듯이, 비례는 본질적으로는 비물질적이며, 공간과 매스라는 건축의 두 가지 양상을 엮는 무형의 응집력이었다.[4]

공간은 비례를 이루어야 하며 그 비례가 외면으로 표현되어야 한다. 건축의 목적은 공간 창조이므로, 건축은 공간에서 출발되어야 한다.

그러나 기하학은 도구일 뿐이며 도구 그 이상은 아니었다. 이는 베를라허와 비올레-르-뒥의 공통된 견해였다. 기하학의 목적은 통일Unity이다. 그리고 다양성 속에 통일이 확립될 때만 건축을 공간 예술이라 말할 수 있다.[5] 공간과 기하학을 동일시하는 것이 바로 베를라허 공간 개념의 첫 번째 원칙이다.

그의 두 번째 원칙은 절충주의 양식의 '외부에서 내부로from-outside-in'의 접근방식을 거부하는 것이었다. 해답은 외부에서 내부로 대신에 '내부에서 외부로from the inside-out' 디자인하는 것이며, 그럼으로써 거짓된 겉모양보다는 실체를 표현하는 것이었다(그림 116).[6] 건축은 둘러싸는 공간 예술이므로, 주된 가치는 공간에 주어져야 한다. 진정한 둘러쌈enclosure은 19세기의 혼란이 배제된 순수한 평면 벽 그 자체만으로서 이루어진다. '공간이나 공간들은 외견상으로는 몇 개의 벽들로 구성된 복합체로 표현된다(그림 117).'[7]

베를라허의 공간 개념을 이끈 제3의 원리는, 새로운 노동자 사회를 유도하는 사회경제적 목적에서 표출되었으며, 독일에서는 권위자인 무테지우스Muthesius, 쉐플러나, 당시 창립된 독일 공작연맹Werkbund를 통해, 'Sachlichkeit'(기능성functionality)로 알려진 개념이었다. 베를라허에게 기능주의Fuctionalism란 모든 인류가 사회·경제적 평등에 도달하는 적절한 해결책이었다. 베를라허는 기능주의 건축과 새롭게 인식된 공간 개념을 동일시하였다.[8]

그림 116 H.P. 베를라허. 위스케르트 시청사, 그로닝겐(1929): 안에서 밖으로 디자인하기

기능을 다루는 작업인 건축은 공간을 둘러싸는 예술이라는 새로운 인식을 갖게 되었으며, 따라서 주된 가치는 오롯이 공간에 주어져야 한다고 생각한다.

이렇게 하여 공간미학은 목적미학the aesthetics of purpose으로 확장되었다. 이 기능주의적 확장은 이후의 공간 개념 발전에 혁명적으로 중요하게 된다. 특히 표현주의 경향이 쇠퇴하고 기능주의를 따르는 국제양식이 주도권을 쥐었던 1920년 이후에는 더욱 그러하였다. 베를라허는 저서 《원리》 끝부분에서 새로운 양식의 세 가지 원리를 열거하면서 자신의 공간 개념을 정의하고 있다.[9]

1. 모든 구성의 기초는 기하학이다.
2. 이전 양식들의 성격은 파기되어야 한다.
3. 건축 형태는 기능주의 방식으로 발전되어야 한다.

베를라허는 내부에서 외부로 디자인하는 것이 건물의 실체라는 사실을, 라이트와 함께 확신하고 있었다.[10] 1911년 미국을 방문한 뒤, 베를라허는 라이트를 현존하는 미국의 가장 위대한 건축가라고 찬미하였다. 네덜란드로 귀국한 후에 베를라허는, 라이트가 매스의

그림 117 H.P. 베를라허. 시립미술관, 헤이그(1917-1934): 벽들의 복합체로 표현된 공간들

외부 조형성 표현과 함께 즐겨 사용했던 '오픈플랜open plan'이라는 놀라운 19세기 전통에 찬사를 보냈다. 시카고에서 평평한 면들이 진퇴하는 현상이 '3차원'을 암시한다는 사실에 베를라허는 주목하였다.

특별히 베를라허의 관심을 끈 것은, 베를라허 자신이 미국 도시의 잔인한 아름다움이라고 칭했던, 치솟은 마천루들의 매스와 냉혹한 격자무늬의 도시평면이 이루는 강렬한 조합이었다(그림 118). 이제까지의 회화적 도시계획의 일반원칙들을 순진하며 낭만적인 행위에 지나지 않는다고 비웃는 듯한, 평면으로서의 도시 배치와 입면으로서의 건축물이 이루는 절대적인 조화에 베를라허는 깊은 인상을 받았다. 그는 다음과 같이 환희하고 있다.[11]

… 공간에 대한 감정, 그와 같은 감정을 갖춰야만 미국 도시의 아름다움을 이해할 수 있다.

1911년 당시에 공간 개념은 도시설계를 다루는 건축 이론에 이미 적용되고 있었으며, 특히 앞서 언급하였던 브링크만의 이론에서 다루어지고 있었다.

공간 개념을 도시적 경험으로 다룬 눈여겨봐야 할 경향으로는, 뮌헨의 제체션Secession 건축가인 아우구스트 엔델August Endell의 표현이었다. 그는 1908년에 짧지만 매우 훌륭한 논문을 발표하였다. 그것은 베를라허의 다소 교리적인 접근방식을 훌륭히 그리고 다채롭게 완성시켰다.[12]

동시대의 다른 사람들과 마찬가지로 엔델은 그 시대만의 고유한 이상이 빠져 있음을 한탄하였다. 이는 엔델 자신을 포함한 많은 건축가들이 왜 그렇게 과거의 절충주의 양식이나 가식적인 낭만주의로 도피하고 있는지를 설명해준다(그림 119). 엔델에게는 단 하나의 진정한 원칙이 있었다. 즉, 현재present와 현 장소Here를 사랑하는 것이었으며, 이는 《대도시*Great City*》에서 구체화되었다. 《대도시》는 비참한 퇴락의 상징이 아니었으며 오히려,[13]

… 아름답고 시적인 경이이며, 어느 시인이 읊었던 것보다 더욱 다채롭고 다양한 동화이며, 가정이며 어머니였다.

그림 118 미국 도시, 뉴욕(1924년 이전), 맨해턴 지역 항공사진: 평면의 규칙성과 입면의 불규칙성이 조합되어 있다.

힐데브란트처럼 엔델도 세계는 대상물objective과 시각적인 것visual one이라는 양면성이 있다고 설명하였다. 예술이란 어떤 대상물에서 시각적인 것을 해방시킴으로써 발전되며, 다시 예술은 또 다른 시각으로 대상물을 보도록 가르쳤다. 예를 들어, 인상파 화가들 덕분으로 그는 밤낮으로 변화하며 도시의 자연경관을 둘러싸고 있는 '공기의 베일Luftschleier'을 인식하게 되었다. 베일veil은 신비하며 빛나고 흐린 또는 어두운 빛으로 가장 모순된 환경을 감싸며 가장 놀랄 만한 이미지를 불러일으킨다. 시각적 세계는 가장 추하고 평범한 것도 아름다움의 수준까지 끌어 올릴 수 있다. 이에는 오로지 보는 기술the art of seeing만이 필요할 뿐이었다.[14]

평범한 사람들은 그들이 원할 때에만 아름다움을 본다. 그러나 대상물을 보는 시각이 있는 사람은, 보고자 하는 욕망이 일지 않고도 아름다움을 볼 수 있다.

엔델은 도시-가로city-street에서 최고의 아름다움을 보았으며, 그곳에서 공간 이론을 경험하였다. 도시-가로의 공간을 경험할 때 인체가 중심이 되며, 공간 경험은 모든 예술 공간창조의 **필요조건**Sine qua non이 된다. 몇몇 문장을 통해 엔델이 어떻게 공간 개념을 경험했는가를 알 수 있다.[15]

이미 인간 한 사람, 즉 움직이는 점 하나로도, 규칙적이며 대칭인 가로의 인상을 변화시키기에 충분하다. 그것은 인간 축human axis, 즉 비대칭적인a-symmetrical 축으로 받아들여진다. 빈 공간은 움직이는 신체에 의해 둘로 나누어진다.
가로의 평탄한 수평면 위에 서 있는 인체의 위치는 특히 투시도적 이미지를 강화시킨다. 따라서 인간의 공간적 위치를 어느 정도 명확히 나타낸다.

그림 119 아우구스트 엔델. 아뜰리에 엘비라의 계단, 뮌헨(1898)

인간은 자신의 신체로, 건축가나 화가가 공간이라고 부르는 것을 창조한다. 이 공간은 수학적 공간이나 인식론적 공간과는 전혀 다르다. 회화적 공간이나 건축적 공간은 음악이며 리듬이다. 왜냐하면 그 공간은 어떤 비례로써 확장에 대응하며, 반대로 인간을 해방시키기도 하고 둘러싸기도 하기 때문이다. 건축 공간인 가로는 그 자체가 비극적 산물이다. 공기와 빛이 가로를 수정하며, 움직이는 사람들은 가로를 새롭게 분할하며 경험하고 확장하며, 리드미컬하게 변화하는 공간적인 생활이라는 음악으로 가로를 채운다.
깊이depth라는 차원은 다른 두 차원과 다르게, 굽이치고 소용돌이침에 따라서만 거의 비슷하게 경험될 수 있다. 사람 대부분은 건축을 물질적인 자재, 입면이나 기둥, 장식 등이라 생각한다. 그러나 이것들은 부차적인 것이다. 본질적인 것은 형태가 아니라 그 반대인 공간이다. 그것은 벽에 의해 리드미컬하게 확장되는 공허void이며, 벽으로 한정된다. 공간과 방향성, 그 수단 등을 경험하는 사람들에게, 그리고 이러한 공허의 움직임이 음악으로 느껴지는 사람들에게는, 여태껏 거의 알려지지 않은 세계, 즉 건축가와 화가의 세계가 분명하게 드러나게 된다.

이렇게 엔델은, 베를라허가 할 수 있던 또는 했던 것 이상으로, 공간의 예술적 감각을 문장으로 표현하였다. 베를라허의 공간 개념은 벽으로 명확히 한정되는 구조적인 둘러쌈으로만 인식될 수 있었다. 그렇지만 엔델은 공허the void 그 자체의 미학적 감각, 즉 가장 추한 그리고 가장 평범한 구조라도 값비싼 보석으로 변형시킬 수 있는, 분위기를 변화시키는 특성을 밝혀냈다.
건축가 루돌프 M. 쉰들러Rudolph M. Schindler가 여러 차례 고찰하였고, 몇 해 후 《1912년 선언*Manifesto of 1912*》에 수록하였던 몇 가지 견해는, 엔델의 노선을 그대로 따르고 있었다. 그것은 공간 개념이 건축가들에게 얼마나 고귀한 것인가를 증명하고 있다.[16]

건축가는 마침내 자기 예술의 매체를 발견해냈다; 그것은 공간SPACE이다.
건축설계와 '공간SPACE' 그 자체와 관계는, 원자재와 원자재로 만들어내는 구획된 방의 관계와 같다.
새로운 건축 문제가 생겨났다. 그 초창기는, 항상 그렇듯, 기능적인 이점을 강조함으로써 보호되고 있다.

물질이 아니라 공간을 매체로 하면서 쇼펜하우어의 예술 위계 속에서 건축이 겪었던 수모는 이제 완전히 없어져버렸다. 헤겔이 '정신spirit'이라고 일반적으로 묘사하였던 이 마술적인 단어인 '공간'을, 이제는 더욱 구체화 시킬 수 있게 되었다. 그리고 젬퍼의 세 가지 발생 범주에 속했던 '원료raw material'도 새로운 매체로 대체될 수 있었다. 동시에 쉰들러는 베를라허가 설명하였던 더욱 방편적인 기능주의 공간미학을 거절하였다. 1911년 유럽에 잘 알려진 바스무트Wasmuth판 덕택으로 프랭크 로이트 라이트의 건축적 혁신이 유럽에 소개되자, 쉰들러의 상상력은 공간 개념이라는 순수한 예술적 표현으로 이끌리게 되었다.[17]

그 (라이트)는 캔틸레버의 대담성이나, 넓은 스팬이 갖는 자유로움 그리고 칸막이벽 표면을 형성하는 공간 등을 인식하고 있다.
공간의 새로운 기념성은 인간 정신의 무한한 힘을 상징할 것이다. 인간은 우주에 직면하여 격동한다.

바로 뒤이은 쉰들러의 건축 작품들은, 그가 라이트의 작품 속에서 발견해냈던, 초기의 시적 잠재력을 참으로 일관성 있게 표현하고 있다(그림 120).
이제 이 장의 끝으로 공간 개념에 대한 지오프리 스코트Geoffry Scott의 건축비평 한 양상을 소개하고자 한다. 1914년에 간행된 《휴머니즘의 건축*Architecture of Humanism*》[18]에서 건축을 빛과 그림자로 표현되는, **공간**spces과 **매스**masses, **선**lines들의 조합이라고 정의하였다. 건축예술은 주로 시각적 외관과 관련된다. 그리고 그 밖의 다른 요소들, 즉 구조나 역사, 사회 등은 이 외관에서 추론될 수 있으므로 이들은 분명히 부차적인 가치였다. 따라서 그는 모든 창조에 앞선 직관적인intuitive 세계관을 부정하였다. 스코트는 **감정이입**Empathy을 주장한 독일학파, 그중에서도 관찰자가 자기 자신의 신체적 감각에 따라 건축을 설명할 것을 주장한 립스의 이론에 동의하고 있다. 매우 흥미롭게도 그는 감정이입 현상을 **휴머니즘**Humanism, 즉 지각되는 대상물에 인간의 기능을 의인화된 이미지로 투영하는 본능적인 방법이라고 정의하였다. 그런데 원래 '휴머니즘 건축'은 앞서 언급한 세 가지 요소(공간, 매스, 선)의 힘을 대상물에서 관찰자로 되돌리는 것이었다. 이들 시각 요소들은, 스코트가 뵐플린에게서 인용했던 가설에 따르자면, 관찰자의 **기분**mode이나 **운동**movement을 바꿀 수 있었다. 스코트에 따르면 그것은 관찰자의 감정이입 투영이라기보다는 우리들의 시각적 감정을 지배하는 최종 현상에 지나지 않는다. 휴머니즘 건축은, 인간이 구축한 환경 속에서, 정신적으로나 육체적으로 인체와 이상적 관계, 즉 인체와 형태 사이에 대화를 가능케 하는 관계를 맺고 있었다. 세 가지 주요한 건축요소 중의 하나인 공간에 대해 그는 다음과 같이 말하였다.[19]

그림 120 R.M. 쉰들러·E.H. 볼프의 여름 주택, 아발론, 카탈리나 아일랜드(1928)

건축은 우리들이 서 있을 공간을 준다. 그리고 그 공간이 바로 건축예술의 중심이다. 그것은 공간의 독점권을 갖고 있다. 예술 중 건축만이 유일하게 공간에 참된 가치를 부여할 수 있다. 건축은 우리를 3차원의 공허void로 둘러쌀 수 있으며, 공간에서 얻어지는 모든 기쁨은 건축만이 줄 수 있는 선물이다. …. 건축은 직접 공간을 다루며, 건축은 재료 중의 하나로서 공간을 사용하며, 우리를 그 공간 한가운데 서게 한다.
공리주의자utilitarian의 관점에서 보더라도, 공간은 논리적으로 우리들의 목적이다. 공간을 둘러싸는 것이 건물의 목적이다.
건축가는 점토를 다루는 조각가처럼 공간을 다룬다. 그는 예술작품으로서 공간을 디자인한다. 즉, 건축가는 그 속에 들어가는 사람들에게 어떠한 감각을 자극하는 수단으로서 공간을 다루려고 한다. 그의 방법을 무엇일까? 다시 한번 운동movement에 호소한다. 사실 공간은 운동의 자유이다.

스코트는 공간 개념의 중요성을 미학적 경험으로, 그리고 건축창조의 주도적 동기로서 인식하였다. 공간은 선이나 매스 같은 다른 양상들보다도 뛰어난 기쁨의 원천이었다. 스코트는 설명 마지막에서 이 세 요소에 네 번째 요소인 **일치**Coherence를 한데 묶고 있다. 일치는 부분과 전체 사이의 질서 있는 관계로, 우리의 지적知的 요구를 만족시켜줄 뿐만 아니라 **양식**의 기초가 된다. 그렇지만 스코트는 기쁨의 주된 목적은 **일치**가 아니라 **공간**이라 하였다.
이제 공간은 우리들의 감정moods과 인체의 움직임에 앞서 눈의 움직임을 북돋아주는, 주된 힘으로 인식되고 있다. 특히 건축 공간은 실존하는 세 가지 방향으로 기쁘게 나아가는 창조적인 반응이었다.

3 표현주의와 미래파 I: 파우스트적 공간 개념

Expressionism and Futurism I: the faustian idea of space

표현주의와 미래파 운동은 1920년대에 일어났다. 이후에 과격한 기능주의자들은 어떤 의도에서, 건축 이론상 표현주의의 중요성을 모호하게 하려고 시도하였다. 유명 비평가였던 지그프리트 기디온Siegfried Gideon은 이 시기를 경멸하는 견해를 나타냈다. 그는 표현주의의 영향이 건축 발전에 별로 쓸모가 없었다[1]고 신랄하게 평가하였다. 기디온과 같은 편견을 지닌, 비평가들이 표현주의 건축을 경시하는 경향은 1960년대에 들어서서야 사라지기 시작하였다. 표현주의 운동에 대한 연구, 특히 비평가인 샤프Sharp와 펜트Pehnt의 평가에서, 기능주의 운동이 표현주의 감성에서 자연스럽게 발전되었다[2]는 사실이 밝혀지기에 이르렀다. 많은 경우 건축가는 자신의 설계과정 중에서 표현주의 경향과 기능주의 경향 사이에서 갈등을 겪는다. 사실 바우하우스 건축가 대부분이 활동 초기에는 표현주의 건축가였다. 실제로 **신즉물주의**Neue Sachlichkeit는 1923년경 표현주의와의 싸움에서 승리한 이후, 30년 이상이나 주도권을 쥐게 되었다. 그러나 표현주의 경향이 일반적으로 경시되었음에도 불구하고 표현주의는 그대로 살아 있었다. 그 실례로 건축가 후고 헤링Hugo Häring의 철학을 들 수 있는데, 그의 **유기적 공간**Organic space에 대한 표현주의 개념은, **기하학적 공간**Geometric space에 대한 르 코르뷔지에의 기능주의 개념과 완전히 대립되었다. 그리고 이는 1928년 제1회 CIAM 회의에서 르 코르뷔지에의 우세 속에서 무자비하게 논박되었다. 그러나 20년 후에 르 코르뷔지에는 초유기적인supra-organic 롱샹 성당을 세우면서, 후고 헤링의 시각이 옳았다는 사실을 더 이상 반박할 수 없을 만큼 확인시키고 말았다.

표현주의자에서 기능주의자로 극적으로 전향한 다른 예는 바로 건축가 브루노 타우트Bruno Taut일 것이다. 의심할 여지없이 그는 1917년 이래로 독일 표현주의 운동의 정신적 지도자로 여겨졌다. 그러나 1923년경 표현주의의 패배 이후, 아무런 주저함도 없이 즉각 급진적인 기능주의자 편으로 넘어갔다.

초기 근대 건축가 사이에서 나타난 표현주의에 대한 관심은, 1914년 이전의 베를라허나 쉰들러의 개념에서 공간 개념을 더욱 발전시켜나가는 데 방해가 되었다. 이들의 표현주의 관심은, 표현주의 공간 개념의 전형적인 배경을 추적해보면 간단히 파악될 수 있다. 이 전형적인 표현주의적 공간 개념을, 문화 철학자인 오스발트 슈펭글러Oswald Spengler의 정의에 따라, 파우스트적Faustian 공간 개념이라고 부를 수 있다.

무엇보다 먼저 표현주의는 인간의 비합리적irrational 감정에 집착한 운동이었다. 이는 객관적 철학과 시간과 공간의 정적static 개념을 외면하였다. 건축가 한스 푈치히Hans Poelzig는 "오직 예술적인 것만이 진실이며 … 냉철하게 계산된 목적을 지닌 형태는 예술 형태일 수 없다."[3]라고 하였다(그림 121). 칸트의 전통을 따르는 추상적이고 객관적인 사고방식은, 새로운 철학적 사고방식에 길을 내주기 위해 완전히 파기되었다. 그 새로운 사고방식이란 '실존적이며 주관적 사고existing and subjective thinker'라는 새로운 개념을 만든 19세기 초의 철학자 쇠렌 키에르케고르Sören Kierkegaar의 경향을 따르고 있었다. 키에르케고르는 지적 개념intellectual idea이, 살아 있는 실존에게는 사실 낯선 것이라고 생각하였다.[4] 공간 개념은 전통적으로 객관적인 이성의 세계에 속해 있었다. 그러므로 공간에 대한 관념적인 세계는 그 성격상, 주관적인 시각과는 적대적이었다. 이는 시간과 공간 개념이 왜 무시되었는가를 설명해준다.[5] 건축철학은 더 이상, 잘 균형 잡힌 19세기 체제에 따라 구성될 수 없었으며, 이제는 팸플릿이나 선언문에 감싸이게 되었다. 선언문은 한층 뛰어난par exellence 감정의 외침이 되어, 프롤레타리아 대중에게 그들이 피난처를 구할 수 있는 유토피아 세계를 약속하였다. 그럼에도 불구하고 새로운 공간 개념은 표현주의 운동 속에서 태어났다. 그것은 냉철한 이성을 목적으로 한 것이 아니라, 무형적이며 감정적인 관념, 즉 조각가 핀스털린Finsterlin이 생각했듯이 공간의 감각a sense of space이거나, 미래파 시인 마리네티Marinetti가 믿었던 공간의 심취酩酊 : 명정 a drunkeness of space가 목적이었다.

그림 121 H. 푈치히. 급수탑 계획안(1910년경)

과학에 앞서 감정이 더욱 중요함은 19세기 초에 쇼펜하우어가 처음으로 지적하였다. 그는 과학을 모든 문화 표현의 가장 낮은 단계로 보았다. 예술은 과학 위에 서며, 성인聖人sainthood 반열로 이르는 디딤판이었다. 의심할 바 없이, 쇼펜하우어로 기운 북돋은 표현주의 건축가들은 자신을 성인saints으로 여겼으며, 또한 그로피우스가 그랬듯이, '**예술의 영주**Lord of Art'로 치부하였다.[6] 표현주의 건축가들은 자신의 신성한 **구세주적 사명**Messianic mission을 믿었다. 즉, 건축가는 대중을 새로운 행복의 세계로 이끄는 최고의 선도자라 생각하였다. 예를 들어 타우트는 자신을 'Weltbaumeister(세계 건설자)'로 생각하였으며, 푈치히에 따르면, 건축은 모든 예술 중에서도 'ars magna(최고 예술)'이었다.[7] 물론 니체 같은 사람이 퍼트렸던 초인 숭배가, 건축가가 그들 자신을 그와 같은 바보스러운 대좌 위에 올려놓게 된 큰 요인이었다.

이성Reason은, 숭배하던 **감성**emotion 개념과 대립된다고 생각하였다. 이 감성과의 대립은 니체의 아폴론적 예술과 디오니소스적 예술[8]이라는 대립원리에 기초하고 있다. 불행하게도 독일인의 민족적 우월감, 즉 국가사회주의national-socialism를 예고하는 문화적 전염병이 그 구실을 잘 해내기 시작하였다. 아폴론적인 것은 고전적인 이성의 거부를 의미하였고, 반면에 디오니소스적인 것은 북구적Nordic 또는 독일적 감성으로 표현되었다. 참된 예술은 디오니소스적인 것이며, 황홀경이나 무아의 경지로 빠져드는, 순간적인 영감이나 번뜩이는 시각을 그 과정으로 한다. 표현주의 건축가들 중에서도 가장 과묵하였던 그로피우스조차도 '감정은 형태의 근원'[9]이라고 하였다. 에리히 멘델존Erich Mendelsohn은 바흐 심포니의 선율을 들으면서 강한 영감이 떠오르는 순간을 위해 제도판 위에서 황홀경에 잠기곤 하였다. 한때 네덜란드 표현주의 건축가였던 베이데벨트H.Th. Wijdeveld는 동료 건축가들에게 다음과 같이 충고하고 있다.[10]

당신의 눈을 감고, 창조하려는 충동을 주위로 펼치시오. 그리고 당신 내부의 움직임에 따라 공간을 형성하시오.

표현주의 운동의 또 다른 충동의 특징은 **의인화된 공명**anthropomorphic sympathy, 즉 건축 매스에 인간의 상징을 투영하는 것이었다. 표현주의 건축작품에서 가끔 인체 기관들을 인식할 수 있으며, 때로는 문자 그대로 성적 상징인 남근(아인슈타인 타워, 그림 122)이나 음문(브루노 타우트의 **알프스건축**Alpiner Architektur 드로잉, 그림 123 또는 베이데벨트의 암스텔담 **폰델파크**Vondelpark 계획안, 그림 124)을 보게 된다. 이러한 공명은 온건하나 지속적으로 변환의 세계를 불러일으킨다. 그리고 그 같은 언어는 아르누보로부터 직접 나왔다. 아르누보 운동을 이끈 건축가 중의 한 사람인 앙리 반 데 벨데는, 1914년의 멘델존의 드로잉(그림 125, 그림 126)에서 쉽게 파악할 수 있듯이, 젊은 멘델존을 자기 제자로 여겼다. 또한 가장 극적이며 진기한 인간적 특징을 루돌프 슈타이너Rudolph Steiner의 이론에서 발견할 수 있다. 그는 의인화 이론의 새로운 분파를 이끈 정신적 지도자였다. 즉, 슈타이너는 신지주의神知主義 theosophism라는 독립된 일파를 지지하였으며, 도르나흐의 첫 **괴테아눔**Goethranum 설계에 수반된 건축 이론을 만들어냈다(그림 127).[11] 이러한 의인화 이론은

그림 122 E. 멘델존. 아인슈타인 타워, 포츠담(1919-1920)

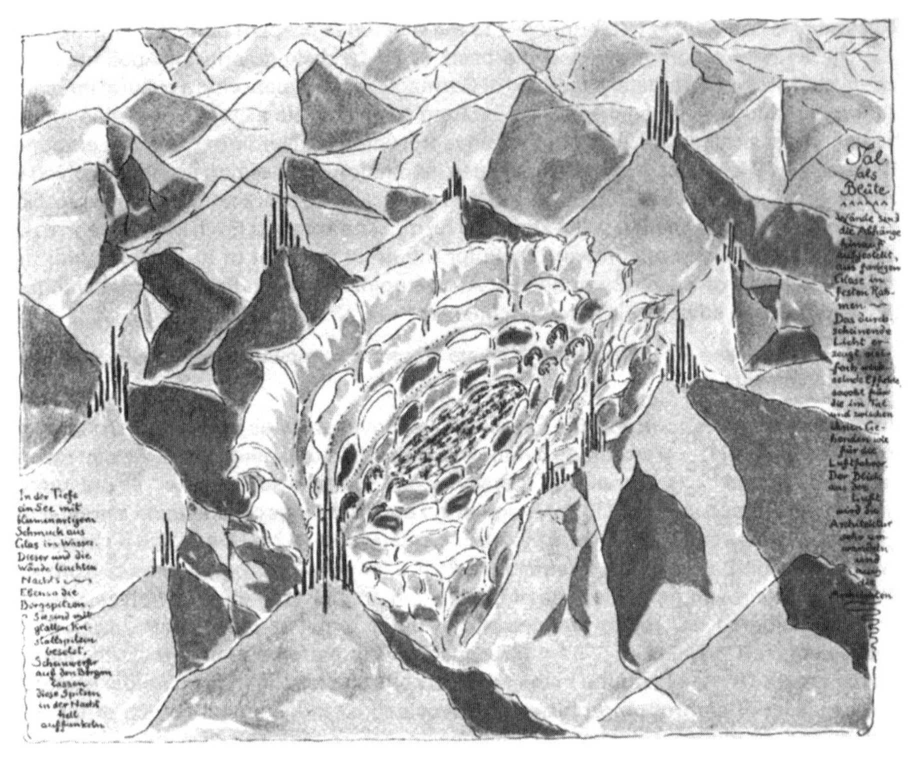

그림 123 브루노 타우트. '꽃 같은 계곡' 이미지 드로잉, 알프스 건축(1919)

그림 124 H.Th. 베이데벨트, 인민극장 계획안, 폰델파크, 암스테르담(1919), 투시도

그림 125 앙리 반 데 벨데, 쾰른 공작연맹 전시회 극장(1914), 정면 전경

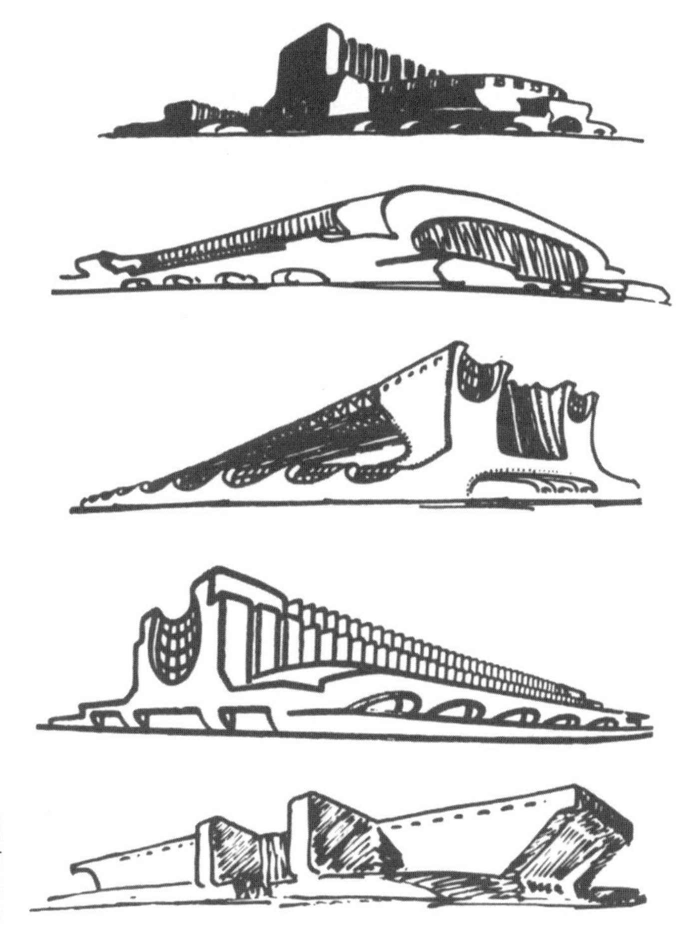

그림 126 E. 멘델존, 대형 공공건축물 계획안: 영화제작소, 철도역, 자동차공장, 물류창고, 백화점(1914)

그림 127 루돌프 슈타이너, 괴테아눔, 도르나흐(1914), 측면 전경

변태變態 metamorphosis의 개념을 보이고 있다. 즉, 실제로 건물은 살아 있는 유기체가 되었으며, 슈타이너의 괴테아눔조차도 혼이 불어넣어져 있다고 믿었다.

표현주의 운동에서 유기적 형태organic forms라는 관능적인 형상과 각이 진 다면 **결정체** crystalline를, 다함께 예술적으로 더욱 선호한 것은 가장 기묘한 융합이었다(그림 128). 수정체solid crystals는 이 세계의 우주적 상징으로 여겨졌다. 각지고 빛나는 형상들은 육면체, 원추, 피라미드 등등의 단순 기하학을 의식적으로 해체한 결과였다. 선견지명 있던 건축가인 헤르만 핀스털린Herman Finsterlin은, 이렇게 세분된 기하학적 성격은 제2건축시대에 해당된다고 생각하였고, 제3의 건축 시기이자 미래 시대에는 생물발생학적 유기체biogenetic organisms인 살아 있는 건축으로 구체화된다고 내다보았다.

그림 128 막스 타우트. 유리 건축, 프뤼흘리히트(1920)

표현주의의 여섯 번째 특징은 **유토피아적**Utopian 경향이었다. 이는 제1차 세계대전을 전후로 도시화된 유럽에서, 절망적인 상태를 극복하고 더 좋은 사회를 만드는 기념비적인 계획들이 많이 제안되었기 때문이다. 이러한 계획들은 베를린의 브리츠Britz 지구나 남부 암스테르담Amsterdam-South과 같이 공업화된 도시가 교외로 확장되어 나가는 데 직접 영향을 주었다.

표현주의 건축가들은 구제불능의 **낭만주의자**romantics였다. 그들은 쉐플러 같은 이론가들이 거리낌 없이 부활시켰던 '고딕정신Gothic Spirit'을 동경하였다. 그들은 대성당에서 예술의 절대적 통일을 발견해냈다(그림 129). 대성당은 **종합예술**Gesamtkunstwerk의 최고 실례가 되었으며, 그 종합예술 속에서 건축이 물론 주도권을 잡아야 했다. 건축가는 '미래의 대성당'을 통해, 프롤레타리아 대중들에게 어떻게 더 나은 세계로 그들을 인도해나갈지를 제

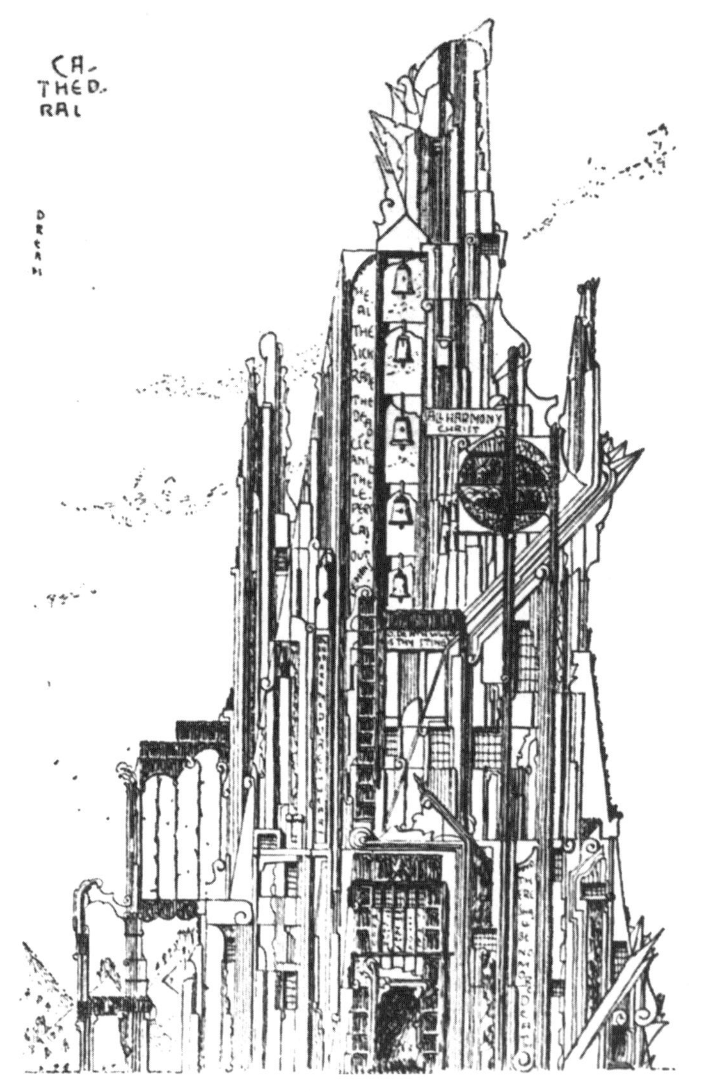

그림 129 카를 크라일. '대성당', 프뤼흘리히트(1921-1922)

안하려 했다. 이러한 사회적 소임은 이른바 '예술 노동평의회Arbeitsrat für Kunst'가 만든 팸플릿 속에 제시되어 있다. 고딕정신은 전형적으로 북유럽의 공헌이라고 많은 독일 이론가들이 잘못 주장해왔으며, 쉐플러나 슈펭글러 같은 문화 철학자도 대성당을 알프스 이북의 순수한 공간 개념을 최종적으로 구체화한 것으로 보았다.

이런 상황 속에서 발터 그로피우스Walter Gropius가 바우하우스를 구성한 것은 논리적이었으며, 이는 마치 근대 배경 속의 프리메이슨 건축 집회소 같았다.

표현주의 건축은 완전히 **기념비적**monumental이었다. 표현주의 건축가가 건축을 구성하는 **파르티**partie*는 보통 구심적이고 지배적인 탑 형상 매스였다. 이러한 요소는 가끔 남근이나 파인애플(그림 130, 131) 또는 돔dome 형상을 띠고 있으며, 때로는 바빌론 지구라트의 단형 테라스 형상을 보이기도 하였다. 또한 모든 종교 건물들은 거의 상상 속의 산이나 아득한 평원에 위치하고 있다. 따라서 모든 경관이 건축가의 환상의 주제가 되었다. 1909년 환상적이며 별난 건축가였던, 오토 코흐츠Otto kohtz(그림 132)는, 어린이가 모래밭에서 놀이하듯이, 인간이 산에서 놀게 될 시대를 기대하고 있었다.[12]

히말라야와 같은 드높은 예술작품을 창조하기 위해, 암석을 금속처럼, 숲과 들을 보석처럼, 빙하를 진주처럼, 물을 수정처럼 다루어야 한다.

코흐츠가 여기서 그려낸 디자인 과정은 명확히 외부에서 내부로이며, 지표면 위에 형상을 만들어내었다. 1919년에 브루노 타우트는 〈알프스 건축*Alpiner Architektur*〉을 발간하였다. 그것은 코흐츠나 쉐어바트Scheerbart가 의중에 품고 있던 이미지를 더욱 발전시킨 것이었다. 타우트는 '지구에 대한 사랑, 우리 속에 있는 지구의 이미지'를 표현해야만 한다'[13]고 주장하였다. 이와 같은 주장은 표현주의 건축가들이 건축 형태의 근원인 내부 공간으로부터 얼마나 멀리 떨어져 있었는가를 보여주었다.
이제까지 표현주의 건축의 전체 윤곽을 살펴볼 때 우리는 다음과 같이 결론지을 수 있다. 즉, 표현주의 건축은 비합리적, 구세주적, 감상적, 의인화적, 결정체적, 유토피아적 및 낭만적이며 기념비적인 성격을 지닌 복잡한 혼합물을 갈구하였다고 할 수 있다. 이것은 공간 개념의 발전이 혼돈에 빠져버린 배경을 나타낸다.
알프스 북쪽 표현주의 운동의 상대자로서, 이탈리아의 **미래파 운동**Futurist Movement에 일어난 유사한 상황에 초점을 맞춰볼 필요가 있다. 북유럽의 경우와 마찬가지로 이 세속적인 미래파 운동도 공간 개념을 의식적으로 발전시킨 뚜렷한 징후는 보이지 않는다. 그럼에도 불구하고 미래파 운동의 정신적 대부였던 **마리네티**Marinetti의 글들을 살펴보면, 니체와

---

* 파르티는 건축설계의 기본 구상이나 기본 개념을 의미한다.

그림 130 A. 가우디. 구엘 공원 입구 파빌리온, 바르셀로나(1900-1914): 파인애플 모티브

그림 131 H. 샤로운. '인민의 집Volkshaus', 프뤼흘리히트(1920)

그림 132 오토 코흐츠 '환상Gedanken'(1909)

일치하는 디오니소스적 개념을 띤 특징들을 모두 갖고 있는, 분명한 공간감각을 발견해낼 수 있다. 마리네티는 인간을 둘러싼 무한한 공간을 인간이 정복할 수 있게 하는 자유스러운 이동수단, 즉 '공간 속으로의 명정酩酊 drunken with space'에 대한 그의 사랑을 이야기하였다.[14]

나는 당신의 쇠사슬을 느슨하게 하여, 명정 속에서, 해방된 무한 속으로 당신을 떠나보낸다.

그의 미래파 선언Futurist Manifesto은 근대의 역동성dynamism을 지지하며, 과거의 정적인 시간과 공간 개념과의 결별을 시적詩的으로 시도하였다.[15]

시간과 공간은 어제 죽었다. 우리들은 이미 절대성 속에서 살고 있다. 왜냐하면 우리들은 이미 영원한 그리고 도처에 존재하는 속도velocity를 만들어냈기 때문이다.

속도speed와 역학dynamics에 대한 이러한 시적 감정은, 산텔리아Sant'Elia의 건축에 대한 시각에서도 똑같이 경험할 수 있다. 그의 **미래파 건축선언**Manifesto of Futurist architecture은 미래파의 역동성을 더욱 목적 있는 의도와 결부시키고 있다. 그의 혁신적인 드로잉에서 속도와 앞으로 다가올 자동차 시대의 단편들을 느낄 수 있다. 이 연구의 주제인 공간 개념에 대한 산텔리아의 명확한 해석을 그가 남긴 글속에서는 살펴볼 수 없다. 그러므로 그의 드로잉이야말로 유일하게 미래파들의 공간 감각을 가장 웅변적으로 보여주는 증거이다(그림 133).

그림 133 안토니오 산텔리아. '새로운 도시'(1914), 상상도, 코모 시립박물관 소장

유럽에서 눈여겨볼 표현주의 건축의 선구자는 작가인 파울 쉐어바트Paul Scheerbart였다. 1914년에 나온 그의 《유리건축*Glass Architecture*》은, 진부한 석조건축을 폐지하고 그 대신 유리로 모든 건물들을 만드는 새로운 미래를 제안하였다. 이러한 이상향은 종종 표현주의 건축가들이 유리나 수정체를 선호하였다는 판단이 내려지는 주요 근원으로 여겨졌다. 사실 재료로서의 유리는, 그 성질이 투명하여 인간의 시계視界를 무한으로 확장시키며, 개방적이고 해방된 사회의 이미지를 이상적으로 뒷받침하였다. 그러나 쉐어바트의 글 속에서는 이러한 재료인 유리와 새로운 공간 개념을 연결시키는 어떤 것도 찾아볼 수 없다. 유일한 실마리가 있다면 《유리건축》의 첫 문단일 것이다.[16]

우리는 대부분 닫힌 방에서 살고 있다. 닫힌 방들은 우리 문화가 성장하는 환경을 형성하고 있다. 우리의 문화란 어느 정도는 건축의 산물이다. 만일 우리 문화를 좀 더 높은 수준으로 끌어올리려 한다면, 좋건 나쁘건 간에 건축을 변화시켜야만 한다. 그리고 우리가 살고 있는 방에서 폐쇄적인 성격을 추방시켜야만 이 변화가 가능하다. 유리 건축을 도입해야만 이것이 가능하게 된다. ….

쉐어바트는 결정체적 추상에 대한 충동을 강하게 주장하였는데, 이는 이 장의 앞에서 언급했던 유기적이며 의인화된 형태의 충동과는 반대되는 것이었다. 분명히 1908년에 나타난 보링거의 주요한 논문 〈추상과 감정이입*Abstraction and Empathy*〉을 읽은 후에, 쉐어바트는 모든 유기체의 움직임은 비건축적이라고 비난하였으며, 공간을 지지하며 그러한 상징들을 제거하려 하였다.[17]

건축이 공간 예술인 반면에, 형상 표현figure-representation은 공간 예술이 아니며, 건축에 속할 여지도 없다. 동물이나 인간의 몸은 운동하기에 알맞게 만들어졌다. 건축은 운동하기 위해 만들어지지 않았으며 그러므로 형태적인 구성과 장식에만 관계된다.

그러나 쉐어바트의 경고에도 불구하고, 표현주의 건축은 결정체적인 형태는 물론 의인화된 형태도 수용하였다. 같은 해인 1914년에 건축가이자 개혁가였던 루돌프 슈타이너는 도르나흐에 건립한 최초의 괴테아눔을 설명하려고 수차례 강연회를 개최하였다. 추상을 지향하는 쉐어바트의 태도와는 대조적으로, 슈타이너는 인간의 성격으로 건물을 의인화하는 것을 옹호하였다.[18]

공간 개념을 솔직하게 다룬 표현주의 운동 최초의 진지한 연구는 오스발트 슈펭글러Oswald Spengler가 1918년에 간행한 《서양의 몰락*Decline of the West*》이었다.[19] 서양 문화의 공간 개념에 대한 이 논문은 20세기 초반에 가장 영향력 있는 논문 중의 하나가 되었다. 슈펭글러는 공간 개념을, 건축 창조나 다른 예술의 주요 요소로 여겼을 뿐만 아니라, 서양 문화 전체를 포괄적으로 분석하는 데로 확장하였다.

문화와 철학에 대한 슈펭글러의 태도는 인간 생애life-bound에 기초하고 있으며, 그가 솔직히 인정한 바와 같이, 괴테나 니체라는 위대한 지성들에게 영향을 받았다. 슈펭글러는 한 쌍의 개념을 이용하여 자신의 이론을 형성하였다. 첫째로 그는 **인과관계**casuality 원리를 설정하였다. 그것은 일반적으로 자연현상이나 과학, 인간존재의 발전에서 보이는 직선적인 진보를 의미하였다. 이러한 인과관계의 원리에 반하여, 그는 **운명**destiny이라는 서로 어긋나는 원리를 또한 설정하였다. 그것은 문화 그 자체의 역사 질서에 내재된 비극적인 힘이었다. 슈펭글러에게 문화는 살아 있는 생명체였다. 문화는 수명이 제한되어, 문화는 생성되고 자라며 번창하고, 성숙하며 결국에는 죽는다. 슈펭글러는 괴테에 대응하여 칸트Kant를 내세웠다. 칸트는 정신mind의 순수한 직관을 최초로 의인화한 추상적인 사상가였다. 반면에 괴테는 실제 인간을 다루었으며 생애 그 자체를 의인화하였다. 칸트는 존재의 철학philosophy of being을 지지하였으며, 괴테는 생성의 철학philosophy of becoming을 견지하였다. 살아 있는 자연에서는 '**생성하는 것**thing becoming'이라 여겼기 때문이다. 이 두 사상가는 슈펭글러의 안티테제로서 나타나며 이는 부분적으로 니체에게서 빌은 것이었다. 한편으로 그는 더욱 정적이며 기하학적인 것 또는 고전 문화Classical culture의 아폴론적 '세계 감정world feeling'을 구별하였고, 또 다른 한편으로는 역동적이며 서양 문화Western culture의 파우스트적 '세계 감정'을 언급하였다. 그리고 이 양쪽 문화의 저류로 흐르는 원리는 특정한 공간 개념이었다.[20]

모든 위대한 문화에 공통된 방법은—영혼이 알고 있는 그 자체를 현실화하는 데 유일한 길로서—확장이나 공간이나 사물의 상징화이며, 우리는 절대적인 공간 개념으로 이를 발견해낸다.

그 절대적인 공간 개념은 뉴턴의 물리학이나 고딕 성당의 내부, 무어풍의 회교사원, 렘브란트 그림의 무한한 분위기와 그리고 베토벤 4중주의 음울한 색조 등에 충만해 있다. ….
서양의, 즉 고딕의 형태적 감정은 순수하며, 감지하기 어려운 무한의 공간이다. …. 우리의(서양의) 무한한 공간이라는 우주는, … 단순히 고전적인 인간을 위해서만 존재하지 않는다. ….
모든 문화는 그 속에서 또는 그를 통해 자체를 현실화하려고 노력했던 확장이나 공간과 심오하게 상징적이며 거의 신비적인 관계를 이루고 있다.

유기적 의인화론과 결정체적 기하학 사이의 갈등인 표현주의 공간의 상충을, 슈펭글러는 세밀히 분석하였다. 그는 (인과관계 원리에 속하는) 체계적이고 기하학적인 것과 (운명의 원리에 속하는) 인상학적physiognomic이며 유기적인 것들을 구분하였다. 따라서 괴테에 반대하여 인과관계의 원리를 인격화한 다윈Darwin을 내세웠다.[21]

세계the World를 이해하는 모든 방식은 그 최종 분석에 이르러는 형태론morphology이 될 것이다. 기계적이며 확장된 형태론, 즉 자연을 발견하고 체계화하는 과학(법칙과 인과관계)은 조직적이다. 역사나 삶 그리고 방향이나 운명의 징후를 갖고 있는 모든 것의 유기적 형태론은 인상학적이라 할 수 있다.

공간이 모든 실체를 경험하는 데 기초가 되는 선험적인a priori 직관이라는 칸트의 개념을 슈펭글러가 받아들였다. 그러나 슈펭글러는 이러한 개념을 정적인 개념에서 동적이며 파우스트적인 것으로 변환하였다. 슈펭글러에 따르면 공간은, 생명 그 자체의 가장 기본적이며 힘찬 상징의 표현이었다.
이렇게 해서 공간 개념은 인간 표현의 주제가 되었다. 공간 개념은 객관적인 과학에서 주관적인 예술의 영역으로 발전되었다. 브링크만의 세 가지 개념과 다소 유사하게, 슈펭글러는 인류의 예술 세계를 세 가지 공간 개념으로 정리하였다. 그 세 가지 공간 개념 모두 20년 전에 리글이 제시하였던 예술의지를 되풀이한 것이었다. 슈펭글러는 세 가지 공간 개념을, 기본이 되는 3대 세계 문화, 즉 고전적The Classical, 아라비아적The Arabic 그리고 서양적The Western 문화와 연관시켰다.[22]

고전적 세계관은 가깝고 엄격히 한정된 자기만족적인 실체이며, 서양적인 것은 무한히 넓고 무한히 깊은 3차원의 공간이며, 아라비아적인 것은 동굴과 같은 세계이다.

고전적인 공간 개념, 즉 물질적인 매스 개념에 대립하여, 서양적인 파우스트적 영혼이 존재하며 그 주요한 상징은 순수하며 무한한 공간이었다. 이들 사이에 속이 빈 오목한 공간, 즉 슈펭글러가 마기적Magian*이라고 부른 아라비아의 개념이 위치한다. 슈펭글러는 모든 고전적인 건물Classiccal buildings은 외부부터 디자인되었으며, 모든 서양적인 건물은 내부부터 디자인되었고, 아라비아적 건축은 비록 내부에서 시작되었지만 그 내부에 멈춰 있는 것으로 생각하였다.
그와 같은 단순한 관점은 공격받기 쉽다. 그러나 그것이 우리의 관심사는 아니다. 공간 개념이 예술적 표현의 핵심이라고 느낀 것이 중요하다. 이러한 신념은, 리글이 공간을 인간 영혼의 내적 의지라고 느꼈던 것과 같은 세기로, 파우스트적 영혼의 공간경험을 표현한 것이었다. 이러한 사실은 서양문화에서 공간이 조형적인 매스를 정복했음을 의미하였다.[23]

공간은 우세한 표현을 얻었다. …. 음악이 조형에게 승리하고, 확장의 열망이 그 본질을 넘어선 곳은 수평선에서다.

슈펭글러의 목적은 과학, 수학, 물리학, 예술, 종교 등 모든 문화 현상들을 포괄하는 것이며, 이들의 공간 개념을 표현하려는 파우스트적 내부 의지와 관련하여 이 모든 분야를 이해하려는 것이었다. 물리학의 당대 최신 이론인 상대성 이론이 같은 시기에 공식화되었으며, 이는 절대 공간 개념을 파괴시켰고, 슈펭글러에게는 파우스트적 공간 개념의 가장 웅변적인 실례가 되었다.

---

* 독일어 마기Magie에서 유래하였으며, 마술이나 마법을 의미한다. 마기적 세계는 마술적 세계로도 번역할 수 있다.

4 표현주의 II: 유기적 공간과 기하학적 공간

Expressionism II: organic and geometric space

표현주의 운동은 공간 개념에 반대하였다고 이따금 여겨졌다. 실제로 개념으로서의 공간이 표현주의 건축가들 사이에서 예술적 논쟁의 주요 주제는 아니었다. 그러나 슈펭글러는 분명히 파우스트적 공간 개념의 표현을 건축 매스의 표현보다 우위에 두고 있었다. 표현주의 시대를 통틀어 건축가의 이론이나 언급들을 더욱 많이 살펴보는 것이 우리의 관심사이다. 이러한 이론이나 언급들은 슈펭글러 방식의 공간 개념과 어떻게든 연관 맺고 있기 때문이다.

표현주의 건축가들 중에서 가장 성공한 사람은 분명히 에리히 멘델존Erich Mendelsohn이었다. 제1차 세계대전 중에 그가 쓴 초기의 글들을 보면, 공간을 가장 구체적으로 표현하는 것이 건축이라고 정의하고 있다.[1]

건축은 인간정신으로 가능한 공간의 유일한 유형적인 표현이다. 건축은 공간을 장악하고 공간을 에워싸며 또한 공간 그 자체이다. 인간의 개념을 초월하는, 보편적 공간의 3차원을 벗어난 무한 속에서, 건축은 공간의 한계를 설정하며, 우리에게 방이나 부피의 개념을 주게 된다.

그는 건축의 근원적인 갈등, 즉 내부 벽과 외부 벽 사이의 불일치를 아주 잘 알고 있었다. 겉보기에 건물은 보편적 공간과 관련하여 물리적으로 견실한 실체로서 구실을 다하고 있다. 내부 벽은 둘러싸인 공간의 영역을 한정하고, 무게중심을 결정한다. 물리적 매스에 대해 어떤 말을 하던 간에, 멘델존에게 공간 개념은 건축 표현의 최종 주제로 남아 있다.[2]

'건축 구성 공간의 독특한 성질은 그 효과의 독특한 특성을 좌우한다. 최종 완성된 표현은 장식이나 마감과는 관계가 없다. 물질적인 매체에 결속된 공간의 성질은 결코 그 타고난 가치가 감소되지 않음을 의미한다.….'

초기의 어느 강연에서 멘델존은 표현주의 운동을 세 부류의 건축가들이 이끌고 있다고 결론지었다. 그 첫째는 유리 세계glass world의 추종자들로서, 실질적이며 공간적인 것보다는 상징적이며 이상적인 경험을 중요시하는 결정체crystalline를 추구하는 상징주의자들이다. 둘째는 공간 분석자analysts of space들로서, 추상적 공간을 지적知的으로 표현하는 건축을 실현하려는 사람들이다. 셋째는 형태를 추구하는 사람들로서, 재료나 구조의 필요성에서 출발하려는 사람들이다. 이 셋째 범주에 속하는 건축가들은 탄성 있는 새로운 재료인, 철과 콘크리트를 새로운 유기적 형상의 기원으로 생각하고 있었다(그림 134).[3]
1923년 표현주의 운동이 사실상 끝났을 때, 멘델존은 앞의 첫째 부류에서 이탈하게 되었다. '역동성과 기능Dynamik und Funktion'이란 강연에서, 물질과 공간이라는 양극으로 나머지 두 부류를 도입하였다.[4] 그에게 기능Function은 어떤 목적을 지닌 요구에 따르는 공간적 형태를 의미하였으며, 치밀하게 프로그램 가능한 분석으로 생겨나는 평면과 입면의 올바른 관계를 의미하였다. 기능을 공간으로 표현함은 지성the intellect의 일이었다. 또한 멘델존에게 역동성dynamic은 물질 중에 존재하는 힘forces의 운동을 논리적으로 표현하는 것이었다. 그것은 실제 기계적 운동 그 자체가 아니라 기계적 운동을 표현하는 것이었다. 모든 형상은 에너지를 표현한다. 사실 매스는 에너지와 같다. 건축가는 건축 매스 내부의 이러한 운동의 힘을 외부로 분명히 나타내야 하며, 건축적 매스 주변이나 그것을 통과하는 사람들의 실제 운동 그 자체를 합리화시켜야 한다.

그림 134 E. 멘델존, 아인슈타인 타워, 포츠담(1919-1921), 측벽 상세

멘델존은 건축가가 공간을 창조하는 즐거움은 이들 두 힘을 분리될 수 없는 통합체 하나로 만들 때 나온다고 하였다. 1920년대 초반에 일어난 네덜란드의 두 운동, 즉 암스테르담 표현주의와 로테르담 기능주의에 대한 그의 유명한 비평은, 그가 주장하는 이론의 완벽한 예시가 되었다(그림 135, 그림 136). 그는 이 두 유파들이 가까운 장래에 조화를 이루어야 한다고 강력히 주장하였다.[5]

그림 135 M. 데 클레르크, 에이헨 하르트, 집합 주거, 헴브루흐스트라트, 암스테르담(1917): 암스테르담파

그림 136 M. 브링크만·L.C. 판 데어 블뤼흐트, N.V. 판 넬러 연초공장, 로테르담(1926-1930) 옥탑 파빌리온 상세: 로테르담파

멘델존이 건축가로서의 경력이 최고 절정에 다다랐을 무렵인 1930년의 어느 강연에서,[6] 역동성과 기능이라는 두 개념을 통합시켰다(그림 137). 그러나 그의 말년으로 갈수록 기능의 중요성은 약화되어간 듯하다. 그의 마지막 강연 중의 하나인 '건축의 세 가지 차원 The Three Dimensions of Architecture'에서, 건축의 본질을 구조의 역사적 발전에서 거의 완전하게 추론하였다. 건축이 기능을 공간적으로 표현한 것이라는 멘델존의 초기 인식은, 물질의 구조적 질서를 위해 자리를 내주었다.[7]

그림 137 에리히 멘델존. 드 라 와 파빌리온, 벡스힐, 영국(1933-1934) 계단실 발코니: 역동성과 기능의 이중 개념

그러므로 구조 요소는 암석이다. 영구적인 물질이며, 건축을 지적으로 만드는 구성요소로서, 그 개념을 표출하고 그 개념의 중요성이 평가될 수 있는 기초를 결정한다.

멘델존은 모든 건축 형태가 세 가지 범주로 분류될 수 있다고 믿었다. 이 세 가지 범주란, 고전 건축Classical architecture처럼 정적이며 합리적인 구조물, 고딕건축같이 동적이며 감성적인 구조물 그리고 새로운 시대의 탄성 있고 생명력 있는 구조물을 말한다. 한편 이러한 분류가 다른 표현주의 건축가인 핀스털린Finsterlin과 헤링Häring의 분류와 거의 유사함은 매우 주목할 만하다.

헤링과 마찬가지로 멘델존도 공간 개념을 지적知的 개념으로 생각하였다. 그러므로 그는 공간-시간 그리고 4차원을 합리적인 개념으로 여겼다. 1953년 회고록에서 그는 다음과 같이 결론지었다.[8]

더욱이 네덜란드 '드 스테일De Stijl'그룹의 분석적 구성과 함께 쏟아진 수많은 슬로건과 의미론으로 강화되고, 또한 독일 바우하우스의 추상적이며 응용된 실험들과 일시적이나마 회화예술의 단계 그리고 최후로 4차원 건축의 의사과학적擬似科学的 pseudo-scientific 도입(즉, 시간-공간의 개념은 실제로 수학으로만 파악된다) 등으로 강화되면서, 합리주의rationalism는 마치 운명이나 지성과도 같이, 현대 건축의 창조적 원천으로 선언되었다. 이것은 과학적·예술적 창조가 인간의 지성에 의해서만 지배되듯이, 적어도 그와 같은 정도로, 자연 현상 속에 내재되어 있는 유기적 진리를 순간적으로 지각하여 마음속에 그려낼 수 있었다.

멘델존은 처음에는 공간 개념을 형태로 표현하는 주도자였으나, 점차 그로부터 멀어지게 되었다. 왜냐하면 그는 공간 개념이 건축 형태를 창조해내는 데 충분치 못하다고 믿었기 때문이다. 인간도 역시 지면을 딛고 사는 존재이므로, 인간의 감각도 의인화된 형태를 받아들이기 때문이다. 멘델존에게 진리는 유기적인 현상을 지각함에 있었지, 공간 개념과 같이 선험적인 지적 개념 속에 있지는 않았다.

공간 개념에 대해 놀랄 만큼 침묵을 지켰던 건축가는 브루노 타우트Bruno Taut였다. 의심할 바 없이 타우트는 표현주의 운동의 가장 활동적인 선전가였다. 이제까지 어느 누구도 타우트처럼 다양한 감정들을 일관된 노선으로 외친 사람을 찾기는 어렵다. 타우트의 〈알프스 건축*Alpine architecture*〉은 그 어느 것도 결코 실현되지 않았던 유토피아적 드로잉들이었다. 어느 한 시점에서 그는 다음과 같은 슬로건을 내세웠다. "그래, 실행 불가능하며 이익도 없다! 그렇다면 과연 유익한 것이 지난날 우리들을 행복하게 하였던가?"[9] 아마 제1차 세계대전의 재난과 그 이전의 독일 공작연맹Werkbund의 실패 때문에, 그가 이 같은 불합리한 태도를 취한 듯하다.

타우트의 1918년 《건축 강령*Architektur-Programme*》은 더욱 냉정하고 현실적인 선언문이었으며, 여기에는 다른 예술보다 건축이 최고의 지위를 차지한다는 견해와 건축의 사회적, 정치적 책임에 대한 견해가 포함되어 있었다.[10] 다만 그의 논문 〈새로운 건축예술을 위하여*Für die neue Baukunst*〉에서 공간 개념에 대한 더욱 부정적인 의견을 밝히고 있다.[11]

사람들은 건축이 공간 예술이라는 인상을 갖고 있다. 그러나 그 방법으로는 신성한 근원은 파악될 수 없다.
공간은 시간보다는 덜 분명하지만, 그만큼 추상적인 개념이다. 그러나 우리가 음악이 시간의 예술이라 한다면, 음악가들은 상당히 경악할 것이다.

타우트는 〈알프스 건축〉이나 잡지 《프뤼흘리히트*Frühlicht*: 여명》(1920~1922)에서 나타난 바와 같이, 건축이 무목적적인 아름다움을 지니고 있다는 초기의 낭만적인 이념을 1929년에 마침내 포기하였다. 《근대건축*Modern Architecture*》이란 책에서 건축의 아름다움이란 가장 가능한 실용성을 따름으로써 생겨난다고 표명하였다. 그러나 여기에서도 근대건축의 공간 개념은 전혀 찾아볼 수 없었다.[12]

더욱 흥미로운 사람은 상대적으로 잘 알려지지 않았던 표현주의 건축가가 한스 한젠Hans Hansen인데, 그는 1920년에 〈건축의 체험*Das Erlebnis der Architektur*〉이란 제목으로 논문 몇 편을 발표하였다. 그는 분명히 슈펭글러의 영향을 받고 있었다. 첫 번째 논문인 〈고딕의 길*Der Weg zur Gotik*〉은 철저하게 슈펭글러의 파우스트적 공간 개념을 다루고 있다. 슈펭글러와 마찬가지로 한젠은 공간 개념을 내부에서 외부로 디자인하는 과정의 산물이라고 설명하였다. 또한 그는 이러한 경향을 전형적인 '북구적nordic' 성격이라 하여, 슈펭글러가 만들어낸 인종적 구별을 역시 적용하고 있다. 한젠은 다음과 같이 쓰고 있다.[13]

하중과 지지의 균형이라는 물질 법칙의 표현이나, 벽체의 완전하고 순수한 물질적 성질은, 더 이상 문제시되지 않는다. 어떤 '공간 개념'이나 '내부'라는 비물질은 둘러싸인 벽이라는 의미 속에서 더 이상 주목받지 못한다. 공간은 창조의 본질로서, 우선 벽이 지닌 자체 의지마저도 없애 버렸다.

그의 네 번째 논문 〈음악과 건축에의 꿈*ein Traum von Musik und Bau*〉은 확실히 디오니소스적이다. 여기서 한젠은 공간을 마치 악몽 같은 악마의 북새통으로 여기고 있다. 그에게 악마는 인간이 극복해야 하는 공간의 공포를 상징하고 있다.[14]

'악마는 공간을 갈가리 찢고, 세계를 산산이 조각내어, 더 이상 하나일 수 없다. 즉, 암흑도 아니며 심연深淵도 아니다. 남아 있는 것은 천둥소리이다. 공간은 악마의 격노한 표효이다. ….'

그림 138 영화 〈칼리가리 박사의 밀실〉의 한 장면(1919): 드 프리스가 말하는 3차원 매스인 공간

공간미학 발전에 중요한 논문들을 1920년에서 1921년에 걸쳐 〈영화의 공간 조형*Raumgestaltung im Film*〉이라는 제목으로 하인리히 드 프리스Heinrich de Fries가 발표하였다. 표현주의 영화 몇 편의 도움으로, 드 프리스는 두 가지 기본 공간 개념을 분석하였다. 드 프리스는 영화에서는 2차원 이미지가 착시illusion라는 방법으로 공간이 되며, 이러한 공간의 표현은 이미지의 대사 내용이나 연기와 마찬가지로 중요하다고 하였다. 그는 공간 창조 예술이 결국 이미지의 창조를 압도할 것이라 믿었으며, 독립된 예술로서 회화의 종말을 예견하였고, 영화나 건축에서 공간의 표현이 아직은 태동 단계에 있으나 곧 공간이 결정적인 요소가 될 것이라고 단언하였다.

첫 번째 공간 개념의 예로서, 드 프리스는 영화 〈칼리가리 박사의 밀실*Das Kabinettt des Dr. Caligary*〉(1919, 비네R. Wiene 감독)을 논하였다(그림 138). 여기서 공간은 활동적인 현상으로서 물질적인 개념으로 이용되고 있다. 드 프리스는, '이 영화에서 모든 경우에 공간은 3차원 매스이다. 모든 구체적인 실체는 무엇보다도 분명하게 3차원 속에 형성되어 있다'[15]고 말하였다. 드 프리스는 물질적인 공간 개념의 안티테제로서, 영화 〈아침부터 밤중까지*Von Morgen bis Mitternacht*〉(이락Jlag영화사, 로베르트 네파흐Robert Neppach 감독)*를 대립시키고 있다(그림 139). 이 영화에서 공간은 구체적이거나 조형적이거나 입체적이지 않고, 대신에 추상적이며 퍼져 있으며 평면처럼 해체되어 있으며 비물질적이다. 공간이라면 볼 수 있는 둘러싸는enclosing 특성을 어느 곳에서도 찾아볼 수 없다. 그 결과 공간은 완전히 비조형적 실체로 작용하여, 더 이상 인간을 둘러싸지 못하거나 활동적이지 않다. 즉, 드 프리스에게는 공간은 죽은 것이었다.

영화 〈칼리가리 박사의 밀실〉과 같은 공간 개념이 드 프리스가 네 번째로 논한 영화 〈데어 골렘*Der Golem*〉(1920, 파울 베게너Paul Wegener 감독)에서 발견된다. 이 영화의 장면과 공간은 잘 알려진 표현주의 건축가인 한스 푈치히가 디자인하였다(그림 140). 드 프리스가 보기에 푈치히는 매스 그 자체로서의 공간 개념에 집착하고 있었다. 이를 두고 드 프리스는 "푈치히에게 공간은 조형적 매스이다."[16]라고 말하였다.

---

* 독일 표현주의 최초 영화 중 하나인 〈아침에서 밤중까지〉는 저자가 표기한 네파흐 감독보다 칼 하인즈 마르틴 감독의 영화로 표기한 문헌도 많다(시사상식사전, 박문각).

그림 139 영화 〈아침부터 밤중까지〉의 한 장면(1920): 드 프리스가 말하는 '추상적이며 평면적인 공간 개념'

대체로 이 주제에 대한 드 프리스의 논문들을 볼 때, 영화도 역시 공간 예술이라고 말하고 있다. 영화에서 연기와 공간 개념은, 어떠한 개념이 선택되더라도, 전체의 일정한 흐름 속에 통합되어야 한다. 물론 건축은 실제 공간을 창조하는 예술이며, 반면에 영화는 착시에 의해 제작되어야만 한다. 그러나 미래에는 영화가 회화의 전통적 한계들을 깨뜨릴 것이며, 회화라는 시각예술은 진부하게 될 것이다. "전 세계에 공간 창조라는 예술의 보급은 이제 시간문제이다."라고 드 프리스는 결론짓고 있다.[17]

표현주의시대 공간 개념의 실제 예는 유토피아적 예술가였던 핀스털린Finsterlin의 논문에서 살펴볼 수 있다. 〈여덟째 날*Der Achte Tag*〉(그림 141)이라는 논문에서 건축을 천지창조의 연속으로 보았다. 새로운 유기체는 지표면에서 자연스럽게 발달되어야 했다. 핀스털린은 구

그림 140 영화 〈데어 골램〉의 한 장면 (1920), H. 푈치히 무대 디자인: H. 드 프리스의 말하는 '매스 그 자체인 공간'

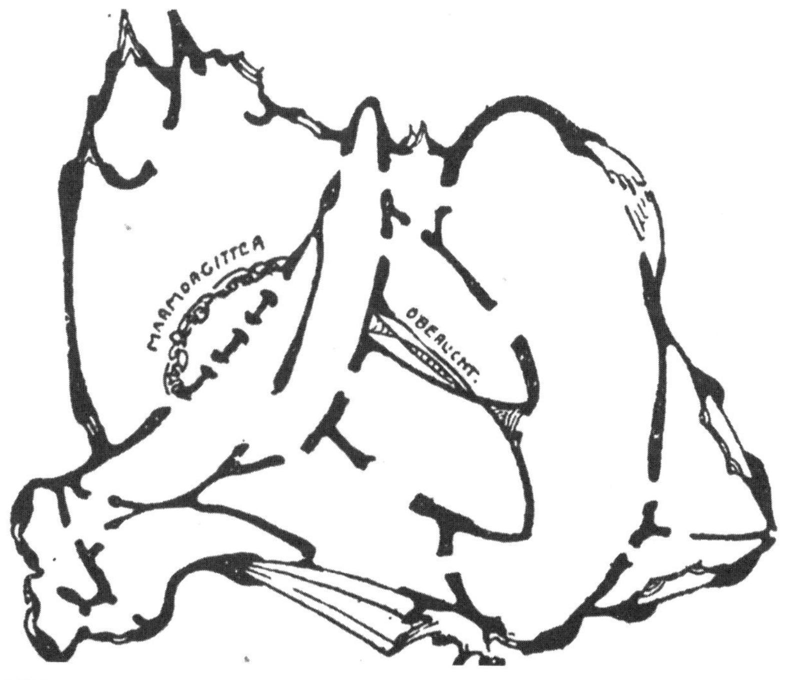

그림 141 H. 핀스털린. 여덟째 날(1920), 일층 평면도

조물의 텍토닉한 형태를 강력히 반대하였다. 그는 이제 '텍토닉 왕조the dynasty of Tectones'*는 진절머리가 난다고 말하며, 이와는 반대로 건축은 계속 성장하는 유기체라고 하였다.[18]

모태 속에서 우리들의 세계는, 놀고 있는 태아와도 같이 손발을 펼치며, 손발의 수많은 정밀한 세공으로 신체를 구성한다.
Im Mutterleib unserer Welt räkelt sich ein seismotischer Fötus und bault ihre Haut mit den Filigranen seiner Vielgliedelei.

멘델존이나 헤링과 거의 유사한 방법으로, 핀스털린은 결정체에서 유기체로 뜻하지 않게 발전되었다. "지상의 거대한 결정체는 이제 유기적이 되었다."고 말하였다. 그는 과거를 '텍토닉 고형물固形物 sclerosis of tectonics들'이라고 비난하였다. 그에게 건축은 자연 그 자체이며 생물 발생적biogenetic 현상이지, 결정체적 원형을 지향하는 추상화abstraction는 아니었다. 텍토닉한 창조는 건축의 발전을 무기력하게 하며, 그래서 유기적이며 복합적인 멤브레인membranes을 늘 만들어내지 못한다고 하였다(그림 142). 다른 논문인 〈내부건축 *Innenarchitektur*〉에서 그는 새로운 유기적 건축이 자아내는 특별한 'Raumsinn(공간 감각)'에 대해 누누이 말하고 있다. 다시 한번 그는 자신의 유기적인 'Riesenmutterliebes(거대 모체giant-mother-body)'를 위해, 결정체 기하학인 '입방체 트로이 목마cubic Trojan horse'를 단호히 거절하였다.[19]
핀스털린과 헤링은 확실히 슈펭글러의 영향을 받았다. 그들은 북구적the Nordic이며 나날이 커가는 감성적인 건축을 추구하고 있었다. 핀스털린에게 유기적 건축은 자연의 모방을 의미하지는 않았다. 그 기저에는 공간이 존재하였으며 따라서 내부에서 외부로 디자인되어야 하였다.
핀스털린을 따라 미래의 건축가들은 결정체에서 유기적인 것으로 이행하여야만 하였다. 이를 위해 핀스털린은 건축역사를 여러 시대로 구분한 원대한 도식을 보여주었다.[20]

---

* 원래 서사시 일리아드에서 테크톤Tecton은 목수이고, 그의 아들인 페레클로스는 아테나여신에게 뛰어난 직공 솜씨를 부여 받아 트로이 공격 선단을 건조했다는 것을 빗대어 말한 것으로, 텍토닉한 형태, 즉 구축법으로 쌓아 만들어진 형태를 말한다.

그림 142 H. 핀스털린. 건축모형(1919-1920)

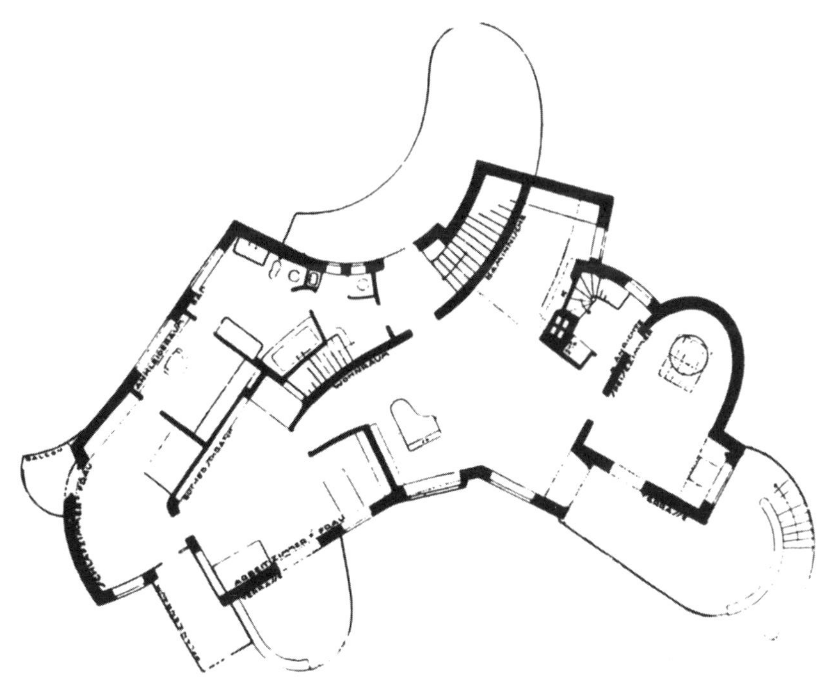

그림 143 H. 헤링. 주택 계획안(1923): 유기적 기능주의를 보여주는 일층 평면도

첫째는 **구성의 시대**the epoch of coordinates, 즉 과거에서 오늘날까지 위대한 양식에서 구체화되고 있는 기본 형태요소들의 시대primary form elements이다. 둘째는 **기하학 또는 삼각법의 시대**the geometrical or trigonometrical epoch, 혹은 광물鑛物의 시대이다. 이 시대에서 기본 형태요소들은 조각조각 분해되었다가 조화로운 방법으로 성공적으로 재결합된다. 핀스털린은 이 두 번째 시기가 현대와 함께 시작되었다고 보았다. 최종 시대인 **유기적 시대**the organic epoch는 기존의 혼성된 형태-요소들이 직관적이며 유기적으로 융합하는 시대이다. 바로 이 시대의 형태야말로 미래의 건축을 창조하게 된다고 하였다.

핀스털린의 아주 난해한 산문 중에서 공간 개념에 대한 더욱 명쾌한 표현을 그의 논문 〈새로운 집*Casa Nova*〉에서 찾아볼 수 있다. 여기서 건축은 공간을 경험하는 것이라는 사실을 글과 이미지로 설명하고 있다. 인간의 공간이란 움푹 도려내어진 스테레오토믹한 물체가 더 이상 아니라, 즉[21]

… 초자연적이고 거대한 유기체인 모체와 같이, 시각적으로 충분히 독립되어 있으면서도 더욱 물질 그대로인 '기관器官'이다 …

… dat mütterlich sattige verselbständigte, versichtbarte, vorderhand noch grob stoffliche 'Organ' eines geisterhaften Riesenorganismus …

이제 마지막으로 언급해야 할 표현주의 건축가는 후고 헤링Hugo Häring이다. 앞서 말했듯이 헤링도 슈펭글러의 사고방식에 강하게 영향받았다. 헤링의 글은 모두 1923년 이후에 발표된 것인데, 이 시기는 표현주의 운동 자체가 기능주의로 변형되고 있던 때였다. 그럼에도 불구하고 헤링은 계속해서 건축 형태의 유기적인 성격을 주장하였다(그림 143).

〈형태로의 길*Wege zur Form*〉이라는 제목의 초기 논문에서, 헤링은 모든 형태의 외견상 모습을, **목적**purpose과 **표현**expression이라는 두 양상으로 구분하고 있다. 목적은 익명적이고 객관적이며, 표현은 소망적이고 주관적이다. 이 두 가지 상반된 힘을 서로 조화시키는 것이 예술가들의 기본 문제라 하였다. 표현의 측면에서, 헤링은 두 가지 질서, 즉 **기하학적**the geometric 질서와 **유기적**the organic 질서를 구분하였다. 그에게는 유기적 질서의 표현이 기능적 요구에 더욱 다가가는 것이었다.

1931년 헤링은 공간이란 측면에서 이러한 차이를 더욱 분명히 하고 있다.[23] 첫 번째 **기하학적**geometric 질서는, 공간이나 시간, 수와 같은 순수한 정신적 개념을 구체화한 것이다, 그것은 영원timelessness의 개념, 공간space의 개념, 부동the unmoved의 개념 등을 찬양하고 있다. 두 번째 **유기적**organic 질서는, 생명 그 자체를 실현하거나 건축의 실제 성능을 표현하는 것이었다. 멘델존이나 핀스털린의 이론과 유사하게, 건물은 살아 있는 창조물이었다. 그것은 슈펭글러와 괴테가 일찍이 표명했듯이, 역동적인 '생성becoming'을 생명력 있게 표현한 것이었다. 여기서 헤링은 공간 개념 면에서가 아니라, 상대성과 역동성에 의한 절대성의 파괴라는 면에서 알베르트 아인슈타인Albert Einstein을 언급하고 있다.

헤링이 말기에 이를수록 기하학적인 것과 유기적인 양상 모두를 공간 개념의 실제 표현으로 여겼다는 것은 매우 주목할 만하다. 따라서 헤링은 멘델존의 개념 전개와는 완전히 대조되는 자리에 서게 되었다. 1951년에 쓴 〈기하학과 유기체*Geometric and Organic*〉라는 논문[24]에서, 헤링은 실체는 언제나 공간, 즉 유기적organic이거나 발생기원적인genetic 공간이었다고 자세히 말하였다. 어떤 순간에 인간은 이 주어진 개념을 받아들이고 자신의 기하학적 공간에 인위적인 질서를 부여하는 장치로 사용한다. 예를 들어 고전시대 문화Classic cultures에서 그러하였다. 이보다 앞선 '전前-기하학적인pre-geometric' 문화, 즉 선사시대 문화나 원시 문화에서는, 자연발생적인 공간 개념을 직관적으로 따르고 있었다. 기하학적 문화에 의해 유기적 공간 개념은 체계적으로 파괴되었다. 그러나 새로운 시대의 건물은 기하학적인 것에서 역동적인 공간이라는 근대적 개념으로 재변형되는 과정에서 나타났다.

지금까지 인용된 표현주의 건축가 논문들에서, 기하학적 공간 개념과 유기적 공간 개념 사이의 충돌이 주요 문제라고 결론지을 수 있다. 이 길게 지속된 논란의 시작은 의심할 여지없이 1908년에 보링거가 쓴 〈추상과 감정이입*Abstraction and Empathy*〉이란 논문이었으며, 당시에는 표현주의 개념의 원천이었으나, 현대 비평가들은 그만큼 중시하지 않고 있다.[25] 매우 드높았던 표현주의자들의 경험이 공간 개념으로 설명된 것은 주로 슈펭글러의 덕분이었다. 표현주의 건축가들의 지적知的 사고에 대한 문화적 실망에도 불구하고, 공간 개념은 의식적인 개념으로 그대로 남아 있었다. '고딕의 정신Geist der Gotik'을 부흥시킨 쉐플러도, 표현주의의 잠재력으로 공간 개념을 적재한 주요 공로자였다. 한편 브루노 타우트와 같은 건축가는 공간 개념을 완전히 부정하였다. 그는 외부에서 내부로 진행된 물질적인 매스를 표현하는 일인자였다. 1920년대 중반의 공간과 매스, 추상과 감정이입, 기하학적인 것과 유기적인 것 등의 내적 갈등이, 순수하고 기하학적인 공간의 비물질적인 개념에 유리하게 기울게 하였다. 이런 혁명이 주로 네덜란드의 드 스테일 운동의 성공적인 공격에 기인한다는 사실은 이 책의 후반부에서 살펴보게 될 것이다. 그리고 많은 다른 세력들, 즉 프랑스의 입체파나 1932년 독일의 경제 위기와 같은 사건들도 표현주의 운동의 쇠퇴에 영향을 더하였다.[26] 그중에서도 공간 개념의 미학적 해석에 결정적인 변화를 준 것은, 특히 네덜란드의 신조형주의 운동Neo-plasticist movement의 영향이었다.

5 ‘큐비즘 이후’: 4차원에서 3차원 공간으로

‘Après le cubisme’: from four to three dimensional space

20세기 초 짧았지만 혁명 같았던 큐비즘Cubism 운동은, 이후 모든 미학 운동들의 모체로 널리 인식되었으며, 따라서 큐비즘*의 공간 개념은 그 후 발생된 건축 세대들을 이해하는 데 특별히 관심을 끌었다. 공간 개념에 대한 큐비즘 이론들은 회피하기 어려운 예술적 근원이었으며, 나중에 무시할 수 없는 건축적 논쟁이었음은 이미 앞 장에서 언급한 바 있다.

큐비즘은 예술창조에서 새로운 공간 개념으로 나아가는 중요한 첫 발판이었다. 피카소Picasso와 함께 큐비즘 운동을 실제 창시하였던 화가 조르주 브라크George Braque는, 1917년에 이 사실을 다음과 같이 명확하게 설명하였다.[1]

특히 나를 매혹시킨 것은, 그리고 큐비즘의 가장 주요한 주안점은, 내가 느꼈던 새로운 공간을 구체화materialization하는 것이었다.

큐비즘은 **관념적 예술**conceptual art이었으며, 따라서 개념들을 시각화하려고 하였다. 반면에 큐비즘 회화는 사실적이며 추상적인 언어 모두였다. 큐비즘은 네덜란드의 드 스테일De Stijl이나 러시아 구성주의Constructivism와 같은 완전히 추상적 운동으로 향하는 도약대가 되어

---

* 큐비즘 Cubisme(프) Cubism(영)은 우리 미술사에서는 보통 입체파로 번역되는데, 이 장에서는 큐비즘으로 통일하여 번역하였으며, 문맥에 따라 큐비스트Cubist는 입체파로 옮겼다.

버렸으며, 한편으로는 프랑스의 퓨리즘Purism과 같이, 회화에서 사실주의 경향을 포기하는 데 분명히 반대하였던 운동을 지향하기도 하였다. 퓨리즘 운동은 추상화에 반대하여 더욱 자의식적인 것, 즉 자연 대상물의 '순수화된purified' 윤곽으로 되돌아가고자 하였다. 이 장에서는 큐비즘과 퓨리즘 그리고 퓨리즘 창시자 중의 한 사람이었던 프랑스 건축가 르 코르뷔지에의 건축미학과의 관계를, 공간 개념에 특별히 주목하여 다루고자 한다.

미술에서 큐비즘은 시인 아폴리네르Apollinaire가 피카소에게 화가 조르주 브라크를 소개하였던 1907년에 태어났다. 브라크가 1908년 11월 파리의 헨리 칸바일러Henry Kahnweiler 화랑에서 전시회를 개최하였을 때, 큐비즘 회화가 대중에게 최초로 알려졌다. 물론 이러한 단순한 사건들은 그 당시의 과학적 문화적 조짐 때문에 재빨리 확산될 수 있었다. 그 당시 알베르트 아인슈타인은 그의 특수 상대성 이론인 "움직이는 물체의 전기역학론 *on the Electrodynamics of Moving Bodies*"1905)을 발표하였고, 그의 혁명적인 일반 상대성 이론을 준비하고 있었다. 이러한 물리학의 발전에 따라, 철학에서도 공간에 대한 전통적인 개념이 변화되고 있었다. 예를 들어, 프랑스 철학자 앙리 베르그송Henri Bergson은 《창조적 진화*L'Evolution Créatrice*》(1907)에서 인간이 환경을 경험하는 데 **관념적 이미지**conceptual image라는 명제를 유발시키는 지속 현상the phenomenon of duration을 연구하고 있었다, 앞서 에드워드 프라이Edward Fry의 큐비즘 분석에서 인용하였듯이, 베르그송은 이 경험을 다음과 같이 설명하였다.[2]

시간이 흐름에 따라 관찰자는 외부 시각세계 속에 주어진 어떤 대상물에 대한 지각 정보들을 자신의 기억 속에 축적하며, 이렇게 축적된 경험은 그 대상물에 대한 관찰자의 관념적인 지식을 형성하는 기본이 된다.

여기에서 관념이 모든 분야에서 왕성하게 변화되고 있었다고 내비치지는 않고 있다. 오히려 그와는 반대로 예술가의 창조 정신은, 다른 분야에서 일어나고 있는 사정을 전혀 알지 못한 채, 새로운 공간 개념을 만들어내고 있었다고 암시하는 듯하다. 분명히 피카소와 브라크는 이론적인 설명을 피하고, 어디까지나 절대 침묵 속에서 작업하고 있었다. 그 같은 설명을 덧붙이는 것은 비예술적이라고 생각했을지도 모른다. 피카소가 1923년 침묵을 깼을 때, 그는 회화 이외의 다른 분야, 즉 수학, 과학이나 음악과 같은 것의 영향은 전혀 알지 못하였다고 분명히 밝혔다. 반대로 베르그송이 장 메챙제Jean Metzinger의 큐비즘 미학을 소개받았을 때, 그는 말을 전혀 이해하지 못하겠다고 대답하였다. 그 외에도 베르그송은 큐비즘의 회화를 본 일도 없으며 큐비즘 운동에 대한 일반 지식도 없었다는 것을 솔직히 말하였다.[3]

이와 같은 깜짝 놀랄 발언들은 부분적으로는 사람들을 경악하게 하였고, 위에서 언급된 개인들의 직관적 천재성 이미지를 일반인들에게 강화시켰다고 볼 수 있다. 그러나 한편으로는 어떻게 새로운 '세계관Weltgefül'이, 보이지 않는 구름이 퍼져 나가듯이 그 자체로 확립되었는가를 더욱 확실히 증명하고 있다. 세심하지만 한층 무의식적인 정신이란 손길이 닿아서, 당시에 서구문화를 창조하는 모든 부분에서 확실하게 독립된 표현에 도달하고 있었다.

큐비즘에 대한 만족할 만한 미학적 설명은 1907년 큐비즘 운동이 일어난 직후 초기 수년 동안에는 없었다. 그러므로 이 운동은 순수하게 직관적인 것이라고 주장되었으며, 실제로도 큐비즘의 미학적 철학은 1912년 이전에는 나타나지 않았다. 큐비즘은 당시 예술 작업을 그대로 따랐으며, 말하자면 큐비즘의 공간 개념은 예술적 공간감에 기본을 두고 있었다. 이러한 과정은 예술의 역사란 공간의식을 지향하는 점진적인 진화라는 리글Riegle의 견해를 완벽히 증명해주는 실례였다.

형식면에서 큐비즘 화가들은 폴 세잔느Paul Cézanne의 뒤를 이었다. 그러나 세잔느가 쓴 이론이나 그의 회화적 혁신을 큐비즘 화가들이 사용하였다는 증거는 어디에도 없다. 오늘날 세잔느의 회화가 큐비즘 회화의 초기 단계를 구체화하였다는 사실은 널리 인정되는 바이다(그림 144, 그림 145). 입체파와 세잔느 모두 그들의 시각을 회화적 장치pictorial devices라고 하는 복합체에 적용하였다. 그 복합체는 다음과 같이 요약될 수 있다. 즉, 일부 비례나 자연스러운 외관을 시각적으로 왜곡하는 것, 각이 진 '큐브Cubes'로 형태 윤곽contour을 왜곡하거나 세분하는 것, 캔버스 자체의 2차원적 평면을 선호하며 선적인 투시도법을 포기하는 것 그리고 마지막으로 다양한 시각에서 본 것을 동시적으로 묘사하는 것 등이었다.

그림 144 폴 세잔느 가르단느의 풍경(1885-1886)

그림 145 파블로 피카소 H. 칸바일러의 초상(1910)

위 개요 중 처음 두 가지 양상은 형태적인 것으로 여기서 논의할 필요가 없다. 마지막의 두 가지 양상만이 우리의 관심을 끄는데, 왜냐하면 그것들은 공간적 의미를 내포하고 있어 뒤이어 큐비즘의 공간미학으로 이끌어내어졌기 때문이다. 세 번째 양상, 즉 2차원성 two-dimensionality은 큐비즘 화가들이 마치 캔버스를 2차원 평면 좌표처럼 다루고 있음을 보여주고 있다. 브라크가 즐겨 말했듯이, 회화는 '**따블로-오브제**tableau-object', 즉 회화-대상물이었다. 캔버스 표면은 더 이상 바탕background이 아니었으며, 칠해진 화면은 동시에 앞뒤를 뛰어넘고 있었다. 이러한 효과를 세잔느를 따라 **파사주**passage라고 불렀으며, 로젠블룸 Rosenblum이 '**평면의 연속 진동**continuous oscillation of planes'[4]이라고 정의한 것을 만들어냈다. 1920년 칸 바일러의 설명에 따르면, 브라크의 **바이올린과 팔레트**Violon et Palette(1909-1910)(그림 146)라는 그림에서 자연스럽게 표현된 그 유명한 못nail은, 배경인 공간을 평면으로 한정하려 한 화가의 의도를 나타내고 있다.[5] 화면의 평면성flatness은 1912년 이후 큐비즘 운동에서 나타난 합성적 양상인 **빠삐에꼴레**Papiers collés로 더욱 추구되었다(그림 147). 반면에 이는 공간을 절대적인 2차원 평면성planality으로 축소하려 했던 몬드리안Mondrian 같은 다른 예술가들에게는 위기적 국면이었다. 몬드리안의 이론과 건축 공간과의 관계는 다음 장에서 논의하려 한다.

건축의 공간 개념에 영향을 미친 큐비즘의 가장 중요한 양상은 큐비즘의 회화 속에 나타난 **동시성**simultaneity 개념이었다. 그것은 한 장의 동일한 캔버스 위에 하나 이상의 많은 시점들이 공존함을 시각화한 개념으로서, (2차원적) 평면 하나 위에 (4차원적) 시간상의 미학적 경험들을 지속적으로 표현하였다. 큐비즘 미학에서는 이 개념을 1912년에 **4차원** the Fourth Dimension이라 이름 붙였다. 이 용어는 그때까지 귀욤 아폴리네르Guillaume Apollinaire, 알베르 글레이즈Albert Gleizes, 장 메챙제Jean Metzinger 그리고 큐비즘 비평가인 모리스 레이날Maurice Raynal 등이 아낌없이 사용하였기 때문이었다. 이 용어는 또한 입체-미래파 Cubo-Futurist 화가였던 세베리니Severini도 사용하였는데, 그는 앙리 포앙카레의 《만년의 명상*Dernières Pensées*》으로 4차원 개념의 예술적 잠재력에 흥미를 불러일으킨 후에, 네덜란드 잡지인 《드 스테일》에 이 개념을 소개하였다. 브라크나 피카소의 미술작품이 논리적이지 않다는 것은 일반적으로 인정되고 있다. 그들의 창작방법은 시각적 **기억**memory에 근거하고 있으며, 공간에서의 시각적 인상을 직접 기재하는 것이 아니라, 이후에 마음속에 형성된 이미지가 예술적 관념의 핵심이 되었다. 이러한 경향은 분명히 베르그송이나 19세기 심리학에서 고취된 것이었다. 게슈탈트 심리학 이론에 따르면 이러한 기억된 이미지는 본질적으로 2차원이었다. 이 기본 명제를 몬드리안과 같은 많은 추상화가들이 그들의 예술적 언급의 근거로 하였다.

그림 146 조르주 브라크 바이올린과 팔레트 (1909-1910)

그림 147 조르주 브라크. 클라리넷(1913)

입체파 화가들은 단일한 시점만으로 사물의 세계를 표현했던 전통에 반발하였다. 왜냐하면 그 같은 시점은 불완전하며 순간적인 단면만을 만들어내었기 때문이다. 그들은 건축과 조각에서는 이미 어느 정도 인정된 이미지, 즉 '다수의 이미지'를 목표로 하였으며, 그러한 '다수의 이미지'는 이제 화가의 캔버스로 옮겨져야 했다. 다시 말해서 입체파 회화는 본질적으로 착시illusion 그대로였으며, 실제로 3차원 투시도의 전통적인 도법보다 착시가 더 심하였다.

독일의 건축 이론가 파울 프랑클Paul Frankl도, 저서 《건축역사의 원리*Principles of Architectural History*》(1914)에서 건축 공간의 '다수 이미지' 대 '단일 이미지' 문제를 다루었을 때, (큐비즘과는 직접 관계없었지만) 큐비즘과 같은 노선을 지켰다는 사실에 주목해야 한다. 회화에서 4차원 공간 개념은 관찰자의 위치가 여럿임을 암시하고 있지만, 실제로는 캔버스에 대한 관찰자의 위치는 이전과 마찬가지로 정적static인 위치 그대로였다. 반대로 유사한 애매함이 건축 공간에도 존재한다. 왜냐하면 '단일 이미지'라는 공간 개념도 싫든 좋든 인체가 공간을 통과해 이동한다는 단순한 사실 때문에 '다수 이미지'를 만들어내기 때문이다. 그러나 큐비즘의 미술적 공간 개념은 그와 같은 현실 단계의 모호함과는 관계가 없었다. 미술적 의도의 표현은 사용된 매체나 물질의 회화적인 또는 건축적인 특성에 한정되지 않는다. 이러한 생각은 미래파Futurism와 큐비즘 회화 사이의 근본적인 공간 개념 차이를 분명히 할지도 모른다. 큐비즘 회화는, 주제가 되는 물체 주위로 관찰자를 유도하거나, 상호 침투되는 서로 다른 위치에서 주제인 물체를 캔버스 평면 위에 동시적으로 표현하여, 결과적으로 공간에서 관찰자의 운동이라는 개념을 표현하고 있다. 반면에 미래파는 이전과 마찬가지로 보는 이의 위치가 그대로 고정되는 관찰자의 관념적 위치에는 관심이 없었다. 미래파의 공간에서 중요한 것은 주제인 물체 그 자체의 운동에 대한 문학적인 표현이었으며, 이는 스크린에 영화를 영사하는 기법과 다소 유사하였다(그림 148).[6]

시인 아폴리네르는 공간에 관심을 보이면서 4차원이란 은유적인 표현으로 최초로 큐비즘 미학을 설명하였다. 이는 3차원인 유클리드 공간을 최초로 예술적으로 공격한 것이기 때문에, 여기에 그의 말 전체를 그대로 인용한다.[7]

지금까지 유클리드 기하학의 3차원은 무한한 공간을 열망하는 위대한 예술가들의 반항을 고조시키기에 충분하였다.
신진 화가들은 선배 화가와 같이 기하학자가 될 수는 없었다. 그러나 조형예술과 기하학의 관계는 언어예술과 문법과 같은 관계라 할 수 있다. 오늘날 과학자들은 그 자신을 더 이상 유클리드의 3차원 속에 한정하지 않는다. 화가들은 정말로 자연스럽게, 이른바 직관에 따라, 공간 측정이란 새로운 가능성에 몰두해왔다고 말할 수 있다. 이 측정을 근대의 아틀리에 용어로 '4차원the fourth dimension'이라 부르고 있다. 조형적인 관점에서 보면, 4차원은 이미 알려진 세 가지 차원에서 생겨난다. 그것은 주어진 어떤 순간에, 모든 방향으로, 영원이 되어가는 공간의 무한성을 표현한다. 그것은 공간 그 자체이며 무한의 차원이다.

고전 그리스Classical Greece의 관능성sensuality과 디오니소스적이며 북구적인 공간 사이에 니체가 그은 경계선과 동일한 경계선을, 아폴리네르가 말하고 있음은 주목할 만한 일이다. 아폴리네르 또한 큐비즘의 이상적인 의도와 그리스 고전 예술을 대립시키고 있다.[8]

그림 148 M. 뒤샹: 계단을 내려가는 누드 No.2(1912. 1.)

그리스 예술의 미에는 순수한 인간적 개념이 있다. 그리고 인간을 완전함의 척도로 삼고 있다. 그러나 신진 화가들의 예술은 무한한 우주를 그들의 이상으로 삼고 있다.

1912년 같은 해에 입체파 화가인 알베르 글레이즈와 장 메챙제는, 마술 같은 단어인 4차원the fourth dimension과 충분히 관련하여 그들의 견해를 밝혔다. 그들은 일반대중이 큐비즘의 의도를 이해하는 데 커다란 결함이 있음을 느꼈다. 《큐비즘에 대하여*Du Cubisme*》에서 그들은 다음과 같이 쓰고 있다.[9]

그들(큐비즘 화가들)은 자연공간이라는 3차원을 묘사하는 데 반대하고 있다. 왜냐하면 일단 자연현상이 화면에 옮겨지게 되면 그것은 이미 다른 종류의 공간이 되기 때문이다. …. 이를 반박하면 화가의 공간을 부정하는 것이며, 따라서 회화 자체를 부정하는 것이다. ….
이 사실을 회화 형태나 그것이 발생하는 공간을 끈질기게 연구하는 입체파 화가들은 이해하고 있었다. 우리는 이 공간들을 순수한 시각적 공간이나 유클리드적 공간으로 혼동해왔다. …. 만약에 우리가 큐비즘 화가의 공간을 기하학과 연결하려 한다면, 우리는 비유클리드 과학자들과 연결해야 하며 꽤 상세하게 리만Rieman의 몇 가지 정리를 연구해야만 한다. ….

큐비즘 회화의 공간미학은 샤를르-에두아르 잔느레Charles-Edouard Jeaneret, 즉 이후에 건축 지도자가 되었던 르 코르뷔지에의 공간이론 논증을 이해하려 할 때 필요하다. 왜냐하면 건축 저술가로서의 그의 경력은 아폴리네르와 글레이즈, 메챙제의 개념을 논하면서 시작되었기 때문이다. 1918년 오귀스트 페레Auguste Perret가 잔느레를 미술가이자 비평가였던 아메데 오장팡Amédée Ozenfant에게 소개한 이후에, 오장팡과 잔느레는 함께 《큐비즘 이후*Aprés le Cubisme*》라는 제목의 소책자를 출간하였다. 이 격렬한 에세이는 1차 세계대전 전의 큐비즘 개념을 전면 공격하려는 의도에서 쓰였다. 이들은 대중에 널리 퍼진 혼란의 주요 증가 원인이 큐비즘 개념이라고 생각하였다. 그들은 큐비즘의 이 같은 죄악을 **비구상적**non-representational, **불명료성**obscurity, **제목의 부적합성**impropriety of the titles과 그리고 끝으로 그러나 결코 무시될 수 없는 **4차원**fourth dimension이라고 꽤 솔직히 밝혔다.
잔느레와 오장팡은 4차원에 대한 모든 논쟁을 싹 쓸어버렸다. 그들은 4차원을 큐비즘 이론가들의 '가치 없는' 가설이라고 생각하였다. 그와 같은 가설은 회화로서 실현될 수 없으며, 그 실현을 꾀하면 팽배한 혼란을 더욱 가중시킬 뿐이라 하였다. 그들은 자연에 존재하는 3차원보다 많은 것을 표현하려는 것은 불합리하다고 믿었다. 잔느레와 오장팡은 심지어 과학에서도 4차원의 개념은 전체적으로 순전히 사변적이며 '실제 세계'와는 거리가 멀다고 느꼈다. 왜냐하면 인간의 감각은 3차원 공간밖에 식별할 수 없기 때문이었다. 그 결과 그들은 **퓨리즘**Furism이라는 또 다른 경향을 제안하였는데, 거기서는 큐비즘의 모든 오류가 수정될 수 있었다.

이 격렬한 변증법적 연구에도 불구하고, 퓨리즘은 약간 물을 탄 큐비즘 분파에 지나지 않았다. 1936년 바Barr가 분석한 바와 같이, 퓨리즘은 드 스테일이나 러시아 구성주의와 같은 다른 운동에도 뒤쳐졌다. 드 스테일과 구성주의가 상당히 앞서 나아간 반면에, 퓨리즘은 바Barr가 분석한 바와 같이 뒷걸음쳤다. 예술 비평으로서 《큐비즘 이후》는 공중에 헛발질이었음이 드러났다. 제1차 세계대전 이후 1918년경에, 큐비즘은 더욱 반동적인 신고전주의Neo-Classism로 향하는 일반적인 흐름에 직면하였다. 이는 예를 들어 세베리니나 피카소의 작품 속에서도 살펴볼 수 있다. 결과적으로 오장팡과 잔느레가 공격을 하기 이전에 이미 큐비즘의 양상은 내부 변화에 의해 다른 것으로 바뀌고 있었다.

근대 역사가인 로젠블룸Rosenblum은 퓨리즘을 화가 페르낭 레제Fernand Léger와 주로 연결하고 있으며, 르 코르뷔지에의 작품에 미친 레제 회화의 부인할 수 없는 영향을 지적하였다.[10] 레제와 르 코르뷔지에 두 화가 모두 물리적 형태의 윤곽이 지닌 연속성을 다루었으며 모두 기계미학에 자극받았다. 그들은 2차원으로 구성된 윤곽을, 간결하게 평면 위에 표현하였다(그림 149, 그림 150).

바Barr에 따르면 퓨리즘은 분명히 반동적인 운동의 하나였으며, 고전 프랑스Classical French의 대가인 앵그르Ingre나 쇠라Seurat의 기법에 의존하고 있었다.[11] 이 퓨리즘 운동은 대상물의 순수한 외관, 즉 **오브제-유형**objet-type을 철저히 지향했으며, 공간 개념의 정신적이고 추상화된 형이상학을 피하려고 하였다.

그림 149 페르낭 레제. 실내에 있는 여자들(1921)

그림 150 르 코르뷔지에. 정물(1922)

아폴리네르는 그리스의 관능성과 형이상학적 예술의 형태상 차이를 논증하였으나, 르 코르뷔지에는 대상물의 폐쇄적인 윤곽을 회복하려는 자신의 기호에 따라 그리스에 찬동하였으며, 이를 고전 형태Classical form 속에서 인식하고 있었다. 그는 분명하게 아폴론적인Apollonian 지중해 정신Mediterranean spirit을 선택하였으며, 니체나 슈펭글러의 디오니소스적인Dionysian '북구Nordic' 정신을 거부하였다. 따라서 그는 드 스테일이나 구성주의, 바우하우스 그리고 무엇보다도 독일 표현주의를 계속해서 공격하였다. 그 표현주의 운동에 대한 반감 때문에 북구적인 공간 개념을 가장 드높게par excellence 구현하였다는 고딕 성당을 비난하게 되었다. 그래서 사실상 르 코르뷔지에 최초의 건축 논문인 〈건축을 향하여*Vers une Architecture*〉(1923)에서, 그는 고딕 성당을 추한 건물로 격하시키고,[12] 매스mass를 감각적으로 지각하였다는 아크로폴리스Acropolis를 극찬하였다. 이렇게 하여 르 코르뷔지에는 자기 자신을 거북한 처지에 빠뜨리고 말았다. 즉, 그 후 적어도 약 25년에 걸쳐 당대의 건축 이론에서 중요한 개념이라는 공간 개념에서 자신을 이탈시킨 것이다. 왜냐하면 공간을 일반적으로 대성당이나 고딕건축에 내재된 것으로 생각하였기 때문이다.

르 코르뷔지에의 건축미학은 극도로 단순하며 명쾌하였다. 그는 모든 현상을 매스Mass, 표면Surface, 평면Plan과 규준선Regulating line 네 가지 범주로 축약하였다. 특히 뒤의 두 범주는 블롱델-뒤랑-가데Blondel-Durand-Guadet로 이어지는 보자르 건축 이론축을 따르는 프랑스 아카데미즘의 건축 이론 전통에 상당히 근접하고 있다. 그럼에도 불구하고, 참으로 영웅적 예술가였던 르 코르뷔지에는 권위 있는 아카데미즘에 대해서도 공격할 필요를 느끼고 있었으며, 이러한 공격은 그러나 상당한 논쟁 거리였다.

르 코르뷔지에가 미학적 범주를 분류하는 과정에서 '공간'이란 말을 완전히 배제시킨 사실은 매우 중요하다. 그의 네 가지 범주를 더욱 자세히 살펴보아도, 일반적인 공간 개념을 인식하고 있었다는 어떤 사실도 찾아낼 수 없다. 르 코르뷔지에는 매스Mass 개념에서 시작하였다. 그가 매스의 연출이라고 정의한 건축은 빛으로 드러나게 된다. 르 코르뷔지에는 자신의 눈으로, 대상을 육면체, 원추, 구, 원기둥, 사각추 등의 기본 형태로 보려고 하였다. 이러한 모호성이 배제된 유형有形의 지각은, 부분적으로 혁명건축가인 불레Boullée와 르두Le doux의 이념이나 프리-큐비즘pre-cubisme 화가였던 세잔느의 작품이 부분적으로 그 기원이 되고 있다. 르 코르뷔지에는 〈네 가지 구성*Quatre Compositions*〉(그림 151)에서,

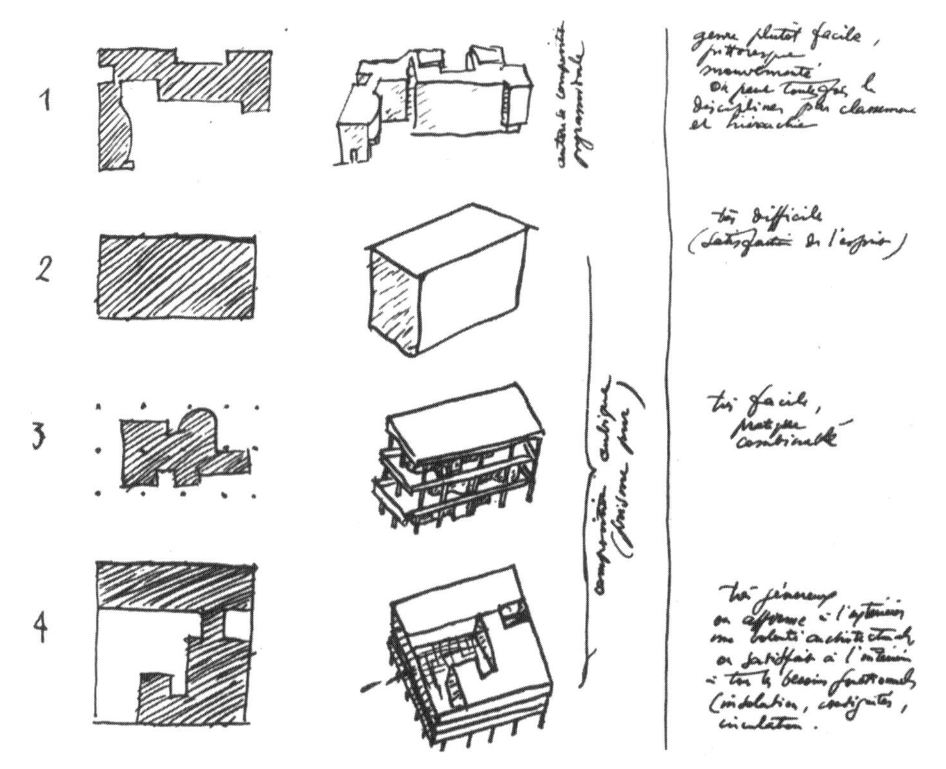

그림 151 르 코르뷔지에. 네 가지 구성(1930).
1 라로슈 주택 2 가르슈 주택 3 슈투트가르트 주택 4 빌라 사보아

모든 형태 중에서 가장 순수한 것, 즉 큐브cube를 지향하는 자신의 개인적인 성향을 강조하였다. 〈네 가지 구성〉의 스케치는 단편적이며 회화적이며 단순한 형태에서, 어렵지만 관대하며 정신적 만족을 주는 일반 사각형으로 건축 매스를 구성해나가는 과정을 보여주고 있다. 회화적 윤곽을 깨면서 그는 손쉬운 것을 거부하였다. 르 코르뷔지에의 두 번째 원칙은 **표면**Surface이었다. 이는 그에게 공장생산 형태factory form가 지닌 간결성cleanliness을 의미하였으며(그림 152), 새로운 양식에 적용할 장식을 의미하지는 않았다. 그는 세 번째 원리로 **평면**Plan을 들었는데, 그것은 르 코르뷔지에에게는 형태의 발생기라 할 수 있다. 평면은 매스와 공간 사이의 관계를 조정하는 것이며, 건축가 블롱델이나 비올레-르-뒥 같은 초기 프랑스 이론가를 추종하여, 평면은 내부에서 외부로 진행되어야 한다고 말하였다. 그는 "건물은 비누거품과 같다.", "외부는 내부의 산물이다."[13]라고 썼다.

그림 152 르 코르뷔지에, 가르슈 주택, 파리(1926-1927), 옥상 테라스: 공장생산 형태의 간결성

일반적으로 평면은 매스의 배치와 동선의 질서를 조정한다. 르 코르뷔지에는 항상 동선의 중요성을 강조하였다(그림 153). 1929년 아르헨티나에서 열린 한 강연에서, "건축은 동선이다."[14]라고까지 말하였다.

끝으로 건축의 넷째 원리로서 르 코르뷔지에는 **규준선**Regulating lines 개념을 주장하였다. 이것을 공간 측면에서 보면, 질서를 유도하는 3차원 기하학을 의미하였다. 이 질서를 지각하면 관찰자의 마음속에 어떤 감정이 불러일으켜지며, 관찰자를 감동시킨다. 르 코르뷔지에는 베를라허와 마찬가지로, 건축은 질서Order이며, 조화는 비례의 일반법칙을 지켜야 얻을 수 있다고 믿었다(그림 154). 건축의 이러한 성향에 르 코르뷔지에는 평생 흥미를 느꼈다.

그림 153 르 코르뷔지에. 포르트 몰리토르의 자신의 아파트(1933), 옥상 테라스로 향하는 계단이 있는 실내: 동선의 중요성 강조

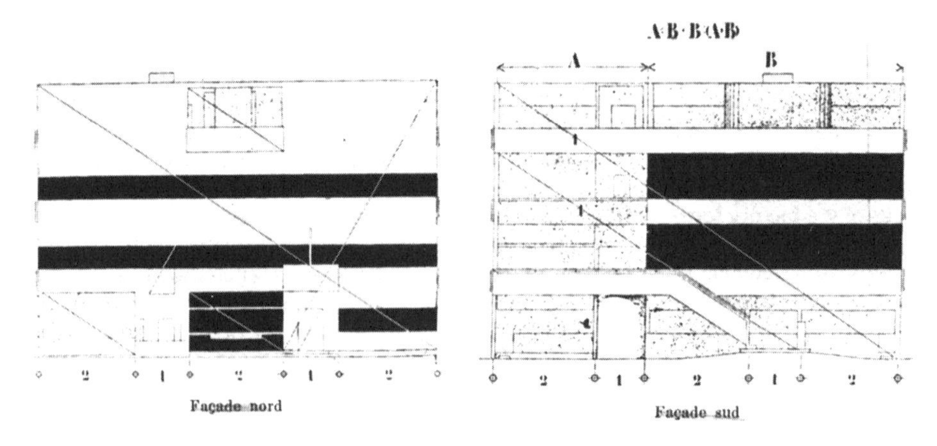

그림 154 르 코르뷔지에. '규준선', 가르슈의 빌라 스타인 파사드에 적용된 황금분할 비례 연구(1926-1927)
a 북쪽 입면
b 남쪽 입면

제2차 세계 대전 후 르 코르뷔지에는 조화수열 비례에 대한 연구를 발표하였다. 그것은 이상적인 인체에서 도출해낸 황금분할Golden Section을 응용한 것으로, 〈르 모듈러*Le Modulor*〉(그림 155)로 널리 알려졌다. 그것은 공간 개념을 명쾌하게 표명한 것이었으며, 1918년에 단호히 거부하였던 바로 그 개념이었다. 마치 전에는 아무런 일도 없었다는 듯이, 그는 이제 공간을 모든 예술을 조정하는 모든 요소라고 불렀다.[15]

공간을 소유한다는 것은 인간과 짐승, 식물과 구름 같은 생물의 최초 몸짓이며, 평형과 지속의 근본적인 표현이다. 공간의 점유는 존재의 최초 증명이다.
건축, 조각, 회화는 특히 공간에 의존하고 있으며, 각각 고유하고 적절한 방법에 따라 공간을 조정할 필요가 있다. 여기서 언급해야 할 중요한 것은, 미학적 정서를 풀어내는 것이 공간의 특별한 기능이라는 사실이다.

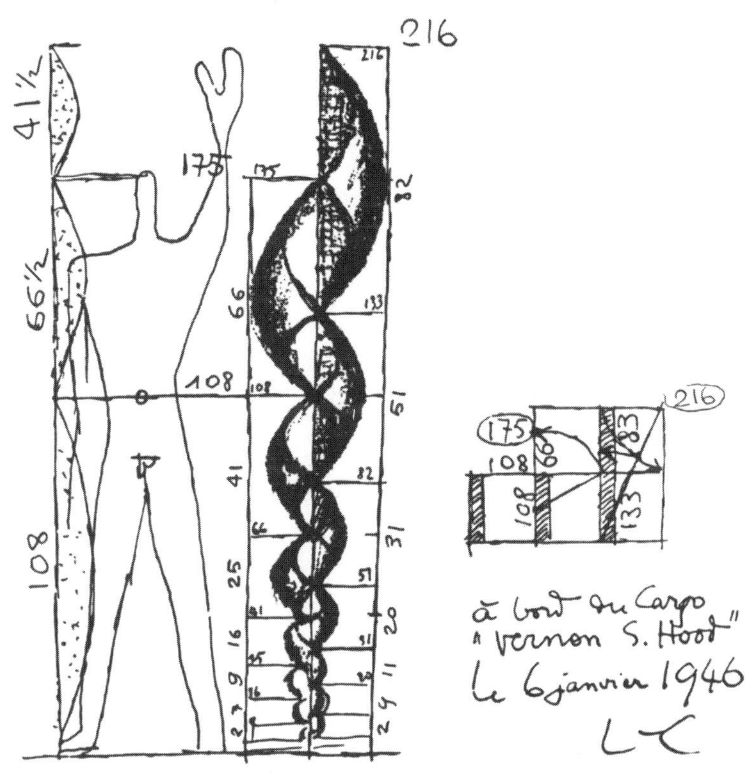

그림 155 르 코르뷔지에. 르 모듈러, 황금분할을 바탕으로 한 비례 연구(1946)

가장 주목할 것은 르 코르뷔지에가 큐비즘에 대한 지난날의 비판을 일소하고, 격하시켰던 **4차원**을 원래 지위로 회복시키고 있는 부분이다.[16]

부당한 주장을 하지 않더라도, 나는 1910년경 나와 동시대의 예술가들이 큐비즘의 놀랄 만한 창조적 비약을 시도하였던 공간의 '**장엄함**magnificence'에 대해 무언가 말할 수 있다. 그들은 직관과 천리안으로 **4차원**을 말하였다. 예술의 추구, 특히 조화의 추구에 헌신하고 있던 나의 생활은, 이제 세 분야의 예술, 즉 건축, 조각, 회화의 창작을 통해 같은 현상을 관찰할 수 있게 하였다. 4차원은 조형수단들을 사용하여 특별한 조화를 불러일으킨 무한한 도피의 계기였다. 그것은 선택된 주제의 영향이 아니라 만물에 내재된 비례의 승리이다.
그때 무한한 심연이 열리고, 벽을 없애며, 우연이란 존재를 쫓아 버리고 **신성한 공간**ineffable space이라는 기적을 이룬다. 나는 신앙의 기적을 의식하지는 않지만, 가끔 신성한 공간, 즉 조형적 감성plastic emotion의 완전함 속에서 살고 있다.

한때 입체파가 4차원으로 부르던 것이 이제는 르 코르뷔지에에 의해 '**형언키 어려운 공간**L'Espace Indicible' 또는 '**신성한 공간**'으로 확인되었다. 4차원에 대한 르 코르뷔지에의 이해는 명백히 잘못되었으며 수사적이었다. 그것은 비례와는 절대로 관계없었다. 그에 따르면 '신성한 공간'은 기쁨의 정서적 상태이며 그 속에서 조화수열로 정의되는 공간을 경험하게 된다고 하였다. 르 코르뷔지에는 이성으로 제어되는 비례라는 일반원칙이, 측정될 수도 없고 형언하기도 어려운 미의 수준까지 건축을 끌어 올릴 것이라고 생각하였다. 비례와 기하학은 그러한 감성을 지향하는 비물질적이며 공간적인 수단이었다. 그것은 일찍이 1905년에 베를라허가 설명한 바와 같이 공간의 기본성격이었다.
1952년에 르 코르뷔지에의 스승이자 건축가이며 구조기술자였던 오귀스트 페레Auguste Perret는 여러 편의 건축 성명을 발표하였으며, 그것은 '움직이든 움직이지 않던 간에, 공간을 점유하는 것은 모두 건축의 영역에 속한다'[17]로 시작되고 있다. 이 말은 1948년의 르 코르뷔지에 언급과 거의 모두 일치하고 있다. 이 두 가지 일화는 일반적으로, 페레와 르 코르뷔지에 모두가 공간 개념에 대한 초기 생각을 바꾸지 않았음을 보여주고 있다. 그 초기의 공간 개념이란, 주로 공간을 점유하고 있는 물리적 매스에 관련된 것이거나 고전 그리스의 공간 개념이었다.

적어도 매스에 버금가는 독립된 예술요소로서 공간을 인식한 유일한 사람은, 프랑스의 건축가이며 이론가인 앙드레 뤼르사André Lurçat였다. 1929년에 벌써 그는 르 코르뷔지에의 네 가지 범주를 수정하려는 의도에서, 건축의 네 가지 기본요소를 새로이 분류하였다. 뤼르사에 의하면, 볼륨Volumes, 표면Surfaces, 공간Space, 빛Light이 건축의 진정한 문법을 형성한다고 하였다.[18] 뤼르사는 그의 야심찬 저작인 《형태, 구성 그리고 조화의 법칙*Formes, Compositions et Lois d'Hamonie*》(1953~1957)에서, 공간 개념에 구체적인 가치를 부여한 것이 20세기의 가장 위대한 업적이라고 단정하였다. 개념으로서의 공간은 죽은 요소가 아니며, 그 속에서 인간이 움직이고 살고 죽어가는 기본 조형 수단이었으며, 공간에는 어떤 분위기가 주어졌다. 전체로 보아 뤼르사의 공간 개념은 약간 피상적이었으며, 두 가지 공간 개념으로 구분한 브링크만Brinkmann이 사용한 잘 알려진 독일의 방법론을 적용한 것이었다.[19] 첫째는 일반적인 공허void, 즉 '텅 빔emptiness'으로 그 속in에 꽉 찬 매스solid mass가 존재한다. 이는 고전시대의 'L'enveloppe concréte(고정된 둘러싸임)'이었다. 둘째는 미리 결정된 조형수단으로서의 공간으로 그 주위around에 매스가 형성된다. 이는 바로크시대였다. 두 경우 모두 공간은 형태의 구성요소이다. 뤼르사는 제3의 요소를 빠뜨렸으며, 제3요소란 그 속에서 브링크만과 기디온이 환희에 넘친 절정을 보았던 것으로, 이는 처음 두 공간 개념을 상호 관입interpenetration하는 것이었다.

큐비즘의 미학은 1912년에 4차원의 공간 개념을 도입하였다. 뒤이어 시간과 공간에 대한 모든 건축 논쟁의 바탕이 되었으며, 후에 웅변적으로 수정하긴 하였지만, 당시는 일반적이고 유클리드적인 3차원 특성을 더 옹호하여 4차원 개념을 부정하였던 프랑스의 르 코르뷔지에나 뤼르사의 반동적인 논쟁의 바탕이 되기도 하였다. 근대 건축운동 초기에 르 코르뷔지에는 기하학—공간의 과학—은 3차원 이상을 필요로 하지 않는다고 느꼈다. 조화수열의 도움을 받아 기하학은 조형적 구성물을 '신성한 공간ineffable space'으로 전환할 수 있었다.

6 드 스테일: 평면 대 4차원

De Stijl: plane versus fourth dimension

20세기 예술운동 중에서 공간 개념을 미학적 원리로서 가장 공공연하게 선언한 운동은, 의심할 바 없이 네덜란드의 **드 스테일**De Stijl*파였다. 같은 이름으로 잡지를 창간했던 이 예술가 집단은 흔치않은 풍부한 미학적 사고를 남겨 놓았다. 이 운동은 그 자신을 예술 진화의 목적으로 하여 끊임없이 설명하려는 충동으로 움직였기 때문이다. 몬드리안이 생애 말년에 설명하였듯이, 드 스테일은 시대정신을 형태와 색채 그리고 **점차 확고해지는 공간**growing determination of space[1]을 진보적으로 변형하는 것으로 이해하고 있었다. 또한 잡지 《드 스테일》의 초창기 한 호에서 몬드리안은, 전체를 우주적 전망에서 볼 때 사람은 **물질에서 정신으로**from matter to mind 진화한다고 언급하였다.[2]

H.P. 베를라허가 제기하였던 네덜란드의 이론적 논쟁은 두 가지 서로 다른 생각을 가진 유파를 낳았다. 즉, 표현주의적인Expressionist 암스테르담파Amsterdam school와 드 스테일의 원리에 기반을 둔 유파였다. 매력 있는 잡지 《벤딩헨*Wendingen*》은 암스테르담파에 속한 건축가들의 작품을 게재하였으며, 디자인으로 많은 정서적 감정을 우리에게 쏟아냈다. 그러나 이들은 공간에 대한 내적 사고를 숨기고 있었다(그림 156). 이 점에서 드 스테일 그룹과는 달랐다(그림 157). 드 스테일 파의 글에서는 결정체와 같은 명쾌한 개념을 얻을 수 있었으며 내용에 대한 일관된 시각을 파악할 수 있었다. 그럼에도 불구하고 드 스테

---

* 드 스테일De Stijl, IPA·[də ˈstɛil]은 네덜란드어로 '양식'이라는 의미이다, 여러 번역서에서 데 스틸 또는 데 슈틸로 표기하고 있으나, 이 책에서는 네덜란드 원어 발음대로 드 스테일로 표기하였다.

그림 156 C.J. 블라우. 메르후크 주택, 메르베이크 공원, 베르겐(1916-1917), 《벤딩헨》 1918년 8월호

그림 157 J.J.P. 아우트·Th. 판 두스뷔르흐, '드 폰크' 별장 내부, 노르트베이커하우트(1917)

일을 비표현주의적으로 본 것은 잘못이었다. 추상이전pre-abstract시기에 판 두스뷔르흐Van Doesburg는, 반 고흐Van Gogh나 도미에Daumier 같은 표현주의 화가 작품에 상당히 관심을 두고 있었다. 드 스테일의 작은 서고에는 쇼펜하우어, 니체, 베르그송, 타우트, 슈트룸 그룹Der Strum Group, 보링거, 쉐플러 등의 저작들이 가득하였다. 예술이란 어떤 개념을 완벽하게 표현하는 것이라는 명제를 공식화한 헤겔의 관점에서 볼 때, 드 스테일은 표현주의적이었다. 헤겔의 이 추상적인 개념의 내용이 공간 개념, 즉 순수한 공간표현이 되었다. 앞서 언급한 다양한 저자들은 제쳐 두고라도 드 스테일의 서고에는, 명목상으로는 공간 개념이지만 서로 완전히 다른 주장을 하는 저작들도 있었다. 그것은 초기 르네상스 철학자인 지오르다노 브루노Giordano Bruno나 당대의 네덜란드 철학자였던 콘Cohn, 위빈크Ubink 그리고 드 프리스De Vries의 저작도 포함하고 있었는데, 이들은 시간-공간과 4차원이라는 신비적인 양상의 이론들을 주장하였다.[3]

드 스테일 예술가들은 물질의 감각적인 경험을 표현하는 데에는 관심이 없었다. 1919년 《기초 개념*Grondbegrippen*》에서 판 두스뷔르흐는 몬드리안과 같은 방법으로, 예술이 어떻게 물질의 표현에서 공간 개념의 표현으로 옮겨 갔는지를 설명하였다. 드 스테일 파가 그들의 개념인 비물질화dematerialization를 옹호하는 미학적 이론을 완성할 수 있었던 것은 주로 몬드리안의 덕택이었다. 몬드리안의 원천은 네덜란드의 헤겔파 철학자인 볼란트Bolland와 신플라톤적 신비주의 수학자인 스훈마에커스M. H. J. Schoenmaekers 박사였다.

그러나 이보다 몇 해 전에 보링거가 추상작용과 감정이입이라는 서로 다른 예술적 충동을 아주 명쾌하게 인식했음에도 불구하고, 드 스테일은 추상작용만을 창조적 충동으로 인식하였다. 외부 감각세계의 모든 외관들은 순수한 비물질성을 표현하는 것으로 축약되어야만 했다. 그리고 이 개념을 표현하는 수단은 **평면과 공간**Plane and Space이었다.[4]

이 운동의 미학적 배경을 이루는 훌륭한 원천은, 이 그룹을 열성적으로 이끌었던 테오 판 두스뷔르흐Theo Van Doesburg의 초기 논문들이었다. 그는 〈세 가지 강의*Drie Voordrachten*〉라는 글에서, 예술의 역사를 세 가지 주요 운동으로 나누고 있다.[5] 첫째는 헬레니즘Hellenism 같이 시각적 경험을 문자 그대로 표현하려는 충동이거나 또는 **자연-조형**Physio-Plastic 양식이며 이러한 종류의 표현을 **완성된 조형**Afbeelding이라 불렀다. 둘째는 고딕에서와 마찬가지로 시각적 경험을 수단으로 정신적인 내용을 표현하려는 충동 또는 **이념-조형**Ideo-Plastic 양식이며 이를 **외부적 조형**Uitbeelding이라 불렀다. 그리고 셋째로 정신적인 내용을 형태와 색채 사이의 순수한 관계로 직접 표현하려는 충동으로 **초월적 조형**Ombeelding이라 하였으며, 이것은 미래의 양식, 즉 **신조형**Neo-Plastic 운동 또는 네덜란드어로 'Nieuwe Beelding' ('니우어벨딩': 새로운 조형)이 되어야 했다(그림 158).

그림 158 테오 판 두스뷔르흐 레위바덴 시의 철근 콘크리트조 기념물(1916)

판 두스뷔르흐에 의하면 예술은 그 자체가 목적이었다. 그는 '예술을 위한 예술L'art pour l'art'이라는 19세기 태도에 전적으로 찬동하고 있었다. 예술가의 임무는 오로지 미학의 요구를 충족하는 것이었다. 그러나 이 미학적 요구에는 정신적인 성격이 있으므로, 결국 정신을 만족시켜 주어야 했다. 예술가는 주제가 되는 물체만을 위해 창조하는 것이 아니라, 오히려 새로운 인식을 표현하려고 창조하며, 그것은 추상 이외의 어떤 것도 될 수 없었다. 판 두스뷔르흐에 따르면, 예술가는 순수하며 공평한 미학으로 세상의 이미지Wereldbeeld를 표현하여야 했다. 이러한 새로운 의식은 공간 개념으로부터 솟아 나왔다. 1916년 "근대 조형예술의 미학적 원리"라는 강의에서, 그는 다음과 같이 설명하고 있다.[6]

공간은 시각적 인식보다 앞선다. 시각 예술가들은 공간에 대한 형태와 색채의 일관된 관계들을 배열하거나 배가시키며 측정하고 정의한다. 모든 대상물은 공간과 어떤 관계를 맺고 있는데, 이러한 관계란 공간의 이미지이다. …. 다시 말하면 연속적으로 변화하는 공간질서 속에서 만일 그 대상이 움직이고 있다면 시간-공간의 질서가 창조된다. 거기에서 조화롭고 율동적인 전체성totality을 만들어내는 능력이야말로 예술가의 임무이다. 나는 건축의 경우도 이와 마찬가지라고 생각한다. …. 건물의 기초는 공간이다. 그러므로 건축가의 시각적 의식은 공간 개념에 그 기초를 두어야만 한다. 형태와 공간으로 확립된 관계는 건물의 리듬과 미학적 가치를 결정한다.

더욱이 판 두스뷔르흐는 디자인을 발생하는 원동력으로서 내부the interior를 더욱더 강조하였다.[7]

건물이 대응해야 할 물질적 목적성에 따르면, 전체는 내부에서 외부로, 다시 말하자면 표현적이고 미학적인 방법에 의해서 해결되어야 한다.

공간 개념은 회화나 조각, 건축에서 다 같이 드 스테일 운동의 주요 관심사가 되었다. 정신적 개념인 공간은, 새로운 조형Nieuwe Beelding 또는 신조형주의Neo-Platicism라는 표제로, 드 스테일 구성원들이 예술적이며 철학적인 성명으로 표현하려는 근본 충동이 되었다.[8] 《드 스테일》 잡지의 창간호에서 판 두스뷔르흐와 공동 발행인이었던 바르트 판 데어 레크Bart Van der Leck는, 새로운 공간 개념은 회화에서 최초로 발전되었다고 생각하고 있음을 아주 분명히 밝히고 있다(그림 159). 그러나 같은 그룹의 화가들의 반대—특히 판 데어

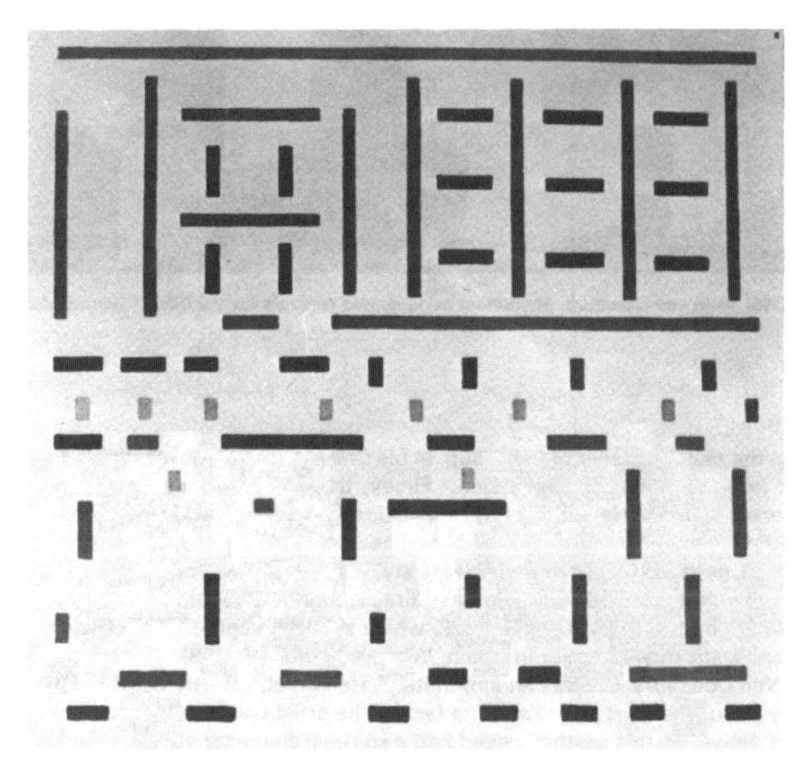

그림 159 바르트 판 데어 레크, 구성 No.3, '공장을 떠남'(1917): 훗날 기능주의 도시배치와 놀랄 만큼 닮아 있다.

레크의 반대와 몬드리안의 약간의 반대— 때문에, 판 두스뷔르흐는 수년 뒤인 1916년에야 공식화하였듯이, 건축에서 시간-공간 개념을 조형적으로 실현할 수 있었다. 판 데어 레크는 그가 닫힌 구조체closed structural entities[9]라고 생각했던 그 당시 건축의 관습적이며 퇴행적인 공간 개념을 경멸하는 모습을 보였다. 그 후의 논문에서, 그는 화가가 테두리 지은 길을 건축가가 따라가야만 근대건축은 탄생될 수 있다고 설명하였다.[10] 판 데어 레크에 의하면 회화는 공간과 시간의 전통적인 투시법을 파괴해버렸으며, 공간의 연속성을 한 평면 위에 표현하는 것이 새로운 국면이라 하였다. 회화는 실제로 평면적이지만, 그럼에도 불구하고 평면의 연장으로 공간을 표현할 수 있었다. 그러므로 회화의 요소는 **공간과 평면**Space and Plane이었다. 건축은 회화적 평면을 3차원으로 더욱 확장한 것이며, 따라서 비록 다른 통일이긴 해도 회화와 연관되었다.

1919년의 논문에서 판 두스뷔르흐는, 4차원이나 n차원의 개체로서 공간 개념을 표현하여,

시각예술의 중심 문제를 구체화하였다고 말하였다.[11]

우리의 눈이 한정된 공간 차원, 예를 들어 3차원을 깨닫게 될 때, 우리의 정신은 언제나 더욱 많은 차원, 즉 4차원에서 n차원에 이르는 공간 차원을 깨닫게 된다. 정신은 표현을 통해 자체를 인식하려고 그 자체를 표현하고자 노력하며, 3차원 표현으로는 그러한 표현이 불가능하기 때문에, 생명에 대한 한정된 유물론자적 시각의 단계를 넘어선 사람들에게는, 3차원적 표현을 대가로 지불해야만 이러한 정신적 표현이 이루어질 수 있다는 사실은 분명하다. …. 시각적 예술 공간이 내부이건 외부이건 간에, 예술가 관심의 중심이 되며, 시각에 따라 만들어졌건 정신에 따라 만들어졌건 간에 예술작품에서 이를 볼 수 있다는 것은 당연하다. 달리 말하자면 예술작품은 3차원 실체를 표현하는가 아니면 n차원적의 정신을 표현하는가이다.

예술 발전을 더욱더 공간적 차원에 대한 인식의 발전으로 보는 판 두스뷔르흐의 시각이, 리글의 이론(1901)이나 판 두스뷔르흐와 거의 동시대의 문화 철학자였던 슈펭글러의 이론에 상당히 근접되어 있음은 매우 놀랄 만한 일이다. 그러나 이들의 영향에 대한 결정적인 증거는 아직 발견되지 않았다. 리글이나 슈펭글러와 아주 유사하게, 판 두스뷔르흐는 논문의 결론을 다음과 같이 짓고 있다.[12]

사실, 인간의 발전이란 더욱더 많은 공간적 차원을 자각하는 것일 뿐이다. 시각예술에서 이러한 개념은 대략 시간에 따라 결정된다.

판 두스뷔르흐는 공간 개념에 매료되었다. 그의 주위에 있는 모든 것들을 공간 문맥 속으로 끌어들였다. 리트벨트Rietveld의 유명한 '붉은색과 푸른색의 의자'(그림 160)를 보고 나서 그는 시詩처럼 선언하였다. '공간으로 한정된 공간, 공간의 상호관입, 공간의 신… 늘씬한 **공간 동물**A SLENDER SPATIAL ANIMAL…'[13] 같은 해인 1920년에, 그는 '**나는 공간이다**I AM SPACE'[14]라고 말하며, 개념을 자기 자신으로 의인화하였다.
판 두스뷔르흐와 네덜란드 건축가인 판 에스테렌Van Esteren은 1923년에 파리의 화상인 레옹스 로젠베르그Léonce Rosenberg에게 신조형주의Neo-Plastic 건축모형과 도면들(그림 161)을 제시하면서, 그들은 선언문을 함께 출간하였다. 그 선언문은 어떻게 '공간의 법칙'이 그들의 개념을 형성하고 있는 가로 시작하고 있었다.[15]

그림 160 G.Th. 리트벨트, 붉은색과 푸른색의 의자(1917): 판 두스뷔르흐는 '늘씬한 공간 동물'이라 하였다.

그림 161 테오 판 두스뷔르흐, 코르 판 에스테렌, 주택 모형(1923)

(II) 우리는 공간의 법칙과 공간의 무한한 변환(예를 들어, 공간적 대조, 공간적 부조화, 공간적 보완 등)을 연구하였으며, 이러한 모든 공간의 변환은 균형 잡힌 통일체로 조정될 수 있음을 발견하였다.

(VI) 둘러쌈(벽)을 허물어서, 우리는 내부와 외부라는 이원성을 없애버렸다.

1년 뒤인 1924년에 판 두스뷔르흐는 그의 유명한 선언인 "**조형적 건축을 향하여**Toward a Plastic Architecture"를 발표한다. 이 선언문에서 판 두스뷔르흐는 16개 항목에 걸쳐 자신의 건축적 신조를 밝히고 있다. 그것은 1926~1927년의 "**요소주의자 선언**Elementarist Manifesto"의 전조였다. "조형적 건축을 향하여"라는 선언문의 본문은, 판 두스뷔르흐의 반구성Contra-Constructions(1922)(그림 162)과 특히 리트벨트가 위트레흐트에 세운 슈뢰더Schröder주택(1924)(그림 163)을 염두에 두고 읽어야 한다. 그의 선언문 10항과 11항은 다음과 같은 중요한 설명이 포함되어 있다.[16]

(10) **공간과 시간.** 새로운 건축은 건축의 양상으로서 공간뿐만 아니라 시간도 고려한다. 시간과 공간의 통일은 건축의 외관에 새롭고 완전한 (시간과 공간이 형성하는 4차원의) 조형적 양상을 부여한다.

(11) 새로운 건축은 반反육면체anti-cube적이다. 즉, 그것은 단일하고 폐쇄된 육면체 속에 다른 기능의 공간 단위를 포함시키려고 애쓰지 않는다. 그러나 육면체의 중심에서 기능적인 공간을 표출한다. 따라서 높이, 폭, 깊이에 시간이 더해져 개방된 공간에서 완전히 새로운 조형 표현이 된다. 이렇게 하여 건축은 다소 띄워진floating 양상을 얻게 되며, 그것은 소위 중력이라는 자연적인 힘에 반해서 표현된다.

아우트J.J.P. Oud나 얀 빌스Jan Wils 같은 드 스테일 그룹의 다른 건축가들은, 4차원을 표현하는 공간 미학에 전혀 관심이 없는 것처럼 보였다는 사실에 주목해야만 한다. 이 그룹의 화가나 건축가들 사이에는 항상 어떠한 경쟁 상태가 있었다. 화가들은 주로 르네상스의 1소점 투시도법을 파기하여 큐비즘에서 발생하였던 4차원이라고 하는 새로운 시간-공간 개념을 지지하고 있었다. 한편 드 스테일 그룹의 다른 건축가들이었던 아우트, 빌스, 로버트 판트 호프Robert Van't Hoff 등은 분명히 프랭크 로이드 라이트의 영향을 더 많이 받

그림 162 테오 판 두스뷔르흐, 코르 판 에스테렌, 개인주택 계획안(1922): 반 구성적 표현, 회화면의 3차원적 연장

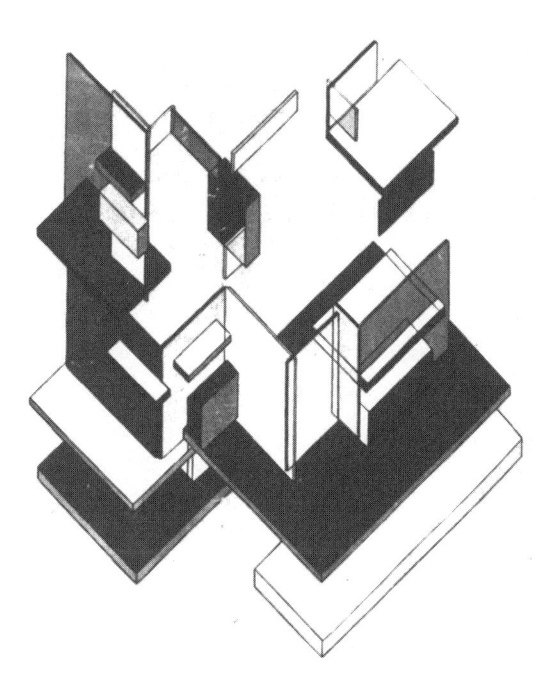

그림 163 G. 리트벨트, 슈뢰더 주택, 위트레흐트(1924), 정원에서 본 전경

그림 164 F.LL. 라이트. 유니티 교회, 시카고 오크 파크(1904), 실내의 남서쪽 모서리: 신조형적 구성

고 있었다(그림 164). 아우트는 라이트를 드 스테일의 형태 언어를 제공하는 제2의 원천이라고 생각하였다. 실제로 라이트는 그들의 잡지에 작품이 실린, 드 스테일 그룹 이외로는 그 당시 유일한 실존 건축가였다. 그렇지만 많은 건축가들이 곧 드 스테일에서 이탈

하였다. 1919년부터 가담했던 리트벨트만이 이 그룹에 충성하며 남아 있었다. 판 두스뷔르흐는 건축에서 신조형 이념을 확립시키려고 가끔 홀로 투쟁하였으며, 그 전형적인 예가 1923년의 로젠베르그 주택 계획이었다. 아우트나 몬드리안도 말려들고 싶어 하지 않았다. 다행히 로마대상 수상자인 젊은 코르 판 에스테렌Cor Van Esteren이 기꺼이 협력하려 하였다. 건축에 최초로 시간과 공간의 새로운 개념을 실현한 것이 판 두스뷔르흐의 공헌임이 증명되었으며, 이 새로운 개념을 후에 바우하우스가 채택하였다. 사실 판 두스뷔르흐가 1922년 바이마르의 강의에서 드 스테일의 미학을 바우하우스 학생들에게 도취시킨 이래, 새로운 시간-공간 개념은 1923년 소위 '바이마르 혁명'의 촉진제가 되었으며, 바로 이 시기에 표현주의의 독점은 붕괴되었다.

한편 판 두스뷔르흐가 마셔야 했던 고배 중의 하나는, 드 스테일 그룹이 1925년 파리에서 열린 **장식미술 국제박람회**Exhibition Internationale des Arts Décoratifs에서 배제되었다는 사실이다. 그 대신에 네덜란드 정부는 더 보편적이었던 암스테르담파의 작품을 출품하였다. 이런 결정에 대해 판 두스뷔르흐는 드 스테일 잡지에서 많은 독설을 퍼부었다. 그나마 그에게 위안이 되었던 것은 오스트리아에서 파견하였던 건축가 키즐러F. Kiesler였으며, 당시까지는 드 스테일의 멤버였다. 키즐러는 신조형적인 **공간 속의 도시**Cité dans l'Espace(그림 165)를 전시하였으며, 적어도 그것은 드 스테일 철학의 메시지를 지킨 것이었다. 이때 키즐러가 쓴 선언문은, 둘러싼 벽을 최소로 하여 공간의 우월성을 표현하는 것이었다.[17] 키즐러가 생각한 이상理想 중의 하나는, 내부와 외부 공간 사이의 분리를 없애고 새로운 통일체를 확립하는 것이었다. 키즐러는 만년에 이르기까지 이 통일체를 확신하고 있는 듯하였다. 1961년에 그는 다음과 같이 쓰고 있다.[18]

외부 공간outer space이란 말은 잘못되었으며 또한 오도되고 있다. 우주에 대해 어떠한 외부 공간도 존재하지 않는다. 그것은 같은 구성물의 부분들이거나 조각들일 뿐이다.

그 당시 그는 **끝없는 집**Endless House(그림 166)을 작업하고 있었다. 이 계획안의 조형적인 형태는 거의 40여 년 전의 드 스테일의 형태와는 완전히 상반되었다. 왜냐하면 그 계획안에는 자연적이며 여성적인 곡선 때문에 기하학적 질서가 억제되었기 때문이다. 이와 같은 사실에도 불구하고 그의 공간 개념은 하나도 변하지 않았다.[19]

그림 165 F. 키즐러. 공간 속의 도시, 파리 국제박람회(1925)

그림 166 F. 키즐러 끝없는 집(1960)

끝없는 집에서 모든 끝부분ends은 서로 만나며, 그것도 연속적으로 만나기 때문에 '**끝없다**Endless'라고 부른다. 그것은 인체와 마찬가지로 끝이 없다. 즉, 어떤 시작도 없고 그 끝도 없다. '끝없다'는 것은, 예리하게 각이 진 남성적 건축과는 대조적으로, 여성의 몸처럼 매우 관능적이다. 끝없는 집의 공간은 연속적이다. 모든 생활 영역은 단일 연속체로 통합될 수 있다.

드 스테일의 가장 중요한 두 인물은 피트 몬드리안Piet Mondrian과 테오 판 두스뷔르흐였다. 각기 그들은 드 스테일이란 유파 속에서 다시 유파를 형성하였다. 즉, 몬드리안은 **신조형주의**Neo-Plasticism의 철학을, 판 두스뷔르흐는 **요소주의**Elementalism의 이론을 대변하였다. 몬드리안의 신조형주의 철학은 드 스테일 미학의 기초를 형성하였다. 그것은 새로운 정신의 바이블이었으며, 완전히 성실하고 진실되었으나 한편으로는 독단적이었다. 몬드리안의 퓨리스트적puristic 정신은, 실체를 **평면**the plane, **수직과 수평**the horizontal and vertical 그리고 **기본색**the primary color이라는 세 가지 요소로 추상화하였다. 반면에 판 두스뷔르흐는 더욱 활동적이며 참기 어려운 성격이어서, 평면의 한계를 초월하려고 하였다. 그의 개념을 공간적인 삼차원으로 표현하여야 했으므로 판 두스뷔르흐를 건축으로 향하게 하였다. 더욱이 판 두스뷔르흐는 **대각선**the diagonal(그림 167)에 매혹되었다. 몬드리안의 단순한 수직선과 수평선은 너무 정적이었기 때문에 판 두스뷔르흐를 만족시킬 수 없었다. 사실 대각선은 이미 1918년에 판 두스뷔르흐를 사로잡고 있었다.[20] 몬드리안은 수년 동안 자신의 'Nieuwe Beelding'(새로운 조형)을 추구하고 있었으며, 따라서 그의 진실성은 판 두스뷔르흐의 이설異說을 받아들일 수 없었다. 그 결과 1925년에 몬드리안은 그룹에서 탈퇴하였다. 반면에 판 두스뷔르흐는 자신의 길을 계속 추구하여 1926년에는 "**요소주의 선언**Elementalist Manifesto"을 발표하였다.

이 두 예술가 사이의 갈등은 공간 개념에 집중되었다. 몬드리안은 **평면**plane을 고집하였고, 반면에 판 두스뷔르흐는 건축을 수단으로 4차원의 시간-공간 연속체를 신봉하였다. 네덜란드의 포스트 드 스테일Post-De Stijl 미술가이자 이론가인 요스트 발류Joost Baljeu는 1969년에, 판 두스뷔르흐에게 4차원 개념이 얼마나 중요한 것이었는가를 재조명하였다.[21] 발류도 또한 4차원의 문제가 두 화가의 결별을 가져온 원인의 하나라고 생각하였다.

그림 167 테오 판 두스뷔르흐·H. 아르프 '카페-시네마', 로베뜨, 스트라스부르(1926-1928), 리모델링: 대각선

판 두스뷔르흐는 아마 독단에 빠져버린 몬드리안 회화의 종말을 예견하고, 이 놀라운 결과로부터 벗어나고자 요소주의를 도입하여 드 스테일 운동에 새로운 미래를 주려고 시도했는지도 모른다. 그의 요소주의 철학은 〈회화 예술와 조형*Schilderkunst en Plastiek*〉이라는 논문을 집필하고 있던 1926년에 만들어졌다. 판 두스뷔르흐는 몬드리안과 결별한 결정적인 원인을 다음과 같이 설명하였다.[22]

요소주의가 탄생하였다. 일부는 신조형주의의 너무도 독단적이며 근시안적인 적용에 대한 반동으로서, 일부는 신조형주의의 결과로서, 그리고 끝으로 가장 중요하게는 신조형주의 이념의 엄격한 수정으로서 요소주의가 탄생하였다.
(I) 시간과 공간의 존재를 부정하기보다는, 요소주의는 이러한 인자들을 신조형주의의 가장 기본으로 인식한다. …. 신조형주의는 표현 가능성이 2차원 (평면)에 한정되는 반면에, 요소주의는 4차원, 즉 시간·공간의 영역 속에서 조형주의의 잠재력을 실현시킨다.

판 두스뷔르흐는 갈등의 본질을 이보다 좋은 방법으로 표현할 수는 없었다. 다른 모든 관심에도 불구하고, 판 두스뷔르흐는 화가일 뿐이었다. 그의 목적은 시간과 공간이 잘 지각될 수 있도록 건축과 건축 표면이 갖는 색채라는 공인된 효과를 연구하였다. 서로 다른

색채들은 긴장을 일으키는데, 그것은 곧 에너지였다. 색채는 공간으로 확산하는 긴장을 창조한다. 죽어 있는 공허가 색채에 의해 생명력 있는 공간이 된다. 판 두스뷔르흐에게는 공간 안 사람의 움직임이 가장 중요하였다. 이제 인간은 더 이상 한 점에 고정된 채로 정적으로 이미지 하나만을 바라보아서는 안 된다. 대신에 시간-공간의 개념의 창조적인 회화는, 관찰자가 모든 공간적 경험의 내용을 가질 수 있도록 관찰자를 자극해야만 하였다.[23] 판 두스뷔르흐와는 달리, 《드 스테일》의 또 다른 멤버이자 입체-미래파Cubist-Futurist 화가였던 세베리니는, 《드 스테일》이 창간될 무렵부터 4차원적 실체로서의 공간 개념에 대해 관심을 두고 있었다고 생각된다.[24] 그는 여러 번 프랑스의 수학자 포앙카레를 언급하고 있다. 포앙카레는 20세기 전환기에 소르본느 대학에서 수학과 물리학을 가르치고 있었다. 그것은 마치 프랑스의 입체파 화가들이 포앙카레에서 과학적인 상대물을 발견한 것과 유사하였다.

포앙카레는 19세기에 전개되었던 4차원 논쟁에 깊이 말려들어 있었다. 그는 뉴톤 식의 절대적인 공간 개념을 반대하는 사람 중의 하나였다. 그에게 공간은, 《공간의 상대성 *Relativity of Space*》(1909)[25]에서 설명했듯이, 상대적이며 부정형인 실체였다. 포앙카레의 이러한 개념은 세베리니뿐만 아니라, 조각가 반 통겔루Van Tongerloo의 관심을 끌었다. 반 통겔루는 《드 스테일》의 창간 초기 간행물 중의 하나에 공간의 무형적인 성질에 대하여 썼다.[26] 《드 스테일》 멤버들이 포앙카레에 대해 매우 집착하고 있었음에도 불구하고, 포앙카레 자신은 아이러니하게도 우리가 살고 있는 일상적인 공간은 3차원이란 것을 논증하려 하였다. 그는 4차원을 인간정신이 갖고 있는 약간은 불편한 직관이라고 믿었다. 그럼에도 불구하고, 죽은 지 1년 후인 1912년에 간행된 《만년의 명상*Derniéres Pensées*》에서 과학과 큐비즘 회화 사이의 어떤 밀접한 관계를 느낄 수 있다. 그는 다음과 같이 쓰고 있다.[27]

물리적 연속체는 n차원이다. 만일 그것이 절단되어 세분할될 수 있다면, 그 세분할된 자체는 (n-1)차원의 물리적 연속체일 것이다.

포앙카레가 이 글에서 논증하려고 한 것은, 4차원 또는 n차원의 공간은 단순히 지적知的인 가설에 지나지 않는다는 사실이었으며, 이 내용은 《드 스테일》에 일부분이 재수록되었다. 감각으로는 오로지 3차원 공간만을 경험할 수 있었다. 그는 차원을 '더한다'는 것은 잘못으로, 예를 들어 세베리니가 하였듯이 시각에 다른 감각을 '더하는 것'은 잘못이라고 설명하였다. 많은 사람들이 논했듯이, 시각적 공간에 촉각적 공간을 결합해봐도 5차원이 되는 것은 아니었다. 포앙카레에 의하면 이는 결과적으로 하나가 되어 같은 공간이 되어버렸다. 그는 4차원을 시각화하려는 예술가들을 완전히 다른 방식으로 자유롭게 하고 있다. 그는 다음과 같이 결론짓고 있다.[28]

우리 모두는 어떤 n차원의 연속체라도 생각할 수 있는 직관적인 개념을 갖고 있다고 결론지을 수밖에 없다. 왜냐하면 우리에게는 물리적이며 수학적인 연속체를 구축할 능력이 있기 때문이다. 그리고 이러한 능력은 어떤 경험보다도 우선 존재한다. 왜냐하면 그것 없이는 적절히 경험이라고 부를 그 자체가 불가능할 것이며, 어떤 유기체에도 부적합했을 비이성적 감각으로 퇴락하였을 것이다. 또한 이 직관력은 다만 우리들이 이러한 능력을 갖고 있다는 것을 인식시킨다. 그런데 이 능력은 다양한 방법으로 사용될 수 있다. 이것은 3차원의 공간을 구축하는 것과 마찬가지로 4차원의 공간을 구축할 수 있게 한다. 다른 의미보다는 하나의 의미로 사용할 수 있게 유도하는 것이 경험이며 바로 외부 세계이다.

따라서 드 스테일 멤버들에게 4차원이 감각의 세계에 속하는 것이 아니라, 정신의 세계에 속하는 것이라는 사실을 명확히 하고 있다. 그럼에도 불구하고, 포앙카레의 설명은, 창작물을 추상적이고 비표현적인 주제로 지각하려는 그들을 지지하고 있다. 추상적인 조형만이 4차원의 추상적 개념을 표현할 수 있으며 그것은 전적으로 인간의 직관에서 솟아난다고 생각하였기 때문이다.
여기서 피트 몬드리안의 공간 개념을 살펴보는 것은 매우 중요하다. 왜냐하면 그것은 판 두스뷔르흐의 공간 개념과 정반대였기 때문이다. 앞에서 언급하였듯이, 몬드리안의 개념은 드 스테일 운동이 결렬되는 원인이 되었다. 이러한 관점에서 몬드리안의 공간 개념을, 특히 건축에 대한 영향을 살펴보기로 하자.
첫째로 몬드리안이 운동movement의 개념과 운동의 가장 자연스러운 표현인 곡선the curve을 받아들일 수 없었다는 사실을 떠올려보자. 사선조차도 몬드리안에게는 너무나 동적이었다. 모든 예술은 자연 그대로의 외관에서 완전히 해방되어야 했다. 그러므로 몬드리안은 곡선 이룬 모든 표현을 직선과 사각형 색 평면으로 축약시켰다(그림 168). 공간의 자연스러운 외관도 역시 파괴되어야 한다는 개념을 뒤따랐다. 그러나 판 두스뷔르흐가 그러하였듯이 4차원으로 회귀하는 대신에, 몬드리안은 모든 표현을 2차원 평면으로 변형하였다. 이는 1917년부터 1918년에 걸쳐 발행된 초기의 《드 스테일》 잡지들에 게재된 '새로운 조형De Nieuwe Beelding'이라 부르는 몬드리안의 주요 논문들에서 이를 추론해낼 수 있다.

몬드리안은 화가였다. 그러므로 건축을 지향했던 판 두스뷔르흐의 경향에 따르기를 주저했다. 몬드리안은 건축과 같은 실용적인 분야에 '새로운 조형'의 엄격한 원칙들을 적용하는 것은 너무나 성급하다고 느꼈다. 그는 다음과 같이 썼다. "현재 우리시대는 건축이라는 종합체를 융합할 정도로 무르익지 않았기 때문에, 신조형주의는 아직 회화에만 적용하여야 한다."[29]

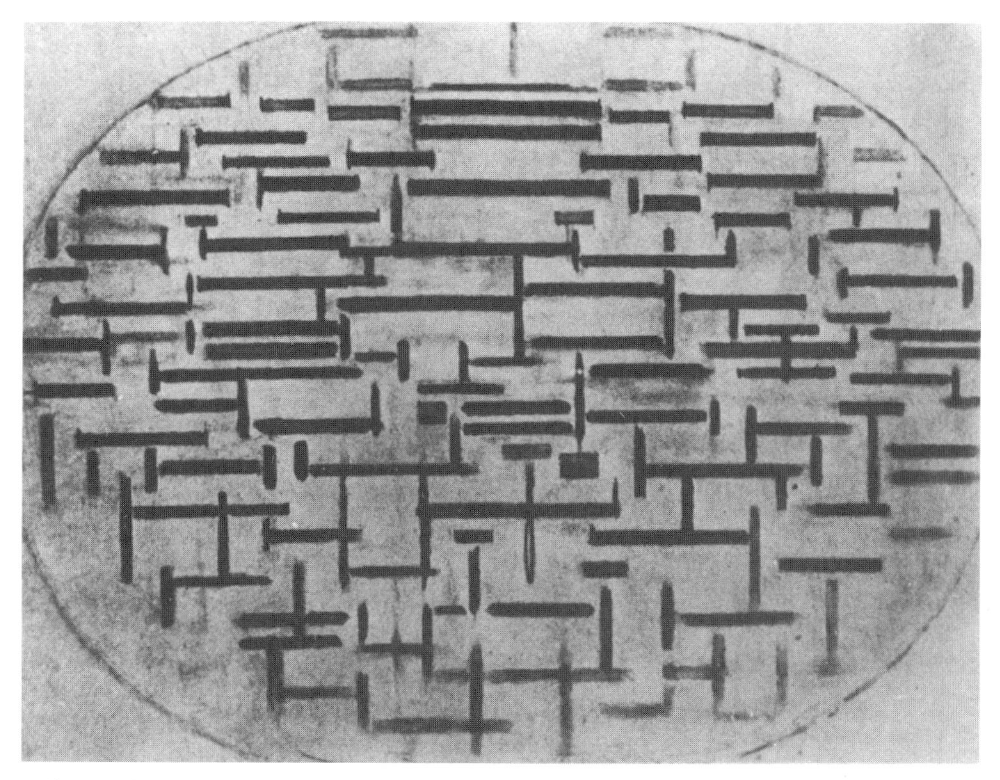

그림 168 피트 몬드리안. 바다(1914): 곡선이 점차 소멸되고 있다.

여기에 공간 개념에 대한 몬드리안의 인용문이 뒤따른다.[30]

조형성은 회화에서 필요하다. 왜냐하면 그것은 공간을 창조하기 때문이다. 그런데 회화는 평평한 표면 위에 공간을 창조해내므로 자연적인 것과는 다른 조형성을 요구한다.
회화는 평면에 착시를 일으키는 평면 구성으로 사물의 물질성을 변경시켜 새로운 조형성을 찾아낸다. 이들 평면들은 차원 (선)과 명암 (색)을 사용하여 시각적 투시도법 없이 공간을 만들어낸다. 서로 균형을 이루어 공간이 창조된다. 왜냐하면 차원과 명암은 순수한 관계를 형성하기 때문이다. 즉, 높이와 폭은 원근법에 맞추지 않아도 서로 대조되며, 그 공간의 깊이는 평면들의 다양한 색으로 나타난다.
신조형주의는 색 평면 하나와 다른 평면들과의 관계로서 공간의 본질을 표현한다. 그러므로 투시도적인 착시는 완전히 파기되고 (분위기 묘사와 같은) 회화적 기교는 배제된다. 색채가 순수하고 평면적이며 명확하게 보임으로써, 신조형주의는 팽창을 바로 표현한다. 즉, 공간의 겉모습 원인을 바로 표현한다.

몬드리안에게 공간 개념은 예술의 기본이었다. 공간은 모든 현상계의 최소 물질이었다. 예술은 비물질화dematerialization 과정이며 그것은 사색을 통해 얻어지는 것이었다. 분명히 몬드리안은 헤겔 철학에 깊이 빠져 있었다. 그에게 예술은 '우주를 알 수 있는 수단'[31] 즉, 종교 같은 것이었다. 진리의 열반에 이르는 직관적인 도약판은 쇼펜하우어의 그것을 생각나게 하며, 실제로 몬드리안은 여러 번 쇼펜하우어를 언급하였다.[32] 몬드리안은 4차원의 공간표현을 지향하는 판 두스뷔르흐의 경향을 잘 알고 있었다. 그러나 그는 그것이 너무나 마술적인 의미를 함축하고 있다고 느꼈다. 사실 4차원의 개념은, 물리학자인 민코프스키Minkowsky와 아인슈타인의 과학적인 시간-공간의 연속체라는 개념과는 별개로, 갑작스러운 출현이나 소멸을 가능케 하는 신비적인 힘으로서 어떤 심령가 그룹에서는 중요하게 취급되기도 하였다. 이미 1880년대에 몇 가지 책들이 '4차원'[33]이라는 호기심을 자극하는 표제를 붙여 간행되기도 하였다. 그렇지만 공간에 대한 이러한 심령학적인 양상은 이 책의 연구범위를 벗어나는 것이다.
4차원 공간 개념에 대한 몬드리안의 반감은 부분적으로는 네덜란드 철학자 스훈마에커스Schoenmaekers와의 친교가 원인이었을 것이다. 야페Jaffé는 몬드리안에 미친 스훈마에커스의 영향을 연구하였다.[34] 스훈마에커스는 몇몇 방정식을 제안하였으며, 이는 공간 개념과 연결지어 **수직적인 것**(남성, 능동적, 진화, 광선)으로 표현하였고, 한편 시간의 개념은 **수평적인 것**(여성, 수동적, 역사, 선)으로 나타냈다. 이 두 가지는 지구와 우주전체의 모양을 결정짓는 기본적이며 비극적인 두 개의 반대명제였다(그림 169). 이러한 두 가지 절대적인 실체로 구성되는 형상은 **십자형**cross이었다. 스훈마에커스에 의하면 그것은 최고 질서의 절대성을 축약한 우주였다.[35]

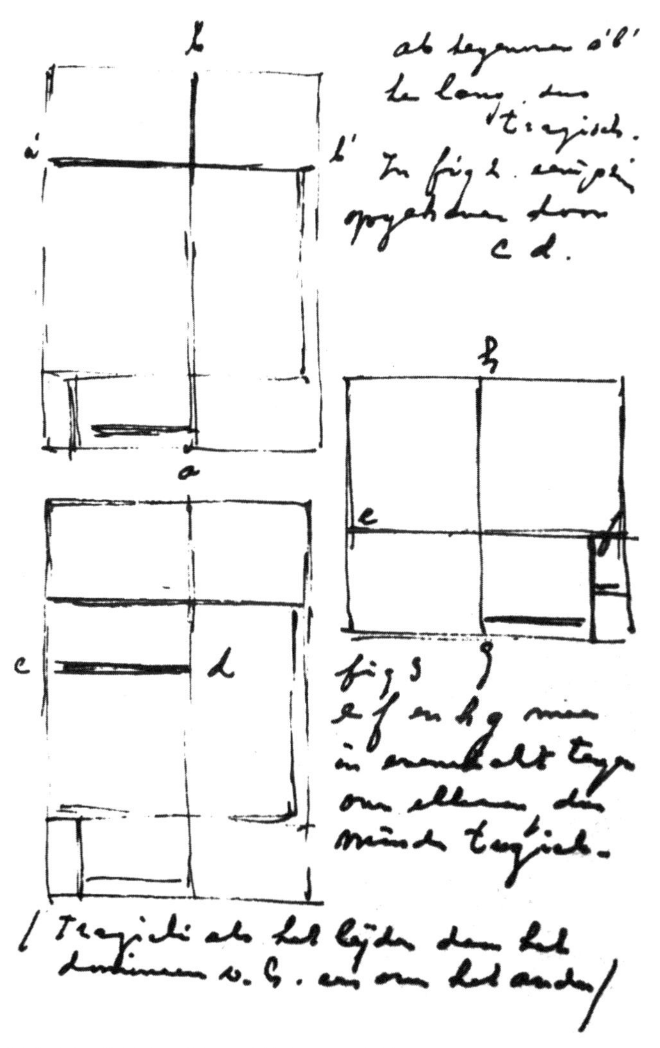

그림 169 피트 몬드리안: 스케치북(1924)의 한 면: a′b′에 비해 ab는 매우 길다. 그러므로 비극적이다. 두 번째 그림에서 cd를 더함으로써 다소 부드러워졌다. 세 번째 그림에서 ef와 hg는 더욱 균형 잡혀 있다. 그러므로 덜 비극적이다('비극적이란 것은 다른 무엇인가에 지배될 때 생기는 고통이다').

몬드리안은 너무나도 자연스러운 공간의 표현이 건축이라고 생각하였다. 그는 건축을 공간 속의 그저 단순한 구조라 생각하였으며, 순수한 조형이 되려면 완전히 변형되어야 했다. 따라서 몬드리안은 건축을 뛰어넘어, 공간적 실체의 정신적 이미지에 관심이 있었다. 이러한 이미지란 스훈마에커스에 따르자면, 어떤 경우에든 2차원적인 것이었다. 1919년과 1920년에 걸쳐 쓴 희곡 《자연적 실체와 추상적 실체*Natural and Abstract Reality*》에서 몬드리안은 자신이 2차원을 선호함을 분명히 밝히고 있다.[36]

(Z) 그럼에도 불구하고, 방도 또한, 한눈에 볼 수가 있다. 그것은 상대적이다. 상기하라. 우리의 내적 시각은 감각적인 인지작용과는 다르다. 우리는 각자의 눈으로 방을 바라본다. 그 다음으로 우리는 내적 이미지를 형성한다. 이 이미지에 의해 여러 평면들을 단일한 평면으로 인식하게 된다.

몬드리안은 신조형주의를 예컨대 건축 창조와 같이 종합 환경total environment의 창조로 보려고 진지하게 투쟁하였다. 이러한 그의 열망은, 예를 들어, 그의 논문 〈신조형주의의 실현*The Realization of Neo-Plasticism*〉(1922)에서 느껴볼 수 있다. 이상적으로는 건축, 회화, 조각은 그가 '우리 환경으로서의 건축architecture-as-our-environment'이라고 불렀던 것에 융합되어야 했다. 그럼에도 몬드리안은 회화에서 건축을 격리하는 커다란 간극을 분명히 인정하였다.[37]

신조형주의의 결과는 놀랍다. 그들(건축가들)은 신조형주의의 이념을 오늘날의 건축으로 실현시킬 수 있다는 가능성을 의심하고 있다. 따라서 그들은 확신 없이 '창조한다.' 오늘날의 건축가는 예술에서 멀어져 '건축 실무 속에서' 살고 있다. …. 오늘날의 건축실무는, 신조형주의가 요구하는 것보다는, 일반적으로 자유롭지 못하다. ….

신조형주의는 건축을 평면적으로 표현할 것을 요구하였다. 이에 몬드리안은 기존 건축 실무가 건전한 양상을 띠고 있긴 하지만, 당시의 유행에 뒤떨어진 조형적 또는 자연적인 표현을 포기해야 할 필요성에 대해 건축가들을 다시 설득하려고 하였다.
몬드리안이 그 당시 악명 높다고 생각했던 공간의 '공포'를 보여주는 예시를, 1926년 네

덜란드 일간지 《드 텔레그라프*De Telegraaf*》에 게재된 논설에서 찾아볼 수 있다.[38]

다시 한번 공간에 대한 몬드리안의 반감을 살펴본다면, 그에게 공간은 너무 자연스러운 것이었다. 이에 따라, 그는 자기 자신을 3차원에 기반을 둔 연극 예술과 정반대편 극점에 위치시킨 것은 아닐까?

논문 〈가정 - 가로 - 도시*Home-Street-City*〉(1926)는, 신조형주의 시각으로 인간의 전체 거주 환경을 투영하고자 했던 몬드리안의 또 다른 시도였다. 몬드리안에게 예술은 미학 그 자체만이 아니라, 그것은 종교였고 바로 인생 그 자체였다. 몬드리안은 주거란 전통적으로, 자기 보호라는 주관적 개성을 외부로 표현하려는 부르주아의 애처로운 관심사를 반영하는 것이라 생각하였다. 신조형주의 시각에서 볼 때 가정은, 자기 충족적이며 애착이 가는 '홈 스위트 홈Home-Sweet-Home'이 아니라, 예술 종합체에서 분리될 수 없는 일부분, 즉 도시라는 새로운 조형적 종합체를 이루는 한 요소였다. 이 종합체는 순수한 선, 평면, 색채의 순수한 관계를 형성하여야 이뤄질 수 있기 때문에, 새로운 조형적 균형을 위해 단일 주거라는 모든 배타성을 중화시키고 파괴해야 했다. 이에 더하여 몬드리안은 '대각선의 변덕스러운 성격'을 거부하였다. 몬드리안에게 대각선은 4차원과 마찬가지였다. 왜냐하면 그것은 지표면 위에서 수직으로 서려 하는 인체의 자연스러운 평형감각을 왜곡시키기 때문이었다.
말년에 몬드리안은 추상화와 새로운 공간 개념을 지향했던 자신의 진화과정을 회고하였다. 〈실재의 진실된 시각을 향하여*Toward True Vision of Reality*〉(1942)라는 글에서 몬드리안은, 예를 들자면 "실재는 **형태**와 **공간**이다."라는 브링크만의 다소 인습적인 견해를 취하고 있다. 그리고 "예술은 형태와 함께 공간을 결정하여야 하며, 이 두 인자들의 균형을 창조해야 한다."[39]라고 하였다.
1년 후, 《새로운 리얼리즘*A New Realism*》(1943)을 집필하며, 어떤 공간의 표현도 2차원적인 성격을 요구한다는 사실을 다시 한번 명백히하였다.[40]

'공간 표현space expression'이란 어휘는 주관적인 개념에서 제기된 전통적인 미학을 폐기하고, 예술을 순수한 조형적인 문제로 귀결시킬 때에만 성립된다. 그러나 동시에 이러한 어휘를 사용한다는 것은, 공간의 표현이 자연적 추상적인 형태로 바뀌어야 함을 보여준다. 건축과 조각에서는 3차원적 구성이 필연적이지만, 회화에서는 3차원의 공간은 2차원적 외관으로 변형되어야 한다. 이것은 캔버스에 적응하기 위해 필요할 뿐만 아니라, 형태와 공간의 자연적인 표현을 파기하기 위해서도 필요하다.

7 러시아 절대주의: 비합리적 공간

Russian suprematism: irrational space

러시아 절대주의Suprematism*와 구성주의Constructivism 운동의 공간 개념은 제1차 세계대전이 일어나기 수년 전에 서유럽의 입체-미래파Cubo-Futurist의 영향을 받고서야 발생할 수 있었다. 이 당시 공간에 대한 인식 개념은, 입체파의 2차원적이며 회화적인 평면에서 점차 절대주의의 조형적이며 3차원적인 표현으로 발전하여 갔으며, 이러한 3차원성은 회화, 조각, 건축사이의 전통적인 구분을 깨뜨려버렸다.

네덜란드 드 스테일 운동의 발전과 마찬가지로, 2차원에서 3차원 형태로 전환하는 이 새로운 개념은 러시아에서도 심한 논쟁을 일으켰으며, '화가'와 '건축가' 사이를 전반적으로 결렬시켰다. 1912년 이래로 큐비즘으로 전환했던 화가인 카시미르 말레비치Kasimir Malevich는, 1920년대 초반에 제작한 '아키텍톤Architektonics'(그림 170)이란 작품으로 러시아의 새로운 인식을 보여주었다. 이 새로운 인식이란, 네덜란드의 판 두스뷔르흐(그림 171)와 프랑스의 르 코르뷔지에와 같은 노선인, 소위 회화의 '3차원적' 표현을 뒤따르는 것이었다.

---

* 수프레마티즘(영어 Suprematism, 러시아어 Супрематизм) 또는 절대주의絶對主義는 1915년 말레비치가 주창하여 러시아 혁명 전후의 미술계를 구성주의와 함께 이분하여 전개된 전위 미술 사조 및 그 운동을 말한다. 큐비즘의 사고방식을 깊이 파고들어 '절대적으로 순수한 기하학적 추상'을 표방하고 있다(두산 백과사전 및 위키 백과사전 참조). 지고주의至高主義라고도 한다.

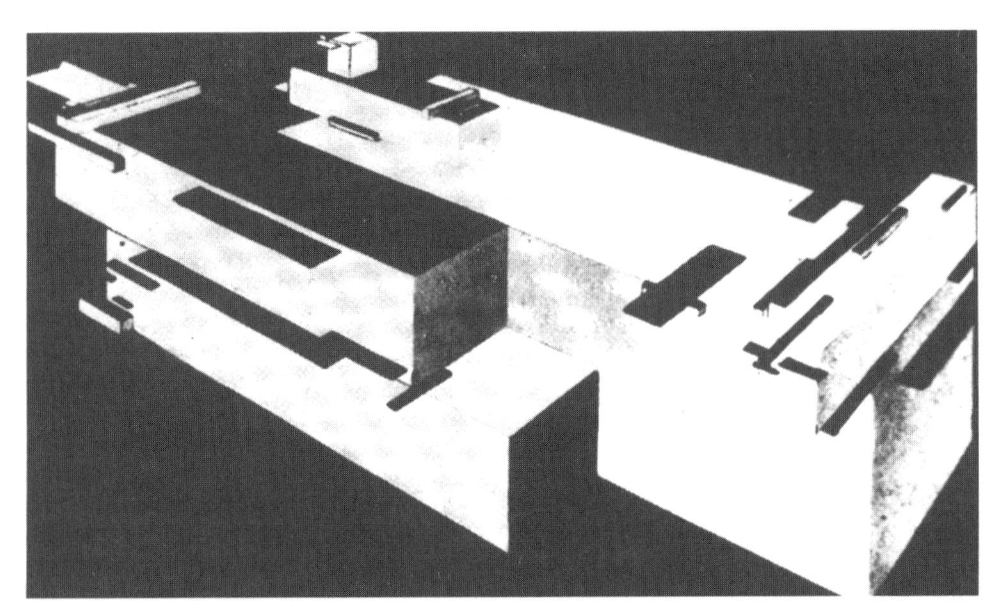

그림 170 카시미르 말레비치. 절대주의 아키텍톤(1923)

그림 171 테오 판 두스뷔르흐·코르 판 에스테렌. 레옹스 로젠베르그 주택 모형(1923)

러시아의 추상적인 절대주의는 마르크 샤갈Marc Chagall이 중심이던 기존의 신비적 표현주의mystical Expressionism와 갈등에 직면하였다. 어느 면에서 보자면 1920년 초반의 결과는 독일의 경우와 비슷하였다. 즉, 표현주의가 예술운동의 선도자 지위를 잃게 되었다. 1921년에 샤갈은 비텝스크Vitebsk 공립 미술학교 교장직 사임을 강요받았다. 러시아혁명 이후에 근대적이며 국제적인 구성주의 운동은 모스크바 신 정권의 공식건축이 되었다.

1913년에 절대주의를 창시한 말레비치는, 이후 〈에세이*Essay*〉라는 글에서, 큐비즘과 미래파에서 절대주의로의 전환에 대해 쓰고 있다. 마치 입체파 화가나 드 스테일 멤버가 그러하였듯이, 말레비치도 자기 자신의 역사를 손수 써야만 했다. 왜냐하면 기존의 예술사가나 미학 이론가들이 뵐플린이나 보링거 정도로 관록 있는 사람이었다 하더라도, 그들의 관심사는 완전히 근대 운동 영역 밖에 머무르고 있었기 때문이다.

말레비치는 전통적인 '이젤의 회화'로부터 '공간적 회화spatial painting'를 완전히 분리시켰다. 공간적 회화 수법에서 공간은 실제로 표현 수단으로 작용하였지 그 목적은 아니었다. 말레비치에 따르면, 공간적인 차원은 이전의 (평면적) 구성Composition을 (입체적인) 구축Construction으로 전환시켰다고 하였다.[1] 말레비치에 의하면, 화가이자 조각가였던 타틀린Tatlin이, 1913년 파리에서 피카소와 아르키펜코Arkhipenko의 작품을 본 후에, 공간적 큐비즘이란 개념을 러시아에 소개하였다고 하였다. 러시아로 돌아온 후 타틀린은 2차원적인 회화를 철저히 거부하고, 입체파의 3차원적 회화 방법인 자신의 '반부조反浮彫 Contre-Reliefs'를 발전시켰다(그림 172). 이러한 회화형식을 말레비치는 '공간적 큐비즘Spatial Cubism'[2]이라

그림 172 블라디미르 타틀린. 반부조(1914년 이후)

하였다. 피카소와 타틀린은 '회화적인 자연요소들의 공간적 성장'을 표현하였으며, 이는 '관찰자에 대한 성장'이었다. 이러한 부조는 조각은 아니었다. 왜냐하면 그것은 회화적인 감각에서 발전되었기 때문이다. 그것은 공간상의 회화적 구성이며, 따라서 이는 타틀린이 최후로 명명한 구성주의 운동Constructivist movement으로 유도되었다. 타틀린의 초기 작품은 러시아에서 두 가지 운동의 시발점이 되었다. 하나는 아르키펜코와 페브스너Pevsner가 펼친 **예술 공간적 구성주의**Artistic Spatial Constructivism이며, 또 다른 하나는 타틀린과 로드첸코Rodchenko가 발표한 **기능적** 또는 공리적 **구성주의**Functional or utilitarian Constructivism였다. 후자인 기능적 구성주의 운동은 1920년대에 더욱 합리주의적인 구성주의 건축으로 발전하였다. 그러나 말레비치 자신은 절대주의에 집착하고 있었다. 심지어 1923년과 1924년 직후에, 별로 주목 받진 못했으나 자신만의 '아키텍톤Arkhitectonics'을 발표했음에도 불구하고, 그와 동시대 사람인 테오 판 두스뷔르흐의 반 구성Contra Construction(1922)을 절대주의적 구성이라고 주장하였다(그림 173). 〈에세이〉에서 말레비치는, 큐비즘 특히 '공간적 큐비즘'이 새로운 건축을 발생시켰다는 견해를 제시하였다. 공간 개념에 중심을 둔 이러한 견해는 합리적 구성주의가 본질적으로 예술 운동이었음을 나타낸다. 아마 판 두스뷔르흐의 이론과 큐비즘의 영향을 받아, 말레비치가 다소 불확실하게 5차원을 다루었다는 것도 흥미롭다. 비텝스크의 '인민 고등 미술학교People's High School of Art'의 지도자 임무를 샤갈로부터 넘겨받기 직전에, 말레비치는 《예술상의 선포 *A Decree A in Art*》(1920. 11. 15.)를 썼으며, 거기서 다음과 같이 말하였다.[3]

1. 5차원은 확립되었다. ….
18. 구세계의 모든 예술을 타파하기 위하여 (5차원에 대한) 경제 위원회를 소집하라.

'5차원'이란 어휘에 대해 말레비치가 갖고 있던 생각은 아직 모호한 그대로였다. 왜냐하면 1916년 《아카데미파의 숨겨진 악덕*Secret Vices of the Academicians*》에서 다음과 같이 쓰고 있다.[4]

그림 173 K. 말레비치. 역동적인 절대주의 '아키텍톤'(1923/24)

나는 위험을 경고한다. 이성은 이제 예술을 절대 차원의 상자 속에 가두어 놓았다. 5차원이나 6차원의 위험을 예견하는 것을, 나는 회피한다. 왜냐하면 5차원이나 6차원은 예술이 질식해버리는 육면체를 형성하기 때문이다.

말레비치가 가끔 자신의 논문에서 자가당착에 빠져 어디로 갈지 확신하지 못하였다는 사실은 매우 기이하다. 그러나 어느 경우든지 몬드리안의 작품에서 발전한 듯한 2차원성을 추구하는 부정할 수 없는 경향이 있었다. 《새로운 예술과 모방의 예술*New Art and Imitative Art*》(1928)에서, 농담원근법aerial perspective으로 화가가 3차원적 공간을 지각할 필요가 없다는 사실을 명백히 표현하였다. 새로운 예술은 모방이 아니다. 왜냐하면 현상 세계를 깊이로 표현하는 것이 아니라, 현상 세계를 화면picture-plane에 옮기기 위해 면에 면을 더해 작업하기 때문이다. 공간의 전통적 배경은 이제 평면적인 오브제로서 입체파 회화의 일반적인 구성이 되기 시작하였다. 브라크가 1911년에 그린 '**원탁**Guéridon'(그림 174)을 평하면서, 말레비치는 '그와 같은' 공간의 실재를 부정하였다. 회화는 깊이에 의해서가 아니라 평면의 2차원성 위에 성립되기 때문이었다.

그림 174 조르주 브라크. 원탁(1910-1911)

말레비치가 타틀린을 러시아 공간적 큐비즘의 창시자라고 하였지만, 타틀린 자신은 자기의 공간 개념에 대해 명확한 아무런 이론도 갖고 있지 않았다. 타틀린은 1913년에 **구성주의**Constructivism란 어휘를 만들어냈다. 이 어휘는 그가 예술작품의 공간적 개방성spatial openness보다는, 오히려 **구성적 집합성**tectonic assemblage을 선호한 사실을 보여주었다. 타틀린의 가장 유명한 작품은 공간적인 '**제3인터내셔널 기념조형물**'(1919~1920) 디자인이었으며, 그것은 정치적 커뮤니케이션의 상징적 성명인 동시에, 근대적 우주 공간질서에 대한 힘찬 관심이었다. 나선형 경사축은 우리 태양계 내의 지구축과 동일시될 수 있다(그림 175). 재료의 사용, 운동의 표현, 정치적 선전을 위한 비건축적 수단의 적용 모두가 공간의 순수한 이데올로기로서 타틀린에게는 똑같이 중요하였다. 아주 전형적으로 그의 작업은 '볼륨Volume, 재료material, 구조Construction'(1919)라고 불렸는데, 여기서 첫째 용어인 **볼륨**이 바로 공간과 관련된다.

그림 175 V. 타틀린. 제3인터내셔널 기념 조형물(1920)

한편 공간 개념에 더욱 명확히 관심 있던 사람은 예술가 나움 가보Naum Gabo와 말레비치의 절대주의 추종자였던 엘 리씨츠키El Lissitzky였다. 가보는 1910년에서 1914년 사이에 뮌헨에서 공부하였는데, 거기에서 뵐플린의 예술사 강의를 들었다. 공간에 대한 뵐플린의 견해를 접한 것 말고도, 가보는 이 기간 동안 물리학의 새로운 공간 개념 특히 알베르트 아인슈타인이 전개시킨 공간 개념에 대한 격렬한 논쟁들을 목격하였다고 기술하였다. 가보는 큐비즘이나 미래주의에 찬동하지는 않았다. 이 두 운동들은 그에게 너무나 분석적이었다. 예술의 미래는 구성주의였으며, 새로운 세계를 적극 건설하는 것이었다. 예를 들어, 미래파의 "공간과 시간은 죽었다"라는 성명에 대하여, 가보와 그의 형제인 안토안느 페브스너Antoine Pevsner는 1920년의 "사실주의 선언Realistic manifesto"에서 새로운 신념을 공식화하여야만 했다.[5]

공간과 시간은 오늘날 우리에게 다시 태어났다. 공간과 시간은 우리 생활이 구축되는 유일한 형식이며, 따라서 예술도 그 속에서 구축되어야 한다. 공간과 시간의 형식으로 세계에 대한 우리의 인식을 현실화하는 것이 회화와 조형 예술의 유일한 목적이다.

(3) 우리는 공간의 회화적이며 조형적인 형태로서의 볼륨을 거절한다. 즉, 길이의 단위인 야드로써 액체의 양을 잴 수 없듯이 공간을 볼륨으로 측정할 수는 없다. 우리의 공간을 보자. 연속되는 깊이가 아니라면 그것은 무엇인가? 우리는 깊이를 유일하게 공간의 회화적이며 조형적인 형태로 긍정한다.

(4) 우리는 조각에서 조각적 요소로서의 매스를 거부한다….

더욱이 그 후 인터뷰에서, 가보는 2차원적 공간문제에 대한 몬드리안과의 견해 차이를 구체화하고 있다. 그 논쟁의 일부를 다음에 재현하였다.[6]

내가 그리는 회화의 주요 목적은, 나의 구성과 마찬가지로, 공간이다. 나는 회화가 평면적이어야 한다는 몬드리안의 견해에 절대 동의할 수 없다. 나는 그와 이 문제를 런던에서 종종 이야기하였다. 때때로 그가 오랜 시간에 걸쳐 제작해온 그림을 보며, 내가 "그 그림을 이제 끝냈으면 한다."라고 한다면, 그는 "아니, 그렇지 않다."라고 하며, "백색은 충분히 평면적이지 않다. 그 속에는 수많은 공간이 존재한다."라고 대답할 것이다. 그러면 나는 "당신은 그 공간을 파괴시킬 수 없다."라고 말한다.

엘리저 리씨츠키Eleazer Lissitzky는 말레비치가 주장한 새로운 건축에서 공간 개념의 중요성을 이해한 최초의 예술가 중의 한사람이었다. 그의 '**프로운**Proun'이란 회화 작품은 건축과 회화의 융합이 목적이었다(그림 176). 리씨츠키는 1919년~1921년에 걸쳐 비텝스크에서 말레비치의 지도 아래 연구하였으며, 이 시기를 그는 가장 창조적인 시기였다고 여겼다. 비텝스크에서 리씨츠키는 말레비치의 세심한 협력으로 여러 **프로운**들을 제작하였다. 여전히 2차원인 **프로운**을 리씨츠키는 회화와 건축사이의 일시적인 전환의 장이라고 여겼다. 가까운 미래에 예술가는 단순히 회화적 모방자로 남을 것이 아니라, 공간상의 대상물로서 새로운 세계를 건설하는 진실한 구축자constructor가 되어야 했다.

리씨츠키에 의하면, **공간**space과 **물체**material로 디자인하는 데에는 오직 두 가지 방법이 있으며, 예술가는 디자인하면서 무관한 공허void를 예술적인 공간으로 전환하며, 물질적 요소 사이에 긴장을 형성한다고 하였다.[7]

입체파의 중요한 소망은 관찰자로서 필요한 자유에 도달하려는 욕구이다. 새로운 공간을 구축할 때, 예술가는 예술작품 속in에, 즉 여러 투영축으로 양분되는 공간의 영역 속에 서고자 한다. 리씨츠키는 공간 내 운동movement에 따라 물질의 형태가 디자인되어야 한다고 말하였다. '**프로운-공간**Proun-space'은 벽을 이루는 평면에서 출발하여, 앞뒤로 확장되어 공간이 되며, 최종으로 주위 환경의 모든 대상물에 이르러 그 모두를 포함하게 된다. 1923년 '**대베를린 예술전람회**Grosse Berliner Kunstausstllung'가 개최되었을 때 실물 크기의 **프로운-공간**을 설치하였으며(그림 177), 리씨츠키는 다소 입체파적인 스타일로 공간 개념을 정의하였다.[8]

공간, 그것은 열쇠구멍을 통해 볼 수 있는 것도 아니며, 문을 열어젖히고 볼 수 있는 것도 아니다. 공간은 눈으로 보기 위해서만 존재하는 것이 아니다. 공간은 그림이 아니라, 사람이 그 속에서 살기 위한 곳이다.

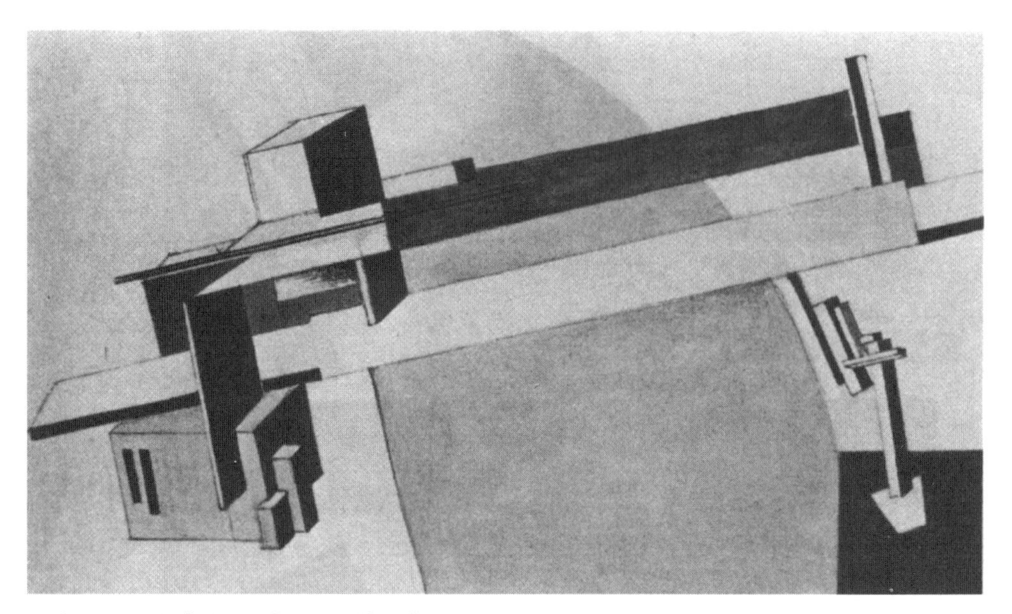

그림 176 E. 리씨츠키. 프로운 IA, 교량(1919)

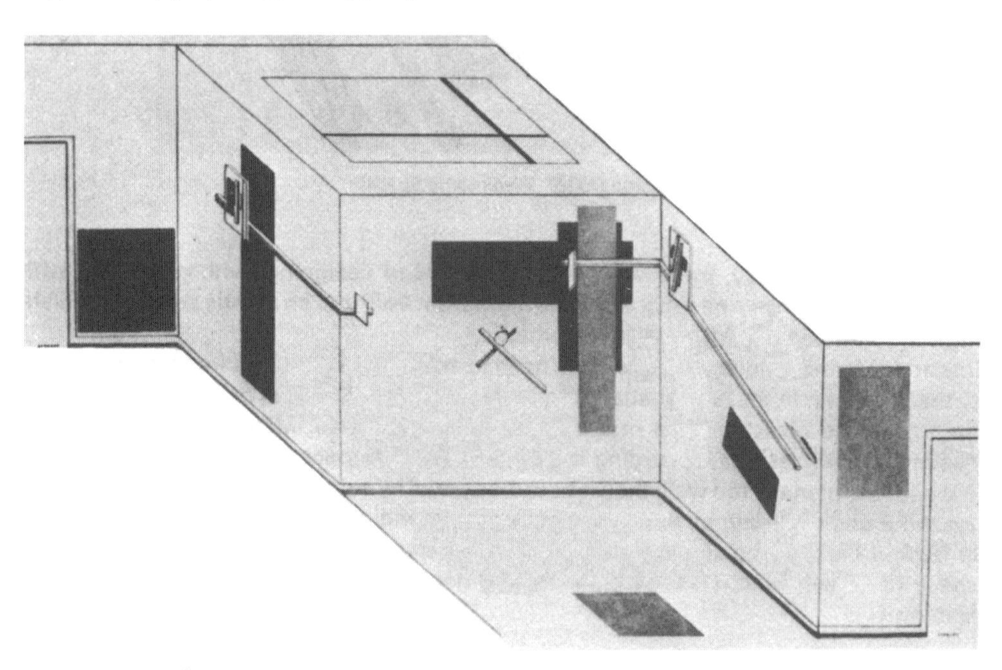

그림 177 E. 리씨츠키. 프로운 룸. 베를린 예술 전람회(1923)

프로운Proun은 글자 그대로 프로 우노비스pro-UNOVIS를 뜻한다. 우노비스*(UNOVIS: '새로운 예술의 창시자')는, 샤갈을 중심으로 한 표현주의 운동에 대항하려고, 1919년 말레비치가 비텝스크 공립 미술학교의 절대주의 화가들로 구성한 그룹이었다. 리씨츠키의 프로운 회화는 1923년 **프로운-공간**에서 절정에 이른다. 리씨츠키는 상자 모양의 전시실을 설치했으며, 그 벽에 부조를 배치하는 방법으로 상자의 느낌을 해소하였다. 이렇게 판 두스뷔르흐의 요소주의적 구조를 예견하고 있었다. 그의 이상은 모든 요소를 통합시킨 단일체에 도달하는 것이었으며, 그 단일체는 '전화나 표준화된 사무실 가구 등을 들여 놓아도 와해되지 않을 것'이었다.

리씨츠키는 1925년에 그의 주요 논문인 〈A와 범기하학*A and Pan-geometry*〉에서 공간 개념을 완성하였는데, 거기에서 4가지 공간 개념을 제시하였다.[9] 그가 정의한 최초의 공간은 물리적이며 2차원의 표면으로 만들어지는 **평판적 공간**Planimetric Space이었다. 여기서 공간은 대상물을 부분적으로 중첩 표현하여 만들어질 수 있다(그림 178). 두 번째 공간은 **투시도적 공간**Perspective Space이며, 한 점의 각추나 원추의 시각視覺을 이용하여 투시도적 표현으로 얻게 된다. 여기서 **공간**Space은 유클리드 기하학과 일치되는 육면체 상자로 생각된다. '**투시도적 공간**'에서 세계는 한정되어 있고 닫혀 있다(그림 179). 세 번째 공간 개념은 **비합리적 공간**Irrational Space이다. 즉, 하나의 시각원추를 무한수로 향하게 하는 자승법이다. 여기서 공간 표현은 다차원적이며, 공간과 시간은 새로운 불가분의 전체로서 결합될 수 있다(그림180). 리씨츠키는 다음과 같이 경고하였다. 공간의 상대성이란 진보된 과학 이론에 대한 순수한 이해 없이, 이 이론에 시간-공간 개념을 너무나 피상적으로 관련시켜서는 안 된다. (그리고 이는 의심할 여지없이 판 두스뷔르흐적 경향을 암시하고 있다.) 리씨츠키에 따르면, 비합리적 공간 개념의 시간은 절대 직접 경험되지 않는다. 오직 관찰자의 위치가 변화함에 따라서만이 시간의 경과 효과를 불러일으킬 수 있다. 리씨츠키는 시간-공간

---

* 우노비스UNOVIS 또는 MOLPOSNOVIS, POSNOVIS는 절대주의 러시아 예술가 단체였다. 1919년에 카시미르 말레비치가 비텝스크 공립 미술학교에서 설립하고 지도했다. 우노비스UNOVIS라는 이름은 '새로운 예술의 옹호자'라는 뜻의 러시아어 'Utverditeli Novogo Iskusstva'의 줄임말이다. 다른 이름으로 알려진 POSNOVIS는 '새로운 예술의 추종자'를 뜻하는 'Posledovateli Novogo Iskusstva'의 줄임말이고, MOLPOSNOVIS는 '새로운 예술의 젊은 추종자'를 뜻한다(위키백과를 참조하여 정리).

그림 178 K. 말레비치. 절대주의 회화(1916): '평판적 공간'

현상의 어떠한 표현도 3차원적 표면의 한계를 벗어날 수 없다는 사실을 깨달았다. 동적 특성이 있는 환영幻影 illusion이 나타날 수는 있지만, 실제로 그 표면은 정적이며 3차원 그대로이다. 절대주의 예술의 이러한 모순 때문에 리씨츠키는 아마 이 공간 개념을 비합리적이라고 부르게 되었을 것이다. 그의 네 번째이자 마지막 공간 개념으로 **영상적 공간** Imaginary Space을 도입하였다.

그림 179 티. 리씨츠키. 크레믈린을 바라보는 스카이-훅Wölkenbügel: '투시도적 공간'

이 개념은 1초의 1/30보다 작은 주기로 영사되는 영화에 의해 만들어질 수 있었으며, 연속동작과 시각의 실제 깊이에 따른 인상으로 나타난다(그림 181). 이 개념은 단지 가상적Imaginary이다. 왜냐하면 공간과 시간의 실제 세계는 단순히 비물질적 효과인 **동작**motion에 의해 생겨나기 때문이다. 리씨츠키는 이러한 공간 개념이 '비물질적 유물론non-material materialist'의 성격을 갖고 있다고 정의하였다.

그림 180 K. 멜니코프. 파리 국제박람회 소련관(1925): '비합리적 공간'

그림 181 1초당 30회 정도로 노출시킨 다면노출: '영상적 공간'

러시아 절대주의자인 리씨츠키에 의한 이러한 공간분류는 20세기의 공간 개념을 이해하는 데 극히 중요하다. 그의 예술적 실험을 거쳐 공간 개념과 관련된 세 번째 주요한 명제가 구체화되었다. 우리가 이전에 분석하였던 첫째 명제는 슈마르소-브링크만-기디온의 이론으로, 공간과 매스의 이원성과 이들의 상호관입interpenetration이었다. 둘째 명제는 알베르트 아인슈타인이 분류한, 장소, 공간, 역학적 장場 place, space, dynamic field의 3단계 개념이었다. 1925년 리씨츠키의 간명한 이론에 의해서, 지각적인 관점에 따라, 20세기의 공간 개념을 따르는 여러 이념들은 이 세 번째 명제에 따라 정의되어, 2, 3 또는 4차원적 공간이라는 공간 이미지image로 정의되었다.

러시아의 당시 상황은 새로운 공간 개념을 전개시키는 데 좋은 기반을 제공하였다. 1920년에 일찍이 '브후테마스VKhUTEMAS(Вхутемас 국립고등미술기술스튜디오)'가 설립되었을 때, 건축가 니콜라이 A. 라도브스키Nikolai A. Ladovsky는 건축에서 3차원 공간 연구가 지닌 중요성에 대해 반복하여 강조하였다. 1921년 라도브스키가 '인후크INKhUK(Инхук 예술문화연구소)'의 소장으로 임명되었을 때, 그는 《프로그램*Program*》을 발간하였다. 이것은 실제로 공간과 공간인식에 대한 객관적인 이해를 깊게 다룬 최초의 건축적이며 합리주의적인 문서였다. 1923년에 그는 ASNOVA(АСНОВА신건축가협회)를 조직하였으며, 이 협회는 오로지 건축 공간을 연구하는 새로운 정신분석 방법들과 이 방법들이 인간 행태에 미치는 다양한 영향 등을 목표로 하였다. 그는 브후테마스VKhUTEMAS에 실험실을 설립하는 데 성공하였으며 그곳에서 그는 공간의 3차원적 성격을 탐구할 수 있었다.

리씨츠키가 그의 주요 논문인 〈A와 범기하학〉을 발간한 이후에, 네덜란드 구성주의 건축가인 마르트 스탐Mart Stam이 중요한 반응을 보였다. 스탐은 수년 동안 리씨츠키와 협력한 사람이었다. 스탐은 '공간Space'이라는 시詩 팸플릿을 써서 절대주의 공간 개념을 지지하였다.[10] 그는 힐데브란트 이후 계속된 논쟁인, 동시적 '분리Auseinander'와 계속적인 '연속Nacheinander'과 같은, 공간의 경험과 관련하여 당시 독일에서 한창 활기찼던 주장을 채택하였다. 우리는 이러한 개념이, 다고버트 프라이Dagobert Frey나 파울 추커Paul Zucker와 같은 한층 보수적인 경향의 근대 건축역사가들에게도 중요하였다는 사실을 일찍이 지적한 바 있다. 미술역사가와 전위예술가 모두가 서로 직접 정신적 교류 없이 힐데브란트에서 유래된 노선을 따르고 있음은 매우 놀랄 만한 사실이다. 분명히 공간 개념의 생명력은 인간의 직업을 구분하는 기능을 무력하게 하였다. 다시 한번 공간 개념이 20세기 초 시대정신Zeitgeist의 고유한 요소가 되었다는 것을 증명하고 있다.

8 바우하우스: 공간의 과학

The bauhaus school: a science of space

바우하우스와 바우하우스 예술가들에 대한 오늘날까지의 광범위한 문헌들은, 20세기 예술교육에 대한 이들의 공헌을 설명하고 있다. 바로 이러한 학교로서의 위대한 영향 때문에, 예술개념의 근원에 대한 바우하우스의 공헌 그 자체가 과대평가되어왔다. 특히 공간개념의 발생은 바우하우스가 아닌 곳에서 일어났다. 바우하우스의 성공은, 창립자인 발터 그로피우스Walter Gropius가 여러 어려움에도 불구하고, 젊고 미래가 촉망되는 예술가들을 서로 협동하는 풍토를 자아내는 바이마르에 초청하였다는 사실에 돌려질지도 모른다. 최종적으로 바우하우스 노선을 모양 지은 예술운동은 다양하였다. 표현주의, 큐비즘, 구성주의, 미래주의, 신조형주의 등이 형성의 근원이었으며, '바우하우스 스타일Bauhaus Style'이라고 잘못 이름 지어진 것 위에 그 특징들이 남아 있다. 지금까지 여러 편의 연구를 보면, 바우하우스 시기 중 처음 4년간(1919~1923)은 표현주의적이며 신비적인 경향이 지배적이었다. 이는 화가 이텐Itten이나 파이닝거Feininger, 그로피우스 자신도 그 당시 독일어권 국가에 만연되어 있던 반지성적이며 직관적인 분위기에 영향을 받고 있었다. 바우하우스 시기 중 더욱 성공을 이룬 후반기 때문에, 이 초기의 수년간은 모호하게 취급되었다.

1925년까지만 해도 바우하우스에는 건축 부문이 없었으며, 그로피우스를 제외하고는 건축분야 교수가 없었다는 사실에 유념해야 한다. 독일에서 주요 건축이념은 바이마르 밖에서 형성되었다. 건축 혁신의 주요 중심지는 베를린이었으며, 합리주의적이며 기능주의적 모임인 '링Der Ring'에 베를린의 지도적 건축가들이 모였으며, 이후에 이 모임에서 바우하우스의 건축분야 교수들이 배출되었다.

바우하우스의 기존 멤버들이 1923년에 표현주의적 경향에서 순화된 것은 바우하우스 외부의 영향이라는 사실이 나중에 밝혀졌다.[1] 이러한 혁신은 네덜란드 드 스테일의 지도자였던 판 두스뷔르흐가 활발히 북돋은 결과였다. 판 두스뷔르흐는 1921년에서 1922년에 걸쳐 객원교수로서 그리고 1922년 바이마르에서 그가 조직한 '구성주의자 회의Constructivism Congress'를 통해 바우하우스에 개입하였다. 이 회의에는 장 아르프Jean Arp, 쿠르트 슈비터스Kurt Schwitters, 트리스탄 차라Tristan Tzara 같은 다다이스트Dadaist, 구성주의자인 엘 리씨츠키, 라슬로 모홀리-나지László Moholy-Nagy, 그리고 드 스테일의 대표로서 판 두스뷔르흐, 코르 판 에스테렌 등이 초대되었으며, 이 회의는 바우하우스 학생들의 관심과 그로피우스의 경악 아래 개최되었다. 바우하우스 멤버였던 베르너 그라에프Werner Graeff는 드 스테일과 독일 기능주의 건축가 그룹인 '링Der Ring'에 동시에 속해 있었는데, 바로 이 중요한 1923년에 한스 리히터Hans Richter와 함께 잡지 《*G*》(Gestaltung의 약어)를 창간하였다. 이 잡지에 미스 반 데어 로에Mies van der Rohe와 리씨츠키가 공동 편집인으로 참여하였다. 판 두스뷔르흐가 바우하우스에서 추방된 충격에 대해 그라에프는, 판 두스뷔르흐의 괴팍하며 공격적인 성격 때문에 바우하우스 교수로 임명되지 못하였다고 서술하였다.[2] 그 대신에 그로피우스는 헝가리 출신 구성주의자였던 라슬로 모홀리-나지를 임용하였다.

바우하우스 밖 예술운동의 영향에 대해서, 루트비히 힐버자이머Ludwig Hilberseimer가 1923년에 건축운동의 실제 상황을 분석·기술하였다.[3] 논문 〈건축의 의지*The Will of Architecture*〉(1923)에서, 그는 이전 10년간 건축에 만연된 모든 표현주의 성향들을 제거하려 하였다. 그는 이러한 성향들이야말로 고의적이며 주관적이며 애매한, 현실로부터의 비약이라고 혹평하였다. 그 대신에 현실세계를 디자인 대상으로 삼았다는 이유로, 큐비즘, 절대주의 그리고 특히 구성주의를 올바른 방향이라고 믿었다. 힐버자이머는 새로운 공간감을 표현하였다는 관점에서 구성주의 건축을 보았으며, 이를 1924년 마천루 도시Skyscraper City에서 아주 강력히 시각화하였다(그림 182). 1928년 힐버자이머는 바우하우스 교수로 임명되었으며 건축가 하네스 마이어Hannes Meyer의 감독 아래 있었다.

그림 182 L. 힐버자이머. 마천루 도시 계획안(1924년경), 동서 가로

하네스 마이어는 유물론적이며 구조적인 공간 개념을 연구하였으며, 르 코르뷔지에나 타틀린이 이끄는 러시아 구성주의와 같은 견해를 보였다. 힐버자이머는 건축을 어떤 개념에 대응하는 **물질**matter의 구성체로 보았고, 내부-외부 관계에서 건축 표현을 찾았다. 이는 다시 말해 건축은 육면체 매스Cubic mass를 율동적으로 구성한 것과 같다고 인식하였다.[4]

이와 유사한 접근을, 바우하우스 철학의 변화에 간접적으로 상당한 영향을 주었던 합리주의 건축가 미스 반 데어 로에도 1923년에 전개하였다.

그는 새로운 공간 표현을 고안해냈다. 그것은 근대적인 재료와 기술을 사용하여 닫힌 육면체 매스의 코너를 해체하면서 직접 성과를 거두게 되었다(그림 183). 미스는 낭만적인 비약이라고 생각한 중세 성당에 대한 흔히 하던 평가를 폐기하였다.[5] 그 대신에 '공간, 생활, 변화, 최신 등으로 번역되는 **시대의지**the will of epoch'인 건축을 추구해야 한다고 주장하였다.[6] 이와 같은 견해는 이미 언급한 바 있는 주제인 뵐플린의 'Lebensgefühl(생활감정)'이나 리글의 'Kunstwollen(예술의지)'을 연상시킨다.

그림 183 루트비히 미스 반 데어 로에. 철골과 유리 마천루 모형(1921)

이 주제들 모두 인간을 이미 운명 지어진 방향으로 불가항력하게 유도하는, 문화적이며 시간 제약적인 힘을 기술하고 있다. 미스에게 이러한 방향은 이성reason을 의미하였고 기능의 완전한 표현을 의미하였다. 왜냐하면 그는 그의 시대를 이성과 사실주의realism 시대로 여겼기 때문이다.

그림 184 루트비히 미스 반 데어 로에. 베를린 주택전시회 출품 주택(1931): 신조형주의적 구성

미스는 공간미학이나 **4차원**에 대한 신조형주의 철학과는 완전히 단절되어 있었음에도 불구하고, 판 두스뷔르흐의 요소적이며 형태적인 구성에 강하게 영향받고 있었다(그림 184). 1938년 미스가 독일을 떠나, 시카고 아머 공과대학(IIT 전신)Armour Institute of Technology의 건축학부장이 된 후에도, 공간의 미학적 선입견에 대한 그의 의구심은 사라지지 않았다. 그는 물질the Material로 시작해 기능적인 것the Functional을 통해 정신적인 것the Spiritual이나 미the Beauty로 지향하도록 학생들을 지도할 것을 대학 측에 주장하였다. 다시 말해서 미스는 비트루비우스의 3요소인 **견고성**Firmitas, **편의성**Comoditas, **심미성**Venustas을 물질적 위계로 재편성하였다.[7]

가장 단순한 형태에 이르면, 건축은 완전히 기능적인 고려에 기초하게 된다. 그러나 정신적인 실재라는 최고위에 이르는 가치의 모든 단계를 통하여 순수예술의 영역에 도달할 수 있다. …. 그러므로 물질로부터 기능을 통해 창조적 작품에 이르는 훈련의 여정에 학생들을 이끌어야 한다.

1938년의 이러한 철학은 1928년에 작성된 바우하우스 커리큘럼을 간략히 축약한 것이었다. 이러한 견해는 모홀로-나지가 그의 저서 《물질에서 건축으로*From Material toward Architecture*》에서 밝힌 바와 같다. 모홀로-나지는 공간에 더 적극적으로 접근하였다. 건축 공간 개념은 1923년에서 1927년 사이에 바우하우스 교육의 사실상 중심이 되었다. 이렇게 된 것은 주로 발터 그로피우스와 모홀로-나지 두 사람의 공헌이었다. 그들이 독일을 떠나 미국으로 이주하였을 때 바우하우스 당시의 개념을 가져왔다. 그 결과 바우하우스 시기의 공간 개념이 서양 세계로 증식되었다.

그로피우스의 이상은, 그가 1913년 독일 공작연맹 연설에서도 이미 언급한 바와 같이, 기술적 형태와 예술 형태를 융합하는 것이었으며, 이는 바로 뒤, 그의 유명한 슬로건인 '예술과 기술, 새로운 통합체Art and Technology, a New Unity'로 발전되었다.[8] 그리고 그 당시 그로피우스는 예술가, 사업가, 기술자 사이의 협력을 추구하였다. 이는 그가 일생동안 고수한 그 유명한 그로피우스의 신조가 되었다. 제1차 세계대전 직후, 그로피우스가 바이마르 바우하우스의 교장에 임명되었을 때에는, 독일 공작연맹German Werkbunt의 초기 산업 기능주의industrial Functionalism는 오히려 더욱 낭만적인 형태를 띠고 있어서, 모든 예술을 통합시키려면 이제 다시 수공예를 기반으로 해야 한다고 주장하고 있었다.[9] 따라서 바우하우스도 성당을 건설했던 중세 장인들의 막사 형태로 구성되어야 했다. 즉, 학교는 수공예 공방workshop으로 전환되어야 했다. 따라서 바우하우스에는 교사teacher란 없으며, 대신에 장인Masters이나 직인Journeymen 그리고 도제Apprentices가 있을 뿐이었다. 이러한 낭만적 이상주의는 이전의 공작연맹 철학이나 이후의 인터내셔널 스타일 철학과는 확실히 상반되었다.

1923년에 그로피우스는 바우하우스 교육 프로그램을 완전히 개편하였다. 이제 예술을 더욱 과학적으로 접근하게 되었다. 외부의 영향은 이미 말하였지만, 여기에 화가 바실리 칸딘스키Wassily Kandinsky의 영향을 추가시켜야 한다. 그는 1922년부터 바우하우스의 교수로 있었으며, 화가로서 그는 미술적인 형태와 색채에 대한 과학적 해석방법을 연구하였다(그림 185). 그러한 분석적이며 방법론적인 접근방식은 바로 바우하우스가 추구하기를 고대하였던 그로피우스의 바람 그대로였다.

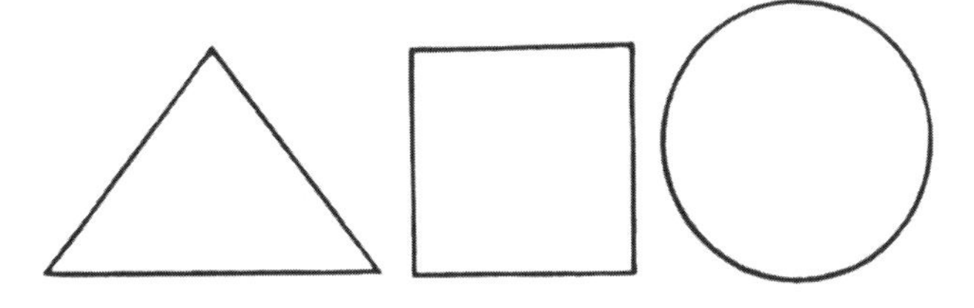

그림 185 바실리 칸딘스키, 색채와 형태의 공간각적 관계를 결정하기 위한 설문서, 바우하우스 벽화 공방(1923)

전문분야(공방) : …………

성 별 : …………………………

국 적 : …………………………

조사를 위해 바이마르 바우하우스 벽화공방은 다음과 같은 과제를 해결해줄 것을 요청합니다:

1. 노란색, 빨간색, 파란색의 세 가지 색상으로 이 세 가지 도형을 채우십시오. 도형을 색깔로 완전히 채워야 합니다.
2. 가능하면 색 분포에 대해 설명을 기입해주세요.

설명 :

브링크만, 죄르겔Sörgel의 책들과 특히 오스발트 슈펭글러Oswalt Spengler의 상당히 널리 알려진 저서 《서양의 몰락*Decline of the West*》이 성공리에 출판된 이후에, 공간 개념은 그 당시 독일에서 한층 일반적인 주제가 되었으며, 바우하우스 커리큘럼의 기본 구성요소로서 확고하게 편재되었다(그림 186). 1923년 그로피우스는 다음과 같이 썼다.[10]

모든 조형예술의 목표는 공간창조이다. …. 그러나 여기에는 개념상 커다란 혼란이 존재한다. 공간이란 정확히 무엇을 의미하는 것일까? 우리는 어떻게 공간을 파악하고 만들어낼 수 있을까? ….

그로피우스는 무한의 공간 개념은 오로지 유한의 수단에 의해서만 유형화될 수 있다는 이념을 따르고 있었다. 헤르만 죄르겔Hermann Sörgel이 피력한바[11] 그대로, 그로피우스는 3가지 인간 속성인 영혼, 정신, 감각the Soul, the Mind and the Senses을 동시에 통합해야만 공간적 실재를 경험할 수 있으며, 그리고 그 결과 예술가들은 이 세 가지 속성을 종합하여 공간을 창조할 수 있다고 결론짓고 있다.

그림 186 W. 그로피우스
a 국립 바우하우스의 이념과 구조, 바이마르(1923): 공간의 과학 Raumlehre을 구체화한 커리큘럼 다이어그램
b 뉴바우하우스, 시카고(1937–38): 바이마르 교수체계와 비슷한 커리큘럼 다이어그램

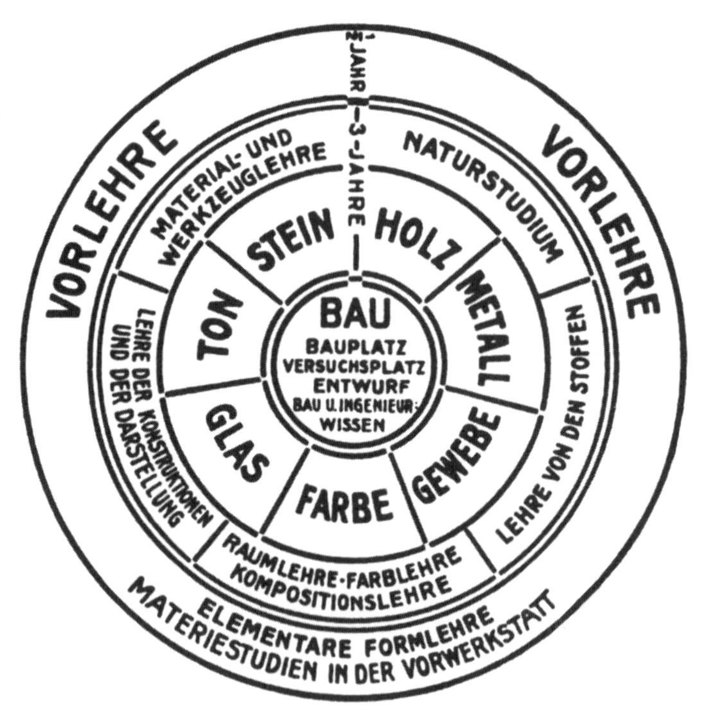

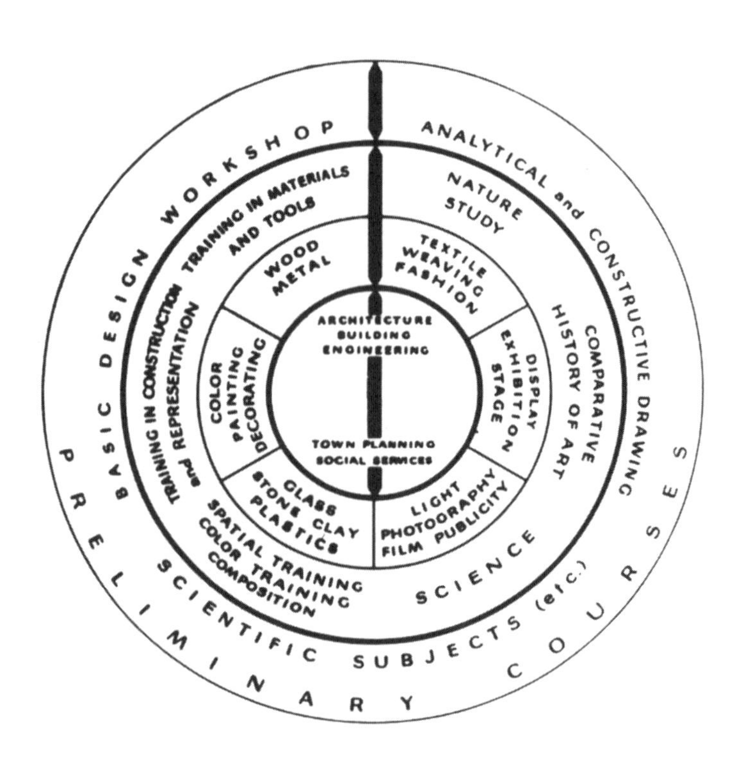

1923년 바우하우스 커리큘럼 개요에서, 그로피우스는 공간 개념을 체계적으로 분석해내려고 노력하였다. 그러나 그의 논지는 죄르겔의 방법이 지닌 균형 잡힌 엄밀성이 모자랐다. 그로피우스는 공간 개념의 네 가지 양상을 열거하였다.[12] 그는 비물질적인 **가상적 공간**illusory space 개념에서 출발하였다. 이 공간은 인간의 직관적이며 형이상학적인 힘에서 생겨나며, 다시 말해서 칸트의 개념을 상기시키는 공간 개념이었다. 둘째 개념은 지성으로 측정 가능한 **수학적 공간**mathematical space으로 구분하였다. 이는 도면으로 실제공간을 구체화시키는 방법을 의미한다. 셋째 범주로서, 우리를 초월하는 실재에 속하는 촉각적 또는 **물질적 공간**material space을 상정하였다. 이 세 번째 분류에서는 그로피우스는, 인식적 공간 개념의 범주에 속하는 촉각적tactile이거나 감각적인sensory 공간과 이미 힐데브란트나 죄르겔이 일찍이 언급하였던 실제 공간actual space 또는 '다자인스라움Daseinsraum'과를 분명히 혼동하고 있다. 마지막이자 네 번째 범주로서 그로피우스는 정서적이며 활력 있는 **예술적 공간**artistic space을 제시하였다. 이 개념은 인간의 지적, 육체적 특성으로 지배되며, 활기 있게 하며 정서적인 표현을 일으키는, 인간의 정신적인 공간 개념을 나타낸다. 이 마지막 예술적 공간 개념에 의해, 인간의 **정신**과 **영혼** 그리고 인간의 물리적 환경이라는 세 세계가 단일한 전체로 융합된다. 공간의 과학적인 의미와 공간 개념의 분류를 찾으려는 최초 시도 이후에, 1947년, 즉 거의 25년 후에 그로피우스는 "디자인의 과학은 존재하는가?"라는 수사적인 질문을 던졌다. 그의 네 가지 초기 공간 개념들은 더 이상 관계없다고 생각되었으며, 그 대신 본래부터 놓쳐버렸던 것, 즉 **인식적 공간**perceptional space 속에 모두 포함되어야 한다고 생각하였다. 현상세계에서 인간의 인식에 대한 그의 새로운 견해는 다음 성명 속에 요약되어 있다.[13]

가장 중요한 것은 감각이 우리로부터 비롯되는 것이지, 우리가 보는 대상물로부터 나오지는 않는다는 사실이다.

여기서 그는 더욱 상세하게 시각적 환영optical illusion의 중요성과 시각적 편차를 바로잡기 위해 건축가가 채택한 수정 방법에 대해 논하고 있다. 특별히 우리의 관심을 끄는 것은, 공간 개념에 대한 그의 관점이다. 다시 한번 그로피우스는 공간을 유한한 실체까지 해체하여, 인간이 무한공간을 이해해야 함을 되풀이하고 있다. 그는 다음과 같은 안전한 그러나 인습적인 보편성으로 후퇴하고 있다.[14]

우리는 유한이라는 좌표계 속에서만 공간과 공간의 크기를 이해한다. 열려 있건 닫혀 있건 간에 한정된 공간confined space은 건축의 매체이다. 건물 매스들과 이들이 둘러싼 공허voids 사이의 올바른 관계야말로 건축의 본질이다. ….

여기서 그로피우스는 우리 시대의 공간 개념을, 철학자나 과학자가 주장한 시간-공간 연속체로서 정의하고 있으며, 또한 입체파나 미래파가 도입했던 시간의 4차원이란 예술적 어휘로 정의하고 있다. 모홀리-나지와 똑같이, 그로피우스는 건축의 시간-공간 개념을 물리적인 '**공간 속의 운동**motion in space' 또는 '**운동 속의 시각**vision in motion'으로 해석하고 있다. 그로피우스식 용어로 '운동 속의 시각'이란, 넓은 면적에 유리를 사용하여 **투명성**transparency을 자아내며, 떠있는 듯한 공간의 연속체로서 우리들의 인식 속에 착각을 유발시키는 것을 의미하였다. 다시 한번 건축가를 '공간의 과학'을 다루는 거장으로 확신하면서, 그는 '우리는 공간의 과학을 가르칠 수 있을까?, 우리는 객관적인 공통분모로서 모든 사람이 사용 가능한 공간 분석방법을 정립할 수 있을까?'라는 도전적인 질문에 해답을 찾고 있었다.[15]
일생 동안 그로피우스는 음악에서 유추한 자신만의 해석방법으로, 이러한 공간의 과학을 확립시킬 가능성에 매료되어 있었다. 그러나 건축은 그와 같은 과학적 객관성의 수준에는 아직까지 다다르지 못하고 있다. 그로피우스의 목표가 과연 성취될 수 있을지는 여전히 의문이다. 그로피우스조차도 과학적인 방법이, 인간 영혼이나 직관에 대한 시각적인 만족과 시각적인 표현에 부차적이라는 사실을 인정하여야만 했다. 다른 무엇보다도 건축의 모든 과학적 기능들이 새로운 공간적 시각의 표현에 종속되었으며 또한 현재도 그러하다.
그로피우스의 가장 충실한 협조자이며 바우하우스 교수였던 라슬로 모홀리-나지에 이르러, 공간과학으로서의 건축 개념은 절정에 이른 것 같았다. 모홀리-나지는 다양한 공간 개념을 구체화하는 데 놀랄 만한 의욕을 보였다. 그는 객관적으로 사고하는 자질과 예술적 재능을 결부시켰다. 1928년에 모홀리-나지는 〈물질에서 건축으로*From Material to Architecture*〉라는 논문을 발표하였다. 이는 특히 기디온의 《공간·시간 건축*Space, Time and Architecture*》에 큰 영향을 준 저작물이었으며, 바우하우스의 수년간 연구 성과를 수록하고 있었다.

모홀리-나지 철학의 구조를 이루는 것은 유물론이었다. 그것은 표면(회화)으로부터 볼륨(조각)을 거쳐 공간(건축)으로 유도되었으며, 이러한 과정은 앞 장에서 언급한 바와 같이, 미스 반 데어 로에가 1938년 시카고에서 새롭게 출발할 당시 추구하였던 과정과 같았다. 모홀리-나지는 이미 10년이나 이전에, 입체파나 미래파 화가의 중요성을 인식하였다. 그는 특히 시간-공간 개념과 4차원이라는 새로운 전망의 주제를 자세히 분석하는 데 전념하였다. 그는 큐비즘의 언어와 큐비즘에서 파생된 2차적 운동인, 추상적 표현주의Abstract-Expressionism, 신조형주의, 절대주의, 구성주의 등의 어휘를 모은 '사전'을 만들려고 하였다. 그리고 이 운동들은 모두 한두 가지 방법으로 시간-공간의 새로운 동적 메커니즘kinetic mechanism을 근거로 하고 있었다.

조각과 건축이라는 3차원적 형태를 분석하여, 모홀리-나지는 그때까지 독일에서 확립된 관념인 공간 개념을 자신의 기준으로 받아들였다. 건축이란 어휘는 제거되고 '공간space'이란 표제로 대치되었다. 약 25년 전의 리글의 명제가 이제 다시 근대 기능주의 운동의 창조적인 예술가에 의해 재인식되었다. 모홀리-나지는 다음과 같이 언급하였다.[16]

모든 문화의 시기마다 고유한 공간 개념이 있었으며, 그러나 사람들이 공간 개념을 의식적으로 인식하는 데에는 시간이 걸렸다.

사실 건축에서 공간 개념을 의식적으로 인식한 것은, 19세기 말 이전의 서양문화에서는 찾아볼 수 없다. 당시 증가하는 복잡성 때문에 모홀리-나지는 공간을 인식하는 데 크게 혼란을 느꼈다. 그 결과 그는 물리학의 법칙을 따르는 공간 개념으로 명확히 한정하여, 한층 시적詩的인 공론들을 모두 배제시키려 하였다.[17]

'공간이란 물체 위치들 사이의 관계이다.'

이 명제는 또한 공간이 인간의 모든 감각, 즉 시각, 촉각, 청각, 인체의 운동, 후각 등의 종합에 의해서만 경험될 수 있음을 설명하고 있다. 건축의 경험은 공간을 파악하는 우리들의 감각 능력에 전적으로 달려 있다. 모홀리-나지에 의하면, 관심 있고 잘 훈련된 관찰자가 의식적으로 경험을 쌓는다면, 분명한 공간의 표현인, 건축의 본질적 내용을 충분히 인식하게 된다고 하였다.

모홀리-나지는 건축과 조각의 구별을 없애버렸다. 왜냐하면 공간 개념은 양쪽 모두 같으며, 단지 그 크기가 서로 다를 뿐이기 때문이었다. 이렇게 구별을 없애는 것은 시간의 4차원을 도입한 움직이는 조각kinetic sculpture으로 더욱 강조되었으며, 이는 최근 물리학에서 발견된 '**물질은 에너지와 같다**material equals energy'는 사실을 시각화한 것이었다(그림 187). 이는 건축에서도 매스를 강조하는 대신에 공간을 통해 힘의 장場을 강조함을 의미하였다. 마지막으로 모홀리-나지는, 물질의 성질은 공간을 창조하는 유일한 도구라고 결론지었다. 사실 공간의 창조란 건축물을 구성하고 있는 물질의 성질을 훨씬 초월하는 것이었다. 그것은 이념이었으며, 그러므로 그것은 정신에 의해 좌우되었다.

모홀리-나지는 역사를 변화하는 이념의 진화로 해석하여, 공간 개념의 문화적이며 시간 제약적인 한계를 설명하고 있다. 그는 단일 세포와도 같이 **닫혀진**closed 공간적 실체에서, 내부가 공간적으로 외부와 연결되어 공간적 연속체를 형성하는 오늘날의 **투명한**transparent 구조로 발전하였음을 추적하였다.

경계는 유동적이 되며, 공간은 흐름—즉, 무수히 연속되는 여러 관계들—을 품는다.

1928년의 그의 명제는, 제2차 세계대전 후(1947)에 발표된 유명한 저서《운동 속의 시각 *Vision in Motion*》에 약간 수정되어 반복되고 있다.[19] 이 저서에서는 다시 한번 4차원과 관련된 문제들에 완전히 전념하고 있으며, '건축'이라는 표제는 더욱 진보적인 '공간-시간의 문제'로 대체되어 있다. 저서에서 건축의 역사는 1차원, 2차원, 3차원 그리고 다차원 공간으로 단계적으로 이해하는 것이라는 견해를 보이고 있다. 마지막 단계—오늘날의 공간 개념—는 표제가 말해주듯이, **운동 속의 시각**이었으며, 자동차, 기차, 항공기 등 움직이는 건축mobile architecture을 옹호하고 있다. 물리학의 발전에 병행하여 그리고 상대성 이론이 이끄는 대로, 공간에 대한 예술적 관심은 과거의 정적이며 폐쇄된 체제로부터 인간 존재의 해방으로 나아갔다.

그림 187 L. 모홀리-나지. 빛-공간-조정기Light-Space-Modulator. 움직이는 금속 구조체(1922-1930): 시간이라는 4차원을 도입한 움직이는 조각. 큐비즘의 미학 이론을 시각화하였다.

그림 188 W. 그로피우스 바우하우스 교사, 데사우(1925-1926) 전경: 시의회의 다수 의석을 확보한 국가사회주의당의 간섭으로 1932년 폐쇄됨

바우하우스의 예술가이자 철학자인 그로피우스와 모홀리-나지는 20세기 전반 동안 공간미학 발전에 마지막까지 헌신하였다. 1930년 이후 문화적인 변화, 즉 민족주의Nationalism와 파시즘Fascism이 각 나라에 널리 퍼졌으며, 이는 자유롭고 무한히 친밀한 사회에 대한 꿈을 질식시켰다. 20세기 처음 10년간에 발생하였던 최초의 낙천주의optimism는 서양문화에 공간이라는 새로운 개념을 가져다주었다. 1920년대의 번창했던 시기를 거쳐 낙천주의는 점차 쇠퇴하였다. 이러한 쇠퇴조차 제2차 세계대전의 참상 속에 끝이 났다. 이전의 이념을 부활시키려는 제2차 세계대전 후의 모든 시도는 시대정신Zeitgeist, 즉 시대의지와 연결되지 못하였으며, 그 결과 단순히 절충적인 노력 이상으로는 발전할 수 없었다. 이제 새로운 공간 개념이 나타나기만을 기다리고 있다.

9 라이트와 3차원

Wright and the third dimension

독일 공작연맹의 산업적이며 건축적인 움직임을 초기에 지배하였던 '완결되고 간결한 형태closed compact form'에 대한 논쟁은 점차 사라져갔다. 특히 유럽 건축가들이 그 유명한 1911년 바스무트Wasmuth사 간행 **작품도집**Ausgeführte Bauten으로 프랭크 로이드 라이트Frank Llyod Wright의 작품을 대하고 난 후부터 더욱 그러하였다(그림 189). 라이트가 몇 년 뒤에서야 자기 건축의 형태적 성격이라고 한, 유기적인 '상자의 파괴destruction of the box'는 유럽의 전위 건축가들을 자극하였다.[1] 그것은 이전의 이상적인 간결한 상자를 잘라 평면들을 돌출시키거나 상호관입하도록 많은 유럽 건축가들을 유도하였다(그림 190). 네덜란드 건축가 베를라허는 자신의 눈으로 직접 라이트의 작품을 경험하고자 1911년 미국으로 향하였다. 그는 네덜란드로 돌아와 라이트는 의심할 바 없이 현존하는 가장 위대한 건축가라고 열광적으로 보고하였다. 그러나 이는 라이트가 '3차원'을 특별히 다루는 때문만은 결코 아니었다.

서유럽에 중요한 영향을 주어 표현주의와 신조형주의 건축가 모두가 라이트를 인정하고 있었기 때문에, 바로 이 점에서 라이트의 공간미학은 우리들의 관심을 끌게 된다. 그렇지만 라이트는 개념으로서의 공간에 대해 아무런 언급도 하지 않았으므로, 사실 1905년 이후 공간 개념에 관심을 쏟고 이를 최초로 이론화한 건축가였던 베를라허도, 라이트의 작품과 저술들을 이 새로운 개념과 연관 지을 수는 없었다. 이 문제에 대해 우리가 유일하게 주목할 수 있는 것은, 베를라허가 설리반의 제자에 대해 언급하고 있는 대목이다. 그

그림 189 F.LL. 라이트, 유니티 교회, 일리노이주 시카고 오크파크(1906), 《바스무트 판 작품도집》에 게재

그림 190 R. 판트 호프, 빌라 보슈 엔 다윈, 하위스 터르 헤이데(1911-1912)

제자는 1911년에 베를라허를 시카고 일대로 안내하면서, 라이트가 설계한 유니티 교회의 특징 있는 조형성을 '3차원적' 형태라고 극히 놀랄 만하게 정의하며, 당시 시카고파의 일반적인 건축적 지역성vernacular을 가장 분명히 나타낸 표현이라고 말하였다.[2]

이러한 단 한 가지 사실을 접어둔다면, 제1차 세계대전 이전 라이트의 건축철학은 주로 발생적이고 유물론적인 형태 양상에 관심을 두었고, 자연이나 자연재료를 받아들이는 태도를 나타내고 있었을 뿐이지, 형태의 내용에서 헤겔의 미학적 이념을 따르고 있지는 않았다. 이러한 사실은 예컨대 많은 네덜란드 건축가들이 라이트의 정신적 이념 때문이 아니라, 그보다는 그의 형태상의 혁신 때문에 그를 모방하고 있다는, 라이트에 대한 J.J.P. 아우트의 불만이 이를 설명해준다.[3] 아우트는 그가 속해 있던 신조형주의 건축운동이 두 개의 근원에서 발생하였음을 명확히 이해하고 있었다. 그 하나는 라이트의 미국적인 형태언어이며, 다른 하나는 유럽의 예술적인 **시대정신**Zeitgeist이었다. 후자의 경우, 공간 개념은 큐비즘 회화와 조각에서 처음 표현이 발견된 리글파의 '예술의지Kunstwollen'로 나타났다. 공간 개념에 대한 아우트의 관찰은 옳았다. 유럽대륙 큐비즘의 **동시성**simultaneity과 **시간-공간**space-time 이념은 시카고의 라이트의 조형적 공헌과는 아주 무관하게 발전되었다. 그럼에도 불구하고 라이트의 매력적인 건물들이 유럽의 근대 건축운동에 미친 형태상의 영향은, 입체파의 회화적인 이데올로기보다 훨씬 중요하다고 때때로 여겨졌다(그림 191, 그림 192).[4]

1920년대 서유럽은 공간 개념의 **황금시대**였으나, 라이트의 건축은 이와는 매우 대조적으로 매스를 표현하거나, 미 대륙 발견 이전의Pre-Columbian 육중하고 밀폐된 볼륨 형태에 관심을 보이고 있었다(그림 193). 라이트의 이력에서 이 시기는 종종 퇴보의 시기로 여겨진다. 1920년대 끝 무렵에서야 라이트는 유럽에서 이룬 최근 성과를 알게 되었으며, 그 당시 선도하고 있던 드 스테일 건축의 형태적 양상을 높이 평가하였을 뿐만 아니라 자신의 철학에 전형적인 독일 공간 개념을 흡수하기 시작하였다.

그림 191 F.LL. 라이트. 미드웨이 가든스, 일리노이주 시카고(1914). 전경: 드 스테일 건축가에게 영향을 준 평면적 해체 구성

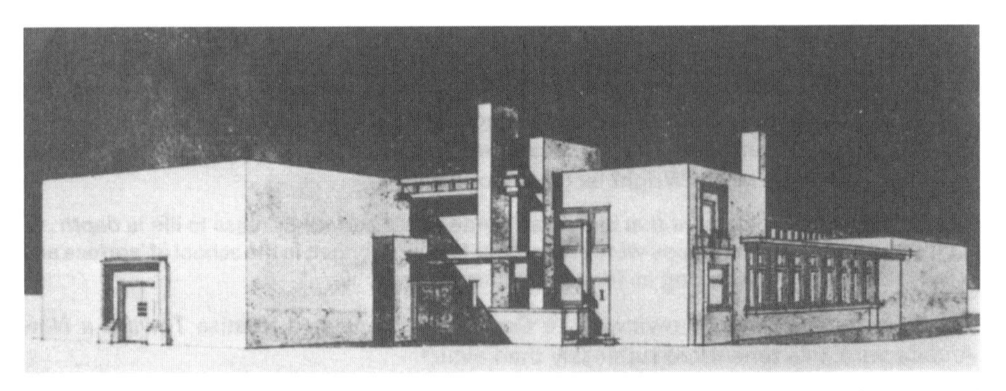

그림 192 J.J.P. 아우트. 공장 계획안, 퓌르머렌트(1919): 큐비즘 미학의 구현이라기보다는 라이트의 형태 언어 모방

그림 193 F.LL. 라이트, 번스데일 주택, 할리우드, 캘리포니아(1920). 미대륙 발견 이전 시기의 육중하고 밀폐된 볼륨

1928년 라이트는 유럽의 '국제주의 양식International style'에 대해 그리고 특히 르 코르뷔지에에 대해 공격하기 시작하였다. 가장 맹렬한 공격은 〈건축을 위하여*In the Cause of Architecture*〉라는 논문의 출간이었다. 이 논문에서 라이트는 다시 한번 유기적 표현으로 이끄는 영감의 유일한 원천이 재료의 성질이라고 보았다. 결과적으로 라이트는 건물은 '기계'를 지향하지 않으며, 주거를 '기계'라고 생각할 수도 없음을 강조하며 경고하고 있다. 이러한 비교는 분명히 주거를 '생활을 위한 기계machine á habiter'라고 생각한 르 코르뷔지에의 도발적인 유추를 완전히 반박하는 것이었다. 또한 라이트는 이번에는 공간 개념을 최선봉으로 삼아 르 코르뷔지에 고유의 관심사였던 '매스와 표면mass and surface'에 대해서 논쟁을 계속하였다. 여기서 라이트는, 르 코르뷔지에가 매스와 표면에 집착하여 3차원, 즉 깊이의 중요성을 무시하고 있다고 비난하였다. 라이트는 다음과 같이 빈정대며 역설하고 있다.[5]

깊이: 표면이나 매스를 진정한 생명으로 이끌 수 있는 유일한 기본요소는 깊이이다. ….
…. 유행 창조자인 프랑스가 '표면과 매스'의 유파로 하여금 한두 세대에 걸쳐 우리들 사이에 유행을 만들어내는 것에 대해, 나는 그다지 불행하다고 생각지는 않는다. ….

같은 해에 라이트는 영어로 번역된 르 코르뷔지에의 논문 〈새로운 건축을 향하여*Toward a New Architecture*〉를 이전보다 더욱 무자비하게 논평하였다.[6]

3차원. 예술상의 이 문제에 대해 저 프랑스인은 절대로 내부로 들어가 있지 않다. 그는 보통 그 시대나 장소, 시간에 가장 적합한 표면 '효과effects'를 발견해내곤 하였다. …. 이러한 건축적 문제에서 프랑스는 일단 시대에 뒤쳐져 있는 것 같다. 미국의 일부 소수 논문이 이미 4반세기 전에 제기하였으며, 현재 더욱 깊이 진행되는 것으로, 프랑스의 이 운동은 미국의 작업에서 세 번째로 특징 지워진 (표면과 매스의) 2차원을 조만간 잃게 될 것이다. 프랑스의 이 두 가지에 더하여, 우리들은 깊이라는 3차원을 이미 갖고 있다. 건축에 생명을 불러일으킬 수 있는 유일한 것은 깊이라는 특성이다.

홀로선 매스의 평면적 처리에 대한 르 코르뷔지에의 집착은 정말로 주목할 만한 것으로, 직각으로 짜인 가르슈 주택Villa Garches과, 예를 들어 이보다 약 20년 이전의 라이트 작품에서 살펴 볼 수 있는 공중에 떠 있는 듯한 매스의 연출을 비교해보면 이를 더욱 알 수 있다(그림 194, 그림 195). 깊이와 3차원에 대한 라이트의 일반적인 언급은 타당할지 모르나, '프랑스'나 '프랑스인'에 대한 그의 라이벌 의식은 그가 진실을 모호하게 왜곡하도록 하였다. 우선 첫째로 라이트는 1928년 이전엔 깊이에 대해 말한 적이 없다. 결과적으로 라이트의 건축은 그 이전까지는 무의식적으로 형태를 표현해왔으며, 뒤에야 깊이depth를 채택하고 재해석하였다는 사실이다. 둘째로 르 코르뷔지에는 두 개가 아니라 세 개의 원칙, 즉 표면, 매스, 평면the plan을 제시하였다. 평면은 전통적으로 늘 중요한 프랑스의 관심사였으며 보자르Beaux-Arts의 공간 개념과 같은 것이어서, 깊이나 3차원을 공간 개념으로 명확히 정의할 필요가 없었다.[7] 셋째로 라이트는, 우리가 이미 살펴 본 바와 같이, 근대 건축운동의 개념 중에서는 가장 덜 진보된 르 코르뷔지에의 공간 개념을 받아들이는 데 좀 더 관대하여야 했으며, 대신에 공간 개념을 가장 근본으로 간주했던 바우하우스나

그림 194 F.LL. 라이트·토마스 H. 게일 주택, 일리노이주 시카고 오크파크(1909): '3차원'

그림 195 르 코르뷔지에, 가르슈 주택(1926-1927) 정면 전경: 라이트는 이를 '가슴팍이 빈약한'-'매스와 표면'이라고 공격하였다.

드 스테일 그리고 입체파 운동의 공헌을 인정해야만 하였다. 라이트는 그의 오만 때문에 그와 같은 경의를 표할 수 없었다. 1928년 이후의 라이트의 글이나 건축물에서, 의심할 바 없이 그가 유럽의 형태적이며 철학적인 영향을 받아 그의 노선을 수정하고 있음을 추론해낼 수 있다. 이렇게 영향받은 개념상의 영감은 라이트 최고의 작품인 카우프만 Kaufmann 주택(1934년)에서 절정에 이르고 있으며, 그 기원이 입체파와 드 스테일 모두에 있음을 보여주고 있다(그림 196).

1928년 이후에 프랭크 로이드 라이트가 쓴 글에는 그 당시 극히 일반화된 독일의 공간 개념이 가득히 배어 있었다. 그는 그 자신을 영웅으로 여기며, 3차원의 조형적 형태를 사용하는 것이 유럽에서 이미 널리 퍼져 전통이 되어가고 있었음에도 불구하고, 국제주의 양식International Style의 '가슴팍이 빈약한flat-chested' 2차원적 형태를 일소하는 것[8]이 자신의 소박한 소임이라고 생각하였다(그림 197).

1928년의 '3차원'은 라이트의 건축물뿐만 아니라 그의 글속에도 새로운 표제가 되었다. 외부 형태에서 입체파 경향에 따라 구성된 평면과 매스들이 상호관입하며 유기적 표현을 만들어내고 있다. 내적으로는 '내부의 방room within', 즉 '생활이 영위되는 공간space to be lived-in'이라는 새로운 실재reality가 있었다. 그것은 외부로는 볼륨으로 표현될 뿐만 아니라 연속적인 운동으로서 다양한 공간 단위들이 일관되게 유동하는 것이었다. 내부와 외부의 공간은 상호관입되며, 브링크만의 미학에 따른 '제3공간 개념third space concept'을 근대적으로 해석하고 있었다. 라이트는 자신의 새로운 건축 형태의 기본원칙을 개괄하면서 다음과 같이 쓰고 있다.[9]

(셋째) 상자로서의 방 그리고 모든 벽이 칸막이로 둘러싸인 또 다른 상자로서의 집을 제거할 것…. 공간이라는 커다란 구획으로서 상호 유동시킬 것….
(다섯째) 그와 같은 방the room은 이제 건축표현의 본질이며, 상자에서 도려낸 구멍처럼 벽 속에서 도려낸 어떠한 구멍일 수는 없다. 왜냐하면 그것은 '조형'이라는 이상과 일치하지 않기 때문이다. 구멍을 내는 것은 난폭한 일이다.

그림 196 F.LL. 라이트. J. 카우프만 주택, 베어런, 펜실베이니아 (1934)

그림 197
W.M. 뒤독. 베이언코르프 백화점, 로테르담(1929-1930), 출입구 상세

점차 라이트는 그의 건축미학 속에 독일적 어휘를 적용하고 있었다. 유동하는 공간flowing space이라는 새로운 개념은, 1935년에 그가 《유기적 건축*Organic Architecture*》을 저술할 때 '연속성continuity'이라는 표제를 얻게 된다.[10]

그러나 무엇보다도 중요하게, 조형성의 이상이 오늘날 발전되었다. …. 새로운 미학. …. 나는 그것을 '연속성continuity'이라 하였다. …. 여기서 이러한 원리가 새로운 미학, 즉 '연속성'으로서, 본능적으로 그리고 처음으로 건물에 도입되었다. …. 그것은 '조형성plasticity'으로 널리 퍼져나갔다. 내 스스로 그 당시 불렀듯이, 사람들은 그것을 '3차원'이라 부르기 시작하였다.

같은 글 속에서 그는, 당시 널리 퍼져 있던 공간 개념에 대한 슈펭글러 유파의 진부한 표현을 재인용하고 있다.[11]

건축가는 더 이상 그리스적 공간에 얽매이지 않았으며, 아인슈타인의 공간으로 들어설 만큼 자유로웠다. ….

1930년 이후의 그의 글 속에서 공간 개념에 대한 어떤 새로운 양상도 보이지 않는다는 사실은 주목할 만하다. 유럽에서와 마찬가지로 공간 개념의 발전은 이제 정체되었다. 따라서 우리의 연구도 여기서 멈출 수밖에 없다. 라이트의 문제라 하면, 그의 작품이 개인적인 공간미학에서 의식적으로 생겨난 것이라는 사실을 일반대중에게 인식시키려고, 라이트가 초기작품에 대한 지난날의 설명을 끊임없이 수정하는 것이었다. 예를 들어, 라이트는 1952년에, 1904~1905년에 설계한 라킨Larkin 빌딩이나 1906~1907년의 유니티 교회Unity Temple에 대해 다음과 같이 쓰고 있다.[12]

나는 1904년 라킨 빌딩을 통해 최초로 **의식적으로** 상자를 파괴시키려고 시도하였다고 생각한다. …. 거기(유니티 교회)에서, 건물 내부의 공간이 그 건물의 실재라는 개념이 최초로 실제 표현되고 있음을 발견하게 될 것이다. …. 이러한 단순한 사고의 변화 속에, 상자에서 자유스런 평면에 이르는 건축적인 변화의 본질이 있으며, 물질을 대신하는 **공간**이라는 새로운 실재가 있다.

예술에서 4차원 개념은, 일찍이 시인 아폴리네르가 이를 입체파 회화에 적용시켰던 1913년 이래로 실제로 공간 미학의 일부가 되었지만, 라이트가 이러한 개념을 수긍하기에는 일생이 걸렸다. 1957년, 즉 그가 죽기 2년 전에 간행된 그의 마지막 주요 논문인 〈유언*A Testament*〉의 곳곳에서, 새로운 공간감이 3차원이거나 깊이 또는 '4차원이 되어간다'[14]는 사실을 인정하고 있다. 결과적으로 그의 최후 논문은 일종의 고백이라고 볼 수 있다. 그것은 결국 입체파 미학이 그에게 얼마나 중요했는가를 다시 한번 증명해주고 있다.
저서 《유언》에서 라이트는 인간이 건축물을 만들기 시작한 이래 존재한 건축창조의 기본개념, 즉 공간 개념과 관련하여 모든 건축가들과 자신을 결부시키고 있다. 건축과 관련된 인간의 공간인식 중 우리가 알고 있는 가장 오래된 증거는 2,500년 전의 것이다. 라이트는 이러한 사실을 인정하고 있다. 따라서 그는 공간 인식을 건축적으로 설명한 기원에 대하여 그의 세대에서 일어났던 사소한 논쟁들을 초월하고 있다. 그는 노자老子에 귀 기울일 것을 재차 우리들에게 충고하고 있다. F. LL. 라이트는 근대 실존주의자modern-existentialist로서, 그 영원한 11장을 《도덕경》으로부터 발췌하고 있다.[14]

건물의 실재는
벽이나 지붕에 있는 것이 아니다.
그 속에서 살게 되는 공간에 있다.*

---

* 노자 도덕경 11장의 원문은 다음과 같으며 제1부 제1장의 해석을 재인용하면 다음과 같다.
鑿戶牖以爲室, 當其無, 有室之用 (故有之以爲利, 無之以爲用)
방에 문과 창을 뚫는다, 그 빈곳들 때문에 방으로 쓰인다.
(그러므로 형체가 있는 것은 이로움을 지니지만, 형체를 쓸모 있게 하는 것은 무형無形의 것이다.)

결론

Conclusions

결론
Conclusions

건축 이론 중 공간 개념 발전에 대한 이 연구는 오늘날의 건축과 앞으로 다가올 미래의 건축이 그 근원을 공간의 새로운 시각 속에서 찾아야 한다는 기본 신념에 이르게 한다. 일단 건축이 공간 예술임을 인식하였다면, 모든 건축적 혁신이 새로운 공간 개념에서 발생한다는 사실을 받아들여야만 한다.

새로운 공간 개념을 발견했다는 확신은, 반복되는 공간 개념들을 단지 막을 수만 있다면, 기존 공간 개념들을 충분히 이해하였음을 의미한다. 아아! 너무나 많은 건축가들이 그들의 신념을 '신성한' 직관적 통찰에 두었기 때문에, 공간 개념 발전에 대한 역사적 사실을 이해하지 못하거나 또는 더욱 나쁜 경우 그 사실에 당황하고 있다.

건축은 예술이지 과학은 아니다. 그러나 건축과 과학 모두가 '내적 논리inner logic'를 따른다는 점에서는 서로 공통된다. 따라서 설계자의 '내적 논리'를 강화시키거나, 평범한 용어를 사용하여 '공간 과학'을 더욱더 건축에 적용할 수 있도록, 이 책의 체계를 구성하였다. 또한 건축설계를 공부하는 학생들이 복잡한 역사적 논의들을 계속 이해할 수 있도록 이 책의 자료들을 다루었다.

이 책은 근대 건축운동을 이끈 건축가와 이론가의 가끔은 서로 모순되는 논리들을 추적하고 세심하게 살펴본 보고서 형식이라 할 수 있다. 이러한 서술 체계가 이 책을 읽은 독자들의 '내적 논리'와 결과적으로 공간 개념에 대한 개인적 결론을 존중해주길 바라는 마음이다. 그렇게 함으로써 근대 건축운동의 공간 개념 가치에 대한 독자 자신의 견해를 이끌게 될 것이다.

무엇보다도 이 연구 결과를 몇 가지 결론으로 요약하면서 의무와 특권 모두를 느꼈다. 주목한 연구 자료들마다의 미묘한 가치를 잃을 위험이 있지만, 결론을 내리자면 다음과 같다.

(1) 모든 결론 중에서 첫째로 그리고 가장 중요한 것은 공간 개념과 근대건축의 일반적인 관계이다.

건축이념으로서의 공간 개념은 19세기 말, 좀 더 정확하게는 1890년대 초 미학이론에서 맨 처음 나타났다. 이 시기가 놀랍게도 근대건축의 출현 시기, 특히 아르누보 운동의 출현 시기와 일치한다는 사실은 특별하다. 나는 아르누보가 19세기의 절충적 경향을 명백하게 깨뜨렸기 때문에, 실제로 최초의 근대 건축운동을 대표한다고 주장해왔다. 아르누보는 장식과 구조를 새로운 통일체로 융합시켰다. 그러나 무엇보다도 아르누보는 공간적 **추상**abstraction이라는 새로운 인식을 시각화한 최초의 운동이었다(그림 198). 1890년대 초기 이론에서 공간 개념을 건축 원리로서 새롭게 인식하였음이, 근대건축의 발생과 단순히 일치한다고만 생각해서는 안 된다. 즉, **최초의 공간 개념이 최초의 근대 건축운동인 아르누보와 함께 출현했다는 사실은, 공간 개념이 근대건축에 고유한 것이라는 사실을 입증한다**the first ideas of space emerged together with the first movement of modern architecture, Art nouveau, demonstrates that the idea of space is inherent to modern architecture.

(2) 두 번째 결론은 새로운 공간 개념이 다른 시각예술과 연관하여 건축이 설자리를 갖는 데 큰 영향을 미쳤다는 것이다. 19세기 미학적 사고의 흐름을 형성했던 헤겔파의 미학체계로부터, 예술의 미는 이념을 완전히 표현할 때 얻어질 수 있고, 그 결과로서 예술 간의 위계는 표현 수단의 비물질성 정도에 따라 결정된다는 두 가지 주요한 양상을 도출하였다.

1890년대 초, 공간과 건축이 동일하다는 개념은 건축을 **큰 예술**ars magna로서 명백하게 증진시켰던 개념이다. 왜냐하면 그 시대의 정의에 따라, 공간은 모든 예술표현 수단들 중에서도 가장 비물질적이었기 때문이다. 이러한 결론은, 한편으로는 건축에 대한 미술사가들의 전례 없는 관심과 다른 한편으로는 회화와 조각가들이 건축 분야 쪽으로 현저하게 이동하는 현상으로 입증되고 있다.

이러한 미술사가의 대열에는 슈마르조, 힐데브란트, 립스, 리글, 뵐플린, 보링거, 브링크만, 스코트, 죄르겔, 프랑클, 기디온 등이 속해 있다. 또한 내가 언급하고픈 전형적인 예술가 범주에 속하는 사람들로는, 반 데 벨데, 엔델, 베렌스, 올브리히, 라우베릭스, 르 코르뷔지에, 판 두스뷔르흐, 타틀린, 리씨츠키, 말레비치, 핀스털린,

그림 198 V. 오르타: 판 에트벨데 주택, 브뤼셀(1895), 중앙 거실 홀의 내부

모홀리-나지, 베이데벨트, 키즐러 등이 있다. 이들 모두는 회화, 조각 및 건축을 동시에 작업하고 있었으나, 하지만 그들을 가장 사로잡았던 일은 건축이었다. 사실, 이 예술가 모두가 새로운 공간 개념을 그들의 작품에 적용하지는 않았다. 이들 중 일부는 낭만적 산업주의romantic-industrialism 관점을 가지고 있었으며, 다른 사람들은 사회문화적socio-cultural 전통이 있어, 이를 소위 **종합예술Gesamtkunstwerk**이라고 불렀다. 그러나 이 책에서 지적해온 바와 같이 공간 개념은, 예술을 제멋대로 분류하고 있던 경계를 없애버렸으며, 또한 현재에도 가능한 유일한 '논리적logic' 또는 고유한 원리라는 것이 입증되었다. 종합예술로 이끄는 촉매로 공간 개념을 사용한 것은 판 두스뷔르흐, 리씨츠키와 그로피우스 및 모홀리-나지의 바우하우스에서 절정에 이르게 된다. 따라서 간단히 결론을 내린다면, **공간 개념이 종합 예술작품의 확립에 건축이 주도적인 소임을 다하였다는 20세기 초의 신념을 갖는 데 기여하였다the idea of space has contributed to the belief in the early twentieth century that architecture fulfilled a principal role in the establishment of the total work of art.**

(3) 1920년대 대다수 '제3세대' 이론가들이 만들어낸 공간미학은, 그 시대 전위 건축가들의 **종합예술gesamtkunstwerk**이라는 이상과는 아주 대조적이었다. 특히 새로운 시간과 공간 개념들이 기존의 경계들을 무너뜨리고 있었기 때문에, 칸트시대 이래로 아카데믹한 미학 전통을 굳게 지키는 미술사가들은 순수 예술 사이의 경계를 정의하는 데 휩쓸리게 되었다. 그것은 예술가와 예술학자 사이에 건너뛸 수 없는 간극을 만들어 놓았고, 일반적으로 예술교육에도 불행한 부작용을 끼치게 되었다. 이러한 혼란된 두 상황에서 창조적인 협력을 회복한 것은 기디온의 커다란 업적이었다. 이러한 상황들로부터 우리는 다음과 같이 결론지을 수 있다. 즉, **특히 새로운 시간-공간 개념이 전체 환경과 결합하여 여러 순수예술 사이의 형식적인 구별을 애매하게 만든 후에는, 예술의 위계 체계는 부적당하다고 판명되었다hierarchical systems of art have proven to be inadequate, in particular after the new concepts of space and time, incorporating the toial environment, have blurred the formal distinctions between the various fine arts.**

(4) 네 번째 중요한 결론은 공간 개념과 **양식**style 문제 사이의 관계이다.

19세기 내내 건축 이론가 대부분은, '양식이란 무엇인가?'라는 중요한 의문에 고군분투하였다. 19세기와 20세기 초의 다양한 절충적 경향은 그 의문점을 증폭시킬 건축적 혼란의 징후였다.

공간 개념과 양식에 올바른 방향을 나타낸 실례는 다음과 같다. 러스킨은《건축의 일곱 등불*the Seven Lamps of Architecture*》(1948)에서 양식의 개념을 논하였고, 젬퍼는《양식론*Der Stil*》(1860)이라는 책 속에서 '양식학Stillehre'을 전개하였다. 또한 베를라허는《건축예술의 양식 논고*Over stijl*》(1944)에서 이 문제를 철저히 다루었으며, 반 데 벨데는《새로운 양식을 지향하여*Zum neuen Stil*》(1907)를 발표했다. 한편, 스코트는 양식을《일치*Coherence*》(1914)로 정의하였고, 슈타이너는《건축에서 새로운 양식의 길*Ways to a New Style in Architecture*》(1914)을 썼다. 그리고 이 계열에 가깝게는, 판 두스뷔르흐의 잡지인《드 스테일*De Stijl*》(1917～1931)을 들 수 있다.

양식의 개념을 둘러싼 논쟁은, 건축 외관과 물질 형태의 실재 사이에서, 또는 반 데 벨데가 표현하였듯이 '외관과 본질Schein und Sein' 사이에서, 겉보기에는 해결될 수 없는 대립으로 더욱 악화되고 있었다. 러스킨이 장식에 굉장한 가치를 부여한 반면에, 반 데 벨데는 장식과 구조를 새로운 통일체로 융합시키려고 애를 썼다.

공간 개념이 일단 소개되고 일반화된 후로는, 재료를 복합적으로 다루어 양식을 표현하는 19세기 양상에서 벗어날 수 있도록, 건축가와 이론가들에게 공간 개념이 허용되었다. **양식과 공간**을 동일시하였던 베를라허의 명백한 주장은 근대 건축운동의 형성에 돌파구를 마련하였다.

공간 개념은 양식의 개념에 비물질적인 의미를 불러일으켰기 때문에, 결국 절충주의를 소멸시키는 새로운 가능성을 확립하였다 The idea of space established a new prospective that finally abolished eclecticism because it gave rise to an immaterial meaning of the concept of Style.

(5) 이제까지 대체로 공간 개념의 출현에 대해 결론 내려왔는데, 이제부터는 공간 개념의 발전에 대한 두 가지 주요한 경향을 결론지어보기로 한다.

1890년 이래로 공간 개념이 소개된 직후부터 공간 개념의 미학적인 해석은 기능적인 것에 직면하게 되었다. 슈마르조는 젬퍼의 기능주의 전통을 옹호하였고, 반면에 '공간 미학Raum aesthetik'에 우위를 두었던 리글, 힐데브란트 및 뵐플린의 견해들을 신랄하게 비난하였다.

이 두 경향은 미美에 관한 19세기 논쟁에서 비롯되었다. 뒤랑, 젬퍼, 슈마르조와 뒤이어 베를라허는 미를 기능의 표현이라고 생각하였으며, 이 태도를 20세기 초 이래로 즉물주의卽物主義 Sachlikeit라 일컫게 되었다. 최초의 근대주의자proto-mordernist들이 미를 공간과 같다고 보고 있음은 전혀 놀라운 일은 아니었다. 공간은 3차원에서 인간의 기능적인 활동을 논리적으로 구체화하였기 때문이다. 다른 한편으로는 강한 반대이론이, 공간을 '문화적 예술의지Kunstwollen'의 결과로 인식하는 사상을 지닌 리글파Rieglian school로부터 나타났다. 공간을 예술적 인식으로 보는 이러한 경향은 입체파, 드 스테일, 리씨츠키의 절대주의와 같은 **순수예술 운동**L'art pour l'art movement에서 완전히 결실 맺게 된다.

처음에는 독일 공작연맹에서 뒤에는 바우하우스에서, 이 분리된 예술과 기능을 융합시킨 것은 그로피우스의 크나 큰 공헌이었다. 그로피우스는 아마도 기능주의Functionalism가 완전히 그 자리를 대체할 것이라고 예견하였다. 하여튼 1930년 이래로 결국 **신즉물주의**新卽物主義 Neue Sachlichkeit가 국제주의 건축의 얼굴이 되었다. 즉, 기능주의적이며 유물론적인 공간이론들이 그보다 약한 예술적 공간 이론을 압도한 것은 분명한 사실이었다.

한편 진정한 건축운동으로서의 기능주의는 아주 좁은 의미의 기능주의로 바뀌어갔다. 새로운 공간 개념 때문에 형태를 추상화하는 과정에서 기능주의 미학을 단순한 반복이나 **최소한의 실존**Minimum-Existenz으로 축소시켜버렸다는 것은 비극이었다. 신즉물주의의 기능적 미는 경제적인 건축 기술과 일치하게 되어, 환경을 형성하는 빈약한 '이익 추구profit-making'의 실무로, 점차 저하되어버렸다.

초기에는 미학적이며 동시에 기능적이었던 공간 개념이, 20세기 전반부에는 우세한 기능적 원리로 발전되었다 The idea of space, initially both an aesthetic and functional concept evolved into a prevailing functional principle in the first half of our century.

(6) 공간 개념의 물리적 내용은 철학과 자연과학의 공간 개념과 같은 방향으로 건축개념들을 이동시켰다. 이 연구의 제1부에서 이러한 방향을 가능한 한 간략하게 다루었다. 그중 가장 놀라운 발견 중의 하나는, 1953년 알베르트 아인슈타인의 명쾌한 논문인데 물리학에서 공간의 다양한 의미들을 다루었으며, 그 의미들은 건축의 다양한 물리적 해석에 직접 적용할 수 있는 것이었다. 아인슈타인이 구분한 공간 개념은 다음 세 단계였다. (a) 명칭 그대로 **장소**place로서의 공간 개념, (b) **절대적**absolute 공간 개념, (c) **상대적 공간**relative space의 4차원 개념이었다.

우리는 건축이 과학의 혁신을 단순하게 빌려온 것이며, 모든 시간-공간 개념은 그저 때늦은 생각이라고 **귀납적으로**a posteriori 추론할 수도 있다. 그러나 **시대정신**Zeitgeist 속의 문화적인 겹침은 그와 같은 안이한 추론을 반박하고 있다. 시간-공간의 개념은 이미 1893년 초에 힐데브란트의 **동적 시각**kinetic vision에서 명백히 표현되었고, 4차원은 1912년에 입체파가 사용하였다. 판 두스뷔르흐는 1916년에 그의 시간-공간의 미학을 제시하였으며, 같은 해에 아인슈타인은 공간의 상대성 이론을 구체화하였다. 그러한 문화적 얽힘은 건축이 공간의 미학적인 해석을 만들어냈다는 입지를 정당화시켰던 반면에, 물리학은 그 자체의 전제에서 과학적으로 해석해나갔다. 그리고 물리학자의 명료한 시각 덕분에, 종종 서로 얽혀있던 예술가의 주장들을 풀어낼 수 있었다. 아인슈타인 제시한 물리학의 세 가지 공간 개념은 인간의 작업 속에 이 세 가지가 동시에 존재한다는 단순한 이유로 건축에도 또한 적용되었다. 더구나 **시간-공간**의 개념은 1960년대 이래로, 더욱 실존적인 **장소**place 이론으로 점차 대체되었다. 그러한 강조점이 바뀌었음에도 불구하고, 건축의 진로가 어떠한지와 상관없이, **모든 건축 작품은 물리적 공간의 세 가지 전제, 즉 장소로서의 공간, 3차원의 절대적 공간 개념, 시간-공간의 상대적 공간 개념을 따르게 된다**Any work of architecture follows three premise of physical space: that of space as place; that of the absolute concept of three-dimensional space; and that of the relative concept of space-time.

(7) 공간에 대한 긍정적인 태도가 이 연구의 주요 주제이긴 하지만, 부정적인 태도도 똑같이 중요하다고 볼 수 있다. 나는 '빈 공간의 공포horror vacui'나 '공간의 공포Raumscheu'라는 현상도 깊이 생각해왔다. 왜냐하면 이 공포들은 인간을 둘러싸며 당황하게 만드는 혼돈 공간에 대한 인간의 자연스런 반응이기 때문이다.

요점을 말하자면, 공간은 건축의 '필요조건sine qua non'이며, 그렇지만 모든 면에서 물질인 매스도 똑같이 중요하다는 사실이다. 물질인 매스가 얼마나 중요한가는 일반 감정이입Empathy 이론으로 판단할 수 있다. 감정이입 과정은 외부 표면을 표현하여 발산되는 메시지뿐만 아니라, 구조인 매스의 내부역학도 개인적으로 연구하게 하였다(그림 199). 예를 들어 현대건축가 로버트 벤추리Robert Venturi의 작품은, 상업적 선전이 오늘날의 소비자와 직접 감정이입의 관계를 확립하는 가장 중요한 방법임을 보여주고 있다(그림 200). 그것은—현대적인 의미로 말한다면— 대성당 서측 전면의 기능, 즉 중세시대 일반대중을 종교적으로 열중하게 하던 강력한 선전물이라고 볼 수 있다.

건축에서 공간의 공포를 다룬 이론들은 공간에 대한 긍정적인 개념이 수립된 이후에 출현하였다. 맨 처음 심리학에서 발견된 폐쇄 공포증claustrophobia은, 지테가 도시 공간을 지각하는 데 강한 영향을 주었다. 그 후 20세기 초에 리글과 볼링거는 물질적 매스를 선호하는 것은 인간의 미학적 기본 충동이라고 언명하였다. 즉, 이러한 개념은 바로 뒤에 일어난 표현주의 운동에서 절정에 달하였다.

1970년대부터 포스트모던 건축은, 공간보다는 물질적 매스, 또한 물질적 매스의 의미와 전달내용에 관심이 부활하고 있음을 보여주었다. 이 이유는 두 가지로 볼 수 있다. 첫째, 관련된 사용자를 이끄는 것이 건축매스의 외부 유형에 좌우된다는 인식과, 둘째 메시지 그 자체로서의 건물 외피는 특히 현 시대의 상업적 풍토에는 더욱 효과적이라는 인식이다. 이러한 두 가지 인식은 루이스 칸의 작품과 벤추리의 라스베가스 건축 연구 때문에 1960년대와 1970년대에 미학적 관심을 얻게 되었다. 대체로 공간의 적극적인 개념은, 감정이입의 지각적이며 행태적인 영향 때문에, 정반대인 매스도 똑같이 중요하다는 인식을 불러일으키고 있다고 결론내릴 수 있다In general we may conclude that positivist ideas of space have evoked the recognition that its negation, mass, is just of important, due to the perceptional and behavioral influence of empathy.

그림 199
루이스 I. 칸, 생트 세실 성당, 알비, 프랑스(1982 착공), 잉크 드로잉(1959)

그림 200 R. 벤추리. 미식축구 명예의 전당 광고전사판Bill-Ding Board 현상설계안(1967): 공간보다는 기호와 상징의 중요성을 보여주고 있다.
a 전면 전경
b 후면 전경

(8) 공간에 대한 부정이나 또는 그 반대로 매스에 대한 부정은, 이러한 딜레마에 대한 유일한 올바른 해결책으로 두 양상(공간과 매스) 사이의 균형을 찾는 것이라는 사실을 건축 이론가들이 인식하도록 이끌었다. 이러한 태도는 **공간-조형적 통일**spatio-plastic unity이라는 유물론에서 발전되었다. 이러한 개념은 1888년이래로, 지테, 슈마르조, 브링크만, 프랑클, 죄르겔과 1941년의 기디온에 이르는 이론에서 **중심사상**Leitmotiff으로서 더듬어볼 수 있다. 이런 점에서, 유물론자들의 내·외부 **공간의 상호관입**Raumdurcharingung은 드 스테일의 모형들과 프랭크 로이드 라이트의 작품에서 절정을 이르렀다. 여기서도 헤겔의 미학 체계가 출발점이었다. 왜냐하면 공간-조형적 관계는 다양한 건축양식 시기의 특수성을 보여주기 때문이었다.
20세기 근대운동은 강렬한 공간 표현(드 스테일)이거나 강렬한 매스 표현(표현주의)이거나 또는 이 양자의 강렬한 상호관입(기디온의 '보편적 건축Universal Architecture')이었다. 이후 건축에서 근대 재료가 바뀌면서 어떻게든, 소멸되어갈듯 보이는 대전제들(공간, 매스, 공간과 매스의 상호관입)을 바꾸어나갈 것이다. 그러나 1890년 이전 지테가 주장했던 바와 같이, 내·외부 공간 본래의 모순은 디자인에 아직도 중요한 영감을 주고 있다. 우리는 다음 결론을 이끌어낼 수 있다. **물질적 관점에서 공간 개념은, 세 가지 방법 —외부 공간 (매스), 내부 공간, 내·외부 공간의 상호관입에 따른 절정— 으로 표현되는 '공간-조형적 통일'의 명제로 이끈다. 어떤 새로운 공간표현도 이러한 보편적인 전제 중의 하나에서 시작될 것이다**From a material standpoint the idea of space leads to the thesis of spatio-plastic unity, finding expression in three ways; exterior space (mass); interior space; and in the culmination by the inter penetration of both interior and exterior space. All renewal in spatial expression will start from one of these universal premises.

(9) 공간의 미학적 인식이라는 정의는 힐데브란트의 형태 이론이 나타난 1893년부터 시작되었다. 지각심리학에 대한 그의 인식은, 나중에 시간-공간 개념 또는 모홀리-나지의 **운동시각**vision in motion이 되었던, **동적 시각**kinetic vision이라는 놀랄 만한 명제로 발전되었다. 립스, 리글, 뵐플린과 같은 이론가들은, 힐데브란트의 놀라운 부조개

념relief-concept에 큰 가치를 부여하였는데, 이 명제는 베르그송과 같은 입체파 이전 pre-Cubist 철학자들의 2차원 공간 지각과 유사하였다. 2차원 공간 지각은 종합적인 큐비즘, 절대주의, 극단적인 몬드리안의 신조형Neo-Plastic 개념을 더욱 추구하게 하였다. 그리고 공간 지각의 4차원성은 미래파(운동의 연속)와 모홀리-나지와 판 두스뷔르흐의 시간-공간(운동의 동시성) 개념으로 발전되었다. 이러한 예술적 지각은 파울 프랑클, 다고버트 프라이와 같은 이론가의 인식체계에 큰 영향을 미쳤다. 그리고 1925년에 리씨츠키는 공간 지각의 미학을 훌륭하게 정의하였다. 그는 이미지 또는 공간의 환영illusion을 불러일으키는 다양한 방법에서 공간을 판단하는 네 가지 방법을 도출하였다. 우리는 그의 명제로부터 다음과 같은 결론을 내릴 수 있다. 가능한 모든 공간지각은 다음 네 가지로 정의할 수 있다: (a) 평판적 공간 또는 2차원적 공간 (b) 일점 투시 공간 또는 3차원적 공간 (c) '비합리적' 시간-공간 또는 4차원 공간 (d) 영화로써 만들어지는 영상적 공간. 그러므로 건축 공간은 어떻든 이러한 네 가지 현상의 조합으로 인식된다All possible definitions of the perception of space can be reduced to four: (a) planimetric or two-dimensional space, (b) one-point-perspective or three-dimensional space, (c) 'irrational' space-time, or four-dimensional space, (d) imaginary space, as produced by motion pictures. Our perception of architectural space is, in one way or another, the synthesis of these four phenomena.

미 주

서론 pp.3-9

1 Louis I. Kahn, 《Perspecta》, IV, 1957, pp.2-3.
2 Max Jammer, 《Concepts of Space》, Cambridge(1954), 1969년판 참조. 이 책은 물리학에서의 공간 개념 역사를 다루고 있다. 한국어 번역서로는 막스 야머 지음, 《공간 개념-물리학에 나타난 공간론의 역사》, 이경직 옮김, 나남, 2008 참조.
3 Immanuel Kant, 《Critique of Judgement》(판단력비판), London, 1914. 초판은 1790년 독일어로 출간.
4 Karl Scheffler, 《Der Geist fer Gotik》(고딕정신), Leipzig, 1917. 이 책은 더욱 아카데믹하고 생명력 없는 '그리스' 예술 형태에 반하여, 로코코 건축을 '고딕' 예술 형태의 마지막 것으로 다룬, 당시 큰 영향을 주었던 저작물이었다. 또한 Paul Fechter, 《Die Tragödie der Architektur》(건축의 비극), Jena, 1921을 참조하면, 다음과 같은 극히 비관적인 견해를 p.11에서 보이고 있다: "건축은 이미 그 과제를 충족시켰으며, 그 이상은 필요하지 않다." 이 책 제9장 'The Epilogue of the Baroque(바로크의 에필로그)'라는 표제에서, 독일의 로코코 건축이 공간감을 가장 마지막으로 표현한 것이라 생각하였으며, 이어지는 제10장 'Termination(종말)'에서 바로크의 최후는 공간감의 최후를 의미하였다. p.129에서 "건축은 죽었다. 건물은 다음 생명을 위해 서 있다."라고 결론짓고 있다. Oswald Spengler, 《The Decline of the West》(서구의 몰락), New York, 1962 참조(초판은 1918년 독일어로 발간). 여기에서도 감상적이고 비극적인 견해가 표현되어 있다. 이러한 모든 비평가들의 비탄의 소리는 공간 개념에 새로운 의미를 주어야만 한다는 견해에서 나온 것이었다. 비록 그들의 견해는 간접적이었지만 20세기의 근대운동을 형성시키는 데 중요하였다.
5 건축미학에서 공간 개념의 미술사적 발전을 다룬 유용한 저서는, Herman Sörgel, 《Architektur Ästhetik》 (건축미학), Münich, 1918, Hans Jantzen, 'Über den Kunstgeschichtlichen Raumbegriff(미술사적 공간 개념에 대하여)', 《Sitzungsberichte der Bayerischen Akademie der Wissenschaften》(바이에른 과학 아카데미 회보), Munich, 1938, 제5권, pp.5-44이다.
미술사가들 사이에서 공간 개념은 처음부터 미술사적인 개념이었으며, 이러한 견해는 뒤에 포그트-괴크닐(Vogt-Göknil)이 지지하였고, 바트(K. Badt)가 가장 지속적으로 지지하였다는 사실에 주목해야 한다.
Paul Zucker, 'The Aesthetics of Space(공간미학)', 《Journal of Aesthetics and Art Criticism》(미학과 미술비평지), 제4권, 제1호, 1945, pp.12-19; 'The paradox of Architectural Theories at the Beginning of the Modern Movement(근대운동 초기 건축이론의 패러독스)', 《Journal of the Society of Architectural Historians》(건축역사협회저널), 제10권 제3호, 1951, pp.8-14; Ulya Vogt-Gönil, 《Architekturbeschreibung und Raumbegriff》(건축서술과 공간 개념), Leiden, 1951, 학위 논문; Kurt Badt, 《Raumphantasien und Raumillusionen》(공간 판타지와 공간 착각), Cologne, 1963, 이것은 주로 조각을 다루고 있다. 바트는 리글의 '예술의지(Kunstwollen)' 결과로서 공간 개념을 논하고 있다. 그는 뵐플린이 해석한 바와 같이, 건축을 공간이 아니라 물질적 매스의 예술로 보고 있다.
6 Siegfried Giedeon, 《Space, Time and Architecture》(공간·시간·건축), Cambridge, 1941 참조. 이 책은 아마도 20세기 건축의 새로운 공간 개념에 대한 가장 유명한 논문일 것이다. 그의 '세 가지

공간 개념'은 브링크만이 가르친 결과 그대로였으며, 어느 정도는 슈마허의 영향을 받고 있다. 이들의 원천적인 기여에도 불구하고, 기디온은 근대운동의 예술가들, 특히 입체파와 드 스테일이나 바우하우스 멤버들에게 새로운 공간 개념에 대한 모든 명예를 부여하였다. 이와 같이 그는 힐데브란트와 슈마르조 및 리글의 초기 공헌을 모호하게 만들었다. 미술사가로서 기디온은 분명히 자기 자신이 속해 있던 학계를 떠나, CIAM이나 국제주의 양식의 열렬한 대변인이 되었다.

Rayner Banham, 《Theory and Design in the First Machine Age》(제1차 기계시대의 이론과 디자인), New York, 1960 참조. 이것은 20세기 초의 다양한 이념과 운동들에 대한 필수불가결하고 자극적인 연구였다. 그럼에도 불구하고 이 책은 공간 개념을 단지 부수적으로 다루고 있을 뿐이었다.

Bruno Zevi, 'Architecture(건축)', 《Encyclopedia of World Art》, 1959, pp.626-710. 이 책은 건축과 건축미학의 공간 개념 역사에 대해 풍부한 정보들을 수록하고 있다. 또한 이것은 그의 《Architecture as Space》(공간으로서의 건축)(1957)과 대조되는데, 이 책에서 제비는 리글, 프랑클 및 기디온의 전통에 따라 공간 개념의 변화를 재조명함으로써 모든 건축역사를 다시 쓰려 하였다.

Wolfgang Meisenheimer, 《Der Raum in der Architektur》(건축의 공간), Aachen, 1964에서, 마이젠하이머는 아마도 너무 지나칠 정도의 계통적인 수법으로 주제를 논하고 있다.

Peter Collins, 《Changing Ideals in Modern Architecture》(근대건축에서 변화하는 이상), London, 1965 참조. 마지막 8페이지에서만 '새로운 공간 개념'이라는 제목으로 이 주제를 다루었다. 이것보다는 오히려 냉철하게 다룬 부록에서, 전체 근대운동에서의 공간 개념의 중요성을 어느 정도 인정하고 있다.

7 Otto F. Bollnow, 《Mensch und Raum》(인간과 공간), Stuttgart, 1963 참조. 바트(Badt)는 주 5)를 참조. Christiaan Norberg-Schulz, 《Existence, Space and Architecture》(실존, 공간, 건축), New Jersey, 1971 참조.

이 책에서 노베르그-슐츠는 대략 1930년대부터 연구를 시작하고 있는데, 좀 더 현대적인 공간 개념만을 논하려는 이유에서다. 이 내용은 심리학, 실존철학, 현상학의 현대적인 이념을 근대건축 공간 개념과 연결시켜 비추어본 매우 유용한 연구이다.

제I부의 주

제1장 pp.13-19

1 Lao Tzu(노자), 《Tao The Ching》(도덕경), J.C.H Wu, St. John University Press, New York, 1961; chapter 11. (노자 도덕경 제11장 '무용(無用)' 참조)

2 Lao Tze, 《Tao The Ching, The Book of The Way and its Virtue》, transl. by J.J.L. Duyvendak, Murray, London, 1954. 이 책에는 도교사상에 관한 우수한 주석이 포함되어 있다. 편저자는 'Tao(道)'를 'the Way'라고 번역하였다. 《도덕경》 제1권, 제1장에는 다음과 같은 글이 실려 있다: "참된 도(道)라고 여겨질 수 있는 도(道)는 결코 영원한 도(道)일 수가 없다(道可道 非可道). …. 왜냐하면, 실제로 어떤 것의 경이로움이 다른 것의 한계로 보임은, 'Non-Being(비실재)'와 'Being(실재實在)' 사이에는 끊임없는 변화가 있기 때문이다."

3 Amos I.T. Chang, 《The Existence of Intangible Content in Architectonic Form》(건축형태의 무형적 내용의 실재), Princeton University Press, N.J., 1956는 노자철학의 실용주의에 근거하고 있다. 이 책 p.9에는 "나는 형식적이 아니라 심사숙고하여 건축 형태의 무형적인 요소, 즉 부정적인 실재

가 건축 형태에 생명력을 주는 것이라고 믿게 되었다."라고 했다. 또한 Frank Lloyd Wright, 《A Testment》(유언), Horizon Press, New York, 1952의 p.130과 이 책의 제4부 제9장 '라이트의 3차원'을 참조할 것.

4 Gottgfried Semper, 《Der Stil in den Technischen und Tektonischen Künsten》(기술적, 구조적 예술의 양식), F. Bruckman, Munich, 1860-1863. 제2권 제2절, p.8 참조.

제2장 pp.20 - 26

1 Lao Tzu, 《Tao The Ching》(도덕경), transl. by D.C. Lau, Penguin Books, Harmondsworth(1963), 1968, pp.20-22 참조.
2 Rudolph Wittkower, 《Architectural principles in the Age of Humanism》(휴머니즘 시대의 건축원리), London(1949), 1962.
3 Plato, 《Timaeus and Critias》, transl. by H.D.P Lee, Penguin Books, Harmondsworth(1965), 1971. 제31절, p.43.
4 같은 책, 제32-33절, p.44.
5 같은 책, 제37절, p.49.
6 같은 책, 제53절.
7 같은 책, 제55절.
8 같은 책, 제55절.

제3장 pp.27 - 34

1 Leone B. Alberti, 《Ten Books on Architecture》(건축10서), transl. by J. Leoni repr. by A. Tiranti, London(1955), 1965. 제4권 제2장: "그리고 만일 우리들이 철학자의 가르침을 확신하고 있다면, 도시를 건설하는 경우와 이유는 주민들이 평화롭게 그곳에서 살아가게 하는 것이다. 그리고 가능한 모든 불편이나 방해로부터 자유로울 수 있는 한, 확실히 그 평화는 장소와 상황 속에서 또한 평화가 정착되어야 할 노선(Circuit of Lines)에 의해 신중하게 고려되어야 한다."
같은 책, 제3장 참조: "도시의 형태와 각 지역의 배치는 장소의 다양성에 따라 변화하여야만 한다는 것은 분명하다."
2 Aldo van Eijck, 'The Medicine of Reprocity(상호작용의 치료)', 《*Forum* Amsterdam》, 제15권 제6-7호, 1961.
3 Max Jammer, 《Concepts of Space》(공간 개념), Harvard Univ. Press, Cambridge(1954), 1969, pp.17-26. 이 책에는 '물리학'에 영향을 준 아리스토텔레스의 공간 철학에 대한 논의가 포함되어 있다.
4 《Aristotle's Physics》(아리스토텔레스의 물리학), transl. by R. Hope, University of Nebraska Press, Lincoln, 1961. 이 장의 괄호 속에 추가해 넣은 숫자들은 이 번역서 하부의 주 번호를 나타낸다.
5 Jammer, pp.20-21.
6 Otto Bollow, 《Mensch und Raum》(인간과 공간), Kohlhammer, Stuttgart, 1963, p.302: "우리가 코페르니쿠스 체계 속에 있으면서 오랫동안 잘 알고 있는 것이지만, 그래도 우리 태양은 역시 매일 아침 새롭게 동쪽 대지 위로 떠오른다. 이와 같이 우주공간의 무한성을 모두 알고 있음에도 불구하고 우리는 저마다 구체적으로 경험하지만, 그 본질은 불변하는 것이다Und wie die Sonne für uns noch jeden Morgen neu über der festen Erde im Osten aufgeht, obgleich wir im

Kopernikanischen System es lange 'besser' wissen, so ist für uns trotz allen Wissens Von der Unendlichkeit des Weltraums der Raum, Wie wir ihn konkret erleben, ob er nun im einzelnen Fall enger oder weiter ist, in seinem Wessen doch immer noch endlich geblieben."

제4장 pp.35-44

1 Jammer, pp.27-94. 공간에 대한 유태교의 이념을 다룬 내용이 포함되어 있으며, 이 항목에 대해 이보다 잘 해석한 것을 언급하기 어렵다.
2 Hans Jantzen, 'Uber den Gotischen Kirchenraum(고딕 교회공간에 대하여)', 《Freiburger Wissenschaftliche Gesellschaft》(프라이브르크 학술협회지), 제15호, 1928, Mann에서 재간행됨, Berlin, 1951.
3 Hans Jantzen, 《High Gothic, the Classic Cathedrals of Chartres, Reims and Amiems》(전성기 고딕, 샤르트르, 렝스, 아미엥의 고전 성당), Minerva Press, 1962(초판은 1957년 독일어로 출간), p.68: "빛의 신학적 이념이, 고딕과 같은 새로운 교회 양식의 기원에 어떻게 직접 영향을 주었는지를 상상하기는 어렵다." 1928년에 발간된 그의 저서와 같이, 이 연구는 광학적 또는 시각적 접근으로, 구조와 빛의 형태적 해석에 한정되어 있다. 뵐플린의 벽체 표면에 대한 시각적 해석에 영향을 받아, 공간 구성은 네이브의 벽 처리에 종속된다고 하였다. 그는 '투명한 구조(diaphanous structure)'라는 자기 명제에 맞추려고, 측면 아일들을 광학적 막(optical foil)으로 의미를 축소하였다. 따라서 이중 레이어로 된 벽체의 구조적 분절은 스며드는 빛에 대해 스크린 효과를 높이고 있다. 어두운 배경에 스테인드글라스 창을 설치하는 것은 좋은 장치이다. 따라서 그는 불행하게도 고딕 내부에서 행태적 공간의 본질적인 양상인, 양측면 아일들로 이루어지는 연속적인 동선의 중요성을 무시해버렸다.
4 Paul Frankl, 《Gothic Architecture》(고딕건축), Penguin Books, Harmondsworth, 1962, p.266: "건축은 자율적인 것이다. 리브에서 나온 고딕 양식의 발전은 역사적 사실이며, 또한 그 발전과정은 스콜라 철학이나 시(poetry)에 대한 이해 없이도 단계적으로 이해될 수 있다. 이보다도 '고딕 시대' 문명 전체의 공통 인자들을 단지 건축 하나만으로 이해할 수 있다."
5 Edgar de Bruyne, 《Hoe de Menschen der Middeleeuwen de Schilderkunst aanvoelden》(중세의 인간과 회화예술), De Sikkel, Antwerpen, 1944, pp.7-13과 pp.42-50.
6 《A Documentary History of Art》(예술사의 기록), sel. and ed. by E.B. Holt, doubleday, New York, 1957, 제1권, pp.22-49 참조. 'The Book of Suger, Abbot of St. Denis'을 볼 것.
7 Robert Branner, 《Gothic Architecture》(고딕건축), Braziller, New York, 1961, p.21: '빛은 다만 생드니 성당 내진(chevet)의 한 양상이었으며, 공간 조직에 종속되는 것으로 보인다.'
8 Erwin Panofsky, 《Gothic Architecture and Scholasticism》(고딕건축과 스콜라 철학), World Publishing Company, New York(1957), 1972, p.30.
9 Jantzen의 책, 주 3), p.69.
10 Jantzen의 책, 주 2), pp.12-13.
11 Wolfgang Schöne, 《Über das Licht in der Malerei》(회화에서 빛에 대해), Berlin, 1954, H. Jantzen의 《High Gothic》, p.68에서 인용.
12 Jantzen의 책, 주 3), p.68; 또한 프랑클의 책, 주 4) p.35를 참조.
13 Otto von Simson, 《The Gothic Cathedral》(고딕 성당), Harper & Row, New York(1956), 1964, p.3.
14 같은 책, p.4.

제5장 pp.45 - 52

1 Martin Heidegger, 《Being and Time》(존재와 시간), Harper & Row, New York, 1962(초판은 1927년 독일어로 출간), p.123.
2 Jammer, p.43.
3 같은 책, 제4장: '절대 공간 개념'은, 내가 발견할 수 있었던 뉴턴의 공간이론의 영향을 설명한 것 중 최고였다.
4 Gerrit Rietveld, 'View of Life as Background for my work(나의 작품배경인 인생관)'은, in 《The Work of G. Rietveld, Architect》(건축가 G. 리트펠트의 작품), by Th. M. Brown, M.I.T Press, Cambridge, Mass., 1958, p.162에 수록되어 있다.
5 Jammer, p.113
6 Laszlo Moholy-Nagy, 《The New Vision》(새로운 비전), Wittenborn, New York, 1947(초판은 1929년 독일어로 출간), 바우하우스 총서 제14권, pp.56-58

제6장 pp.53 - 62

1 Immanuel Kant, 《Critique of Pure Reason》(순수이성 비판), N. Kemp Smith가 독일어를 영어로 번역, London, 1929(초판은 1781년 독일어로 출간).
2 Kant, 《Prolegomena》(서론), transl. by P.G. Lucas, Manch. Univ. Press, 1953, pp.9-10.
3 Kant, 《Critique of Judgement》(판단력 비판), transl. by J.H. Bernard, 2nd ed., London, 1914(초판은 1790년 독일어로 출간), pp.81-82와 p.75.
4 Herman Sörgel, 《Architektur-Aesthetik》(건축미학), Munich, 1918, p.18.
5 Israel Knox, 《The Aesthetic Theories of Kant, Hegel, Schopenhauer》(칸트, 헤겔, 쇼펜하우어의 미학이론), Columbia University Press, New York, 1936. p.82 참조. 이 책은 제6장의 주제를 만드는 데 가장 많은 참고가 되었다.
6 George W.F. Hegel, 《The Philosophy of Fine Art》(미술의 철학), g. Bell and Sons, London, 1920 (Ostmaston 번역), (초판은 1820년 라이프찌히에서 출간), 제3권, pp.91-93.
7 Piet Mondrian, 《Le Neo-Plasticisme》(신조형주의), Leonce Rosenberg Press, Paris, 1920, p.6: "어떠한 방식이로든, 새로운 정신은 예외 없이 모든 예술에 자신을 표명해야만 한다. 예술에는 서로 여러 차이가 나타나기는 하지만, 그렇다고 어느 하나가 다른 것보다 더 큰 가치를 지니는 이유는 될 수 없다. 그것은 예술을 다른 양상으로 유도하지만, 그러나 대립적인 양상으로 이끄는 것은 아니다De quelque façon que cela soit, l'esprit nouveau doit se manifester dans tous les arts sans exception. Parce qu'il y a des différences dans les arts enter eux, ce n'est pas une raison pour que l'un vaille moins que l'autre; cela peut mêner a une autre apparition mais non a une apparition opposée."
8 Arthur Schopenhauer, 《The World as Will and Idea》(의지와 표상으로서의 세계), transl. by H.B. Haldane, Kegan Paul, London, 1950, 제1권 제3편 제43절, p.275.
9 같은 책, pp.276-277; 같은 책 제3편 부록 제35장, 'On the Aesthetics of Architecture(건축 미학에 대해서)', p.182.
10 같은 책, pp.186-187.

제7장 pp.63－68

1 이 책 제4부 제3장 참조. 거기에서 슈펭글러의 문화 철학을 논하였다.
2 Hermann Weyl, 《Space－Time－Matter》(공간－시간－물질), Dover, New York, 1922(초판은 1918년 독일어로 출간), 서문, pp.1-2 참조. 아인슈타인은 이 책을 추천했다. 기디온이 이 책의 제목 중 '물질(Matter)'을 '건축(Architecture)'으로 바꾸어 사용한 것이 흥미롭다.
3 Max Jammer, 《Concept of Space》(공간 개념), Cambridge, Mass.,(1954), 1969. 이 책은 이 주제에 대한 매우 우수한 저서로 더 자세한 정보에 관심 있는 모든 건축가들에게 추천할 만한 책이다.
4 같은 책, p.140.
5 Van Eijck, 이 책 제1부, 제3장, 주 2)를 보라.
6 Jammer, p.174.
7 Prof. H.A. Lorentz, 《The Einstein Theory of Relativity》(아인슈타인의 상대성 이론), New York, 1920. 비전문가에게 이론을 아주 뛰어나게 설명한 이 글은 원래 'Nieuwe Rotterdamse Courant' 신문, 1919년 11월 19일 자에 처음으로 게재되었다. 로렌츠는 이보다 이른 해에 《타임》지 기자와 인터뷰한 것에서 이를 인용하였다. pp.11-13.
8 같은 책, p.19.
9 Henri Poincaré, 《Dernières Pensées》(만년의 명상), Paris, 1913. 이 책의 제4부, 제4장 참조. 거기에서, 드 스테일 철학에 대한 그의 영향을 다루고 있다.
10 Albert Einstein, 《Concepts of Space》(공간 개념)의 머리말. 그는 1953년에 프린스턴에서 이 내용을 썼다. pp.xi-xv.
11 Kurt Badt, 《Raumphantasien und Raumillusonen》(공간의 판타지와 공간의 착각), Cologne, 1963; Otto Bollnow, 《Mensch und Raum》(인간과 공간), Stuttgart, 1963; Hedwig Conrad－Martius, 《Raum》(공간), Munich, 1958.

제II부의 주

제1장 pp.71－81

1 Eugène E. Viollet－le－Duc, 《Discourses on Architecture》(건축강의), Grove Press, New York(1889), 1959(초판은 1863-1872년에 프랑스어로 발간), 제1권, p.365.
2 같은 책, 제2권, pp.200-203.
3 Jacques－François Blondel, 《Cours d'Architecture》(건축강의), De Saint, Paris, 1771-1777. 제4권, p.196. 참조. 또한 그의 《De la Distribution》(배열에 대해서), C.A. Jobert, Paris, 1737-1738, 제2권, p.66을 참조하라. 우리는 이 책에서 배열의 조화에 따라, 내부 장식은 외부와 관련되어 구성되어야 함을 읽을 수 있다.
4 Claude－Nicolas Ledoux, 《L'Architecture》(건축), Paris, 1804, 제1권, pp.104-106, 장(章) 제목 'la Maison du Pauvre(가난한 자의 집)', 제2권, 삽화 33, 제목은 'l'Abri du Pauvre(가난한 자의 오두막)'.
5 Etienne－Louis Boullée, 'Architecture, Essai sur l'art(건축, 예술에 대한 논문)', 이는 《Treatise on Architecture》(건축 논문집), ed. by Helen Rosenau, Tiranti, London, 1953, p.54에 수록되어 있다.
6 같은 책, p.83.
7 같은 책, p.94와 p.35.

8 같은 책, p.52.

제2장 pp.82 - 88

1 Jean Nicolas Durand, 《Nouveau Précis》(신개설서), Paris, 1813, p.23.
2 Julien Guadet, 《Eléments et Theorie de l'Architecture》(건축 요소와 이론), Librairie de la Construction Moderne, Paris, 1902, 제1권. pp.2-3과 p.124. 동선의 분리와 실용적 공간에 대해서는 p.117 참조.
3 Le Corbusier, 《Towards A New Architecture》(새로운 건축을 향하여), Praeger, New York(1960), 1970(초판은 1923년 프랑스어로 출간), p.45.
4 Auguste Choisy, 《Histoire de l'Architecture》(건축역사), Rouveyre, Paris, 1899.
5 Viollet-le-Duc, p.406, 제1권.
6 같은 책, 제1권, p.406: '그러나 이러한 상이함에는 질서, 즉 통일성(unity)이 있어야 한다. 일시적 기분에 따라 높이와 폭이 다른 치수로 고정되어서는 안 된다. 이러한 상이함에 일반 원리가 선행되어야 한다.' 그런데 이러한 설명에 깊이가 포함되지 않았다는 사실에 주목해야 한다.
7 같은 책, 제2권, pp.200-203.

제3장 pp.89 - 94

1 John Ruskin, 《The Seven Lamps of Architecture》(건축의 일곱 등불), The Noonday Press, New York, 1971(초판은 1849년에 출간), p.16: "건축은 어떤 용도 때문에 인간에 의해 건물이 세워지고, 배치되고 장식되는 예술이다. 그들의 모양은 인간의 건강과 힘과 기쁨에 기여한다."
한국에서는 《건축의 일곱 등불》(현미정 옮김, 마로니에북스, 2013)이라는 제목으로 출간된 바 있다.
2 같은 책, p.100. 제4장, 'The Lamp of Beauty(아름다움의 등불)'
3 같은 책, p.101.
4 같은 책, p.114.
5 같은 책, pp.15-16.
6 같은 책, p.163: '…조각은 돌 속에서 어떠한 형태를 단순히 잘라내는 것이 아니다. 조각은 돌의 효과를 잘라내는 것이다.'
7 같은 책, 선과 매스에 대한 그의 견해는 제3장 '힘의 등불(The Lamp of Power)', pp.76-77을 보라. 그의 2차원적 공간 개념의 예시는… 사각 형태였으며… 공간이나 표면으로 나타나는 것으로 제한되었으며… 또는 "자로 그은 무시무시한 선들 대신에, 공간은 이제 4개나 5개의 큰 매스의 음영으로 나뉜다…." p.111과 p.97.
8 같은 책, 제4장, '아름다움의 등불(The Lamp of Beauty)', pp.120-121.
9 같은 책, 제5장, '생명의 등불(The Lamp of Life)', p.142.
10 같은 책, p.143.

제III부의 주

제1장 pp.97 - 105

1 Friedrich Theodor Vischer, 《Äesthetik oder Wissenschaft des Schönen》(미학 또는 미의 과학), C. Mäcken, Reutlingen, 1846-1857 참조. 또한 Herman Sörgel, 《Architectur - Ästhetik》(건축 - 미학), Piloty & Loehle, München, 1918, p.21 참조.

2 Sörgel, pp.22-23.

3 Gottfried Semper, 'Vorläufige Bemerkungen(잠정 소견)'(1834), 《Wissenschaft, Industrie und Kunst》(과학, 공업, 예술)(1942), F. Kupferberg 재발간, Mainz, 1966, p.15.

4 Gottfried Semper, 《Kleine Schriften》(소론), 1884, p.267.

5 Gottfried Semper, 《Wissenschaft, Industrie und Kunst》(과학, 공업, 예술)(1852) 1966, p.78.

6 Gottfried Semper, 《Der Stil in den Technischen und Tektonischen Künsten》(기술적, 구조적 예술의 양식), 제2권, 1860-1863, '서론', p.XXIV.

7 같은 책, '서론' VIII. 또한 H.P. Berlage, 《Gedanken über Stil》(양식 논고), Zeitler, Leipzig, 1905, p.26 참조할 것.

8 Semper, 서론, XXIV-XXXIV.

9 Paul Klopfer, 'Die beiden Grundlagen des Raumschaffens(공간 창조의 두 가지 원리)', 《Zeitschrift für Aesthetik und Allgemeine Kunstwissen schaft》(미학과 일반 예술학을 위한 잡지), 제20권, 1926, pp.311-317을 참조. 클로퍼에 따르면 젬퍼는 스테레오토미(stereotomy)를 두 가지 양상으로 나누었다. 하나는 구조적 필요에 따르는 것이고, 다른 하나는 공간 개념을 표현하는 것이다. 클로퍼는 젬퍼의 우연한 언급으로부터 다음과 같은 결론을 내렸다: "…그리고 이러한 스테레오토믹 예술은… 매스와 공간의 더 웅장한 심포니를 전개시켜 참된 결과를 만들어낼 수 있다…Und diese stereotome Kunst … brachte es fertig … die wahren Mittel zu der Entfaltung jenes grossartigen Symponien der Massen und Räume herzugeben."

제2장 pp.106 - 112

1 Robert Vischer, 'Über das Optische Formgefühl(시각적인 형태 감각에 대해서)'는, 《Drei Schriften zum Ästhetischen Formproblem》(미학적인 형태 문제에 대한 세 가지 논문), Halle, 1927(초판은 1873년 간행)에 수록.

2 Theodor Lipps, 'Ästhetische Faktoren der Raumanschauung(공간관의 미학적 요인)'은 《Beiträge zur Psychologie etc.》(심리학 논고), Hamburg, 1891. pp.223-224.

3 Theodor Lipps, 'Raumästhetik und Geometrisch-Optische Täuschungen(공간미학과 기하학적-시각적 착각)', 《Gesellschaft für Psychologische Forschungsschriften》(심리학 연구보고 협회), 제II편, 제9권-10권, Leipzig, 1893-1897, pp.305-306.

4 같은 책, p.317.

5 같은 책, p.318. 저자가 임의로 번역함.

제3장 pp.113 - 119

1 Adolf Hildebrand, 《Problem of Form》(형태의 문제), New York, 1907(초판은 1893년 독일어로 출

간), p.17. 영어 번역은 간혹 부정확하다. 따라서 저자가 1907년 번역판의 몇몇 영어 단어를 수정하였다.

2 같은 책, p.23.

3 같은 책, p.82.

4 같은 책, p.47, 49, 51.

5 Hildebrand, p.119. 'The functional value of architecture(건축의 기능적 가치)'라는 절에서, 공간을 기능과 상징보다 우위에 두었다.

제4장 pp.120-125

1 August Schmarsow, 《Das Wessen der Architektonischen Schöpfung》(건축 창조의 본질), Leipzig, 1893년 발표, 1894년 발간, p.11.

2 August Schmarsow, 《Über den Wert der Dimensionen im Menschlichen Raumgebilde》(인간적 공간 구성에서 차원의 가치에 대하여), Leipzig, 1896, p.45.

3 August Schmarsow, 《Grundbergriffe der Kunstwissenschaft》(예술학의 기본 개념), Leipzig, 1905. p.183.

4 August Schmarsow, 《Raumgestaltung als Wesen der Architectonischen Schöpfung》(건축창조 본질로서의 공간조형), 1914, p.72,

5 Alois Riegl, 《Stilfragen》(양식론), 1893의 첫째 장에 '예술의지(Kunstwollen)'를 애매모호하게 소개하고 있다.

6 Alois Riegl, 《Spätrömische Kunstindustrie》(후기 로마의 예술 산업), Vienna, 1927(초판은 1901년 출간), 그리고 그가 리글를 비판한 주 3)의 슈마르조의 책을 참조할 것.

제5장 pp.126-131

1 Heinrich Wölfflin, 《Prolegomena zu einer Psychologie der Architektur》(건축 심리학을 위한 서론), Müchen, 1886. p.2: "건축 심리학에는 정신 작용에 대한 과제가 있다. 정신 작용은 건축예술을 기술하고 묘사하는 자원이 있다Die Psychology der Architektur hat die Aufgabe, die seelischen Wirkungen, welche die Baukunst mit ihren Mitteln hervorzurufen im Stande ist, zu beschreiben und zu erklären." 또한 pp.12-13도 참조하라.

2 Heinrich Wölfflin, 《Renaissance and Baroque》(르네상스와 바로크), Ithaca, 1966(초판은 1888년 독일어로 출간), p.78: "더욱이 건축은 물질적 매스의 예술로서, 물질적 존재로서만 인간과 관련될 수 있음은 분명하다." 그리고 '건축은 예술로서 어느 시대의 'Lebengsgefühl(생활감정)'을 표현하며, 건축은 이러한 'Lebengsgefühl(생활감정)'을 이상적으로 증진시켜줄 것이며, 다시 말해 건축은 인간의 열망을 표현할 것이다'라는 사실을 더 알게 된다.

3 Friedrich Nietzche, 《The Birth of Tragedy》(비극의 탄생), New York, 1956(초판은 1872년 독일어로 출간), 제1장 p.XVI 참조.

4 Heinrich Wölfflin, 《Principles of Art History》(예술사의 원리), New York, 1950(초판은 1915년 독일어로 출간), p.108. 여기서 그는 힐데브란트를 인용하고 있다.

5 Adolf Hildebrand, 《Das Problem der Form》(형태의 문제), repr. 1961, p.10: "침착하게 관찰하는 눈은 이미지를 받는다…(이미지는) 동시에 나타난다. 눈의 움직임과는 대조적으로, 손으로 확인하

고 시간적인 순서대로 연속적으로 식별하기 위해 형태를 인식하게 된다Das ruhige schauende Auge empfängt ein Bild … in der das Nebeneinander gleichzeitig erfasst wird. Dagegen ermöglicht die Bewegungsfähigkeit des Auges, das Dreidimensionale vom nahen Standpunkt aus direkt abzutasten und die Erkenntnis der Form durch ein zeitliches Nacheinander von Wahrnehmung zu gewinnen."
이 시점의 연속에 대해 그는 p.36에서 설명하고 있다. 관찰자가 비록 어떤 주요한 한 시점을 강조할지라도, 연속성은 평면적 이미지의 수에 달려 있으므로, 관찰자는 여러 시점들을 취해야만 한다고 말하고 있다.

제6장 pp.132 - 135

1 Wilhelm Worringer, 《Abstraction and Empathy》(추상과 감정이입), Ohio, 1967, (초판은 1908년 독일어로 출간)
2 같은 책, p.13.
3 같은 책, pp.22-23.
4 같은 책, p.18. 여기서 쇼펜하우어에 대해 언급하였다.

제7장 pp.136 - 145

1 Camillo Sitte, 《City Planning according to artistic principles》(예술적 원리에 따른 도시계획) transl. by G.R. Collins and Chr. Crasemann Collins, Random House, New York, 1965(초판은 1889년에 독일어로 출간). 지테 이론의 영향에 대해서는, George R. Collins & Christiane Crasemann Collins, 《Camillo Sitte and the Birth of Modern City Planning》(카밀로 지테와 현대 도시계획의 탄생), Random House, New York, 1965를 참조할 것.
2 Sitte, p.XV.
3 August Schmarsow, 《Grundbergriffe der Kunstwissenschaft》(미학의 기본개념), Leipzig, 1905, XIII장, pp.180-185. 또한 이 책 제3부 제4장 참조.
4 Sitte, p.32.
5 같은 책, p.29와 pp.35-36.
6 같은 책, p.42.
7 Albrecht Erich Brinkmann, 《Platz und Monunent》(광장과 기념비), Berlin(1908), 1923, pp.204-210. 또한 이 책 제3부 8장 참조. Hendrik Petrus Berlage, 《Amerikaanse Reisherinneringen》(미국기행 회상기), Rotterdam, 1911. 또한 이 책 제4부, 제2장 참조.
8 Collins, p.15.
9 Sitte, p.45, Collins, p.157 참조. '광장공포증(Agoraphobia)'이라는 용어는 분명히, 이 주제에 대한 연구를 1871년에 출판한 독일의 정신의학자 카를 F.O. 베스트팔(Westphal)의 공헌이었다. 오늘날의 연구는 '광장공포증'의 원인이 넓게 개방된 공간 그 자체가 아니라, 넓은 개방 공간에 투영된 개인의 정신적인 불안에 따르는 것이라고 지적하고 있다. 《Dorland Medical Dictionary》 제24판에 따르면, '폐쇄공포증(claustrophobia)'은 '제한된 공간에서 어떤 단절에 대한 병적인 공포'라고 정의되고 있다. '광장공포증'과 '폐쇄공포증'이라는 두 가지 두려움은 바로 공포증의 특별한 종류들이다. 다른 공포증으로는 광선공포증(Photophobia, 빛) 공수증(恐水症 : Hydrophobia, 물), 공화증(恐火症 : Pyrophobia, 불), 공견증(恐犬症 : Cynophobia, 개), 고소공포증(高所恐怖症 : Acrophobia, 높

이) 등이 있다. "어떤 대상물에 대한 공포는 인간 마음속의 몇 가지 모순되는 상황이 바뀜으로써 일어난다고 생각된다. 정서적인 모순에서 발생되는 불안감은 그 고통스러운 연상에서 분리되고, 그 대신 그 환경 속의 어느 정도의 해가 없는 대상에 놓이게 된다. 이로 인하여 외부의 상황은 내부 모순의 표상이 된다."라고 R.L. Clark and R.W. Cumley, 《The Bool of Health》(건강의 책), 제2판, 1962, p.552에서 밝히고 있다.

10 Sitte, p.61. 이 책 제VII장의 A는 결코 지테가 쓴 것이 아니라, 스위스 건축가인 까미유 마르뗑(Camille Martin)이 《Der Städtebau》(도시계획)을 《L'art de bâtir les Villes》(도시건설의 기술)이라는 제목으로 프랑스어로 번역했을 때에 덧붙여진 것이다. Collins, pp.63-72 참조.

11 Brinkmann, p.208. 저자 번역.

12 Collins, p.101에 르 꼬르뷔지에와의 대립 참조.

13 Sitte, p.133.

14 예를 들어 Robert Venturi, 《Complexity and contadiction》(복합과 대립), New York, 1966. 제9장 '내부와 외부' 참조.

제8장 pp.146 - 156

1 Albert E. Brinkmann, 《Platz und Monument》(광장과 기념비), Berlin, 1908.

2 Scott, 이 책의 제4부 제2장 참조.

3 Brinkmann, p.87.

4 앞의 책.

5 앞의 책, p.57.

6 앞의 책, p.60.

7 A.E. Brinkmann, 《Baukunst des 17. und 18. Jahrhunderts in der Romanischen Lädern》(가톨릭 국가의 17세기 및 18세기 건축예술), Berlin(1915), 1919, pp.1-2와 p.20.

8 Brinkmann, 《Plastik und Raum als Grundformen Künstlerischer Gestaltung》(기본형식의 예술적 조형으로서의 조각과 공간), München(1922), 1924; 'Erziehung des Raumsinnes(공간감의 훈련)'은 《Zeitschrift Für Deutschkunde》(독일학 잡지), 1926, 제40권에 게재, 《Baukunst》(건축예술), Tübingen, 1956 참조.

9 Brinkmann, 《Von Guarino Guarini bis Balthasar Neumann》(과리노 과리니에서 발타자르 노이만까지), Deutscher Verein für Kunstwissenschaft(독일 예술학회), Berlin, 1932 참조.

10 공간과 매스, 그리고 이 둘의 상호관입에 대한 분류—여기에서 요약되었듯이 그렇게 체계적이지는 않지만—는 1922년에 발간된 그의 저서 《Plastik und Raum》(조각과 공간)에서 사용하였으며, 특히 바로크와 로코크에 대한 장(章)에서도 사용하였다. 이들의 세 가지 단계는 F. Schumacher, 《Grundlagen》(원리), München, 1919에도 인식되고 있다.

11 Siegfried Giedion, 《Space, Time and Architecture》(공간·시간·건축), Cambridge, Mass.,(1941), 개정4판, 1967, 서문, 'Three Space Conception(세 가지 공간 개념)', pp.IV-IVI; 《Architecture and Phenomena of Transition, the Three Space Conceptions in Architecture》(건축과 변이현상, 건축의 세 가지 공간 개념), Cambridge, Mass., 1971.

12 Herman Sörgel, 《Einführung in die Architektur-Ästhetik, Prolegomena zu einer Theorie der Bunkunst》(건축-미학에서의 감정이입, 건축예술 이론을 위한 서론), 1918, p.159

13 같은 책, p.134. 힐데브란트가 사용한 바와 같이, 독일어의 'Wirklunsform(작용형태)'라는 단어는

지각적인 형태를 내포하고 있는 반면에, 죄르겔은 이 개념을 'Erscheinungsraum(현상공간)'이라고 불렀음을 살펴야 한다. 죄르겔이 말한 'Wirklunsform'을 가능한 한 잘 번역한다면 'ideal space(이상적 공간)'이 될 수 있겠으나, 그가 독일어로 글자 그대로 나타내려 했던 의미에는 미치지 못한다.

14 Laszlo Moholy-Nagy, 《von Material zu Architektur》(물질에서 건축으로), Müchen, 1928, 《The New Vision》(새로운 시각)으로 1926년, New York에서 번역되었다. 그 책에는 동일한 세 가지 요소로, 평면(회화), 매스(조각), 공간(건축)이 다루어지고 있다.

15 Semper, 《Der Stil》(양식론), 서론.

16 Berlage, 《Gedanken über Stil》(양식 논고), p.28.

17 루이스 I. 칸이 1971년 펜실베이니아 대학교 석사과정 설계시간에 한 말.

18 Sörgel, p.161.

19 Sörgel, p.162.

20 Sörgel, p.171.

21 Fritz Schumacher, 'Die künstlerische Bewältigung des Raumes(공간의 예술적 달성)', 《Zeitschrift für Aesthetik und Allgemeine Kunstwissenschaft》(미학과 일반예술 잡지), 제13권, 1918-1919. pp.397-402.

22 F. Schumacher, 'Das Bauliche Gestalten(건축적 형태)', 《Handbuch der Architektur》(건축연보), Leipzig, 1926, p.28.

23 같은 책, p.39.

제9장 pp.157 - 166

1 Paul Frankl, 《Principles of Architectural History》(건축사의 원리), Cambridge, Mass., 1968. 초판은 《Die Entwicklungsphasen der neueren Baukunst》(새로운 건축예술의 발전단계), 1914, Stuttgart, 독일어로 발간.

2 프랑클은 1912년 뮌헨에서 여름학기 강의를 듣고 뵐플린의 극성체계를 알게 되었다. 프랑클의 《예술사의 원리》서문 p.14 참조.

3 Frankl, p. xiv.

4 이 책의 제3부 제3장 힐데브란트에 대한 내용 참조. 힐데브란트의 지각(perception)은 모든 감각(senses)을 포함하고 있기 때문에, 힐데브란트의 'Wirkungsform'을 '지각적 형태(Perceptual Form)'로 번역했으며, 여기에서도 '시각적 형태(Visual Form)'를 의미하지는 않는다. 'Bildform(Frankl, 1914)'을 '시각적 형태(Visual Form)'로 번역하였다. 'Visible Form(가시적 형태)'은 1968년의 영역판에서 사용하였는데, 이는 다만 형태의 가시성(visibility of form)과 관련되며, 파악될 수 있는 형태의 '양(量, amount)'을 말한다. 이에 반해 시각적 형태는 넓은 의미의 시각예술과 좀 더 관련된다.

5 힐데브란트, 본서의 제3부 3장 참조.

6 Frankl, p.146.

7 같은 책, p.160.

8 같은 책 p.1. 독일어인 'Vorstellung'은 'idea'나 'conception'으로 번역할 수 있다. 1968년 영어판본의 본문 이래로 일관되게 'idea'를 사용하고 있다.

9 같은 책, p.1.

10 같은 책, p.2와 p.157 참조: "사람은 건축의 일부이다. 이는 우리가 건물 앞에 서 있는 것이 아니라 건물로 둘러싸이기 때문에, 건축은 회화와 조각과는 확실히 구별된다. 건축과 인간은 서로 영향을 주고 있다."

제10장 pp.167 - 175

1 Otto Höver, 《Vergleichende Architekturgeschichte》(비교건축사), Munich, Allgemeine Verlagsanhalt, 1923, pp.20-21.

2 Otto Karow, 《Die Architektur als Raumkunst》(공간예술로서의 건축), Verlag Wilhelm Ernst, Berlin, 1921(1919).

3 Paul Kloper, 《Das Wessen der Baukunst》(건축예술의 본질), Oskar Leinen, Leipzig, 1920.

4 Hermann Maertens, 《Der Optische Maszstab》(시각적 척도), Cohen & Sohn, Berlin, 1877.

5 Albert Erich Brinkmann, 'Der Optische Maszstab(시각적 척도)', 《Wasmuth Monatschften für Baukunst》(바스무트 건축예술 월보), 제1기, 제2호, 1914.

6 Kloper, 'Das Räumliche Sehen(공간적 시각)', 《Zeitschrift für Ästhetik und Allgemeine Kunstwissenschaft》(미학과 일반예술 잡지), 제13권, 1918-19.

7 Paul Zucker, 'Architektur Aesthetik(건축미학)', Wasmuth Monatschften für Baukunst》(바스무트 건축예술 월보), 제4권, 1919-20, pp.83-86.

8 Paul Zucker, 'Kontinuität und Diskontinuität, Grenzprobleme der Architektur und Plastik(연속과 불연속-건축과 조각의 경계문제)', 《Zeitschrift für Ästhetik und Allgemeine Kunstwissenschaft》(미학과 일반예술 잡지, 제XV권, 1921, pp.304-317.

9 Paul Zucker, 'Der Begriff der Zeit in der Architektur(건축에서의 시간개념)', 《Repertitorium für Kunstwissenschaft》(예술학을 위한 재강의), 제44권, 1923-1924, pp.237-245. 이 논문에서 공간의 촉각적 동적 운동에 대한 힐데브란트와 슈마르조의 주장은, 제4차원인 시간과는 분리되어 있다. 또한 그의 논문: 'the Paradox of Architectural Theories at the Beginning of the Modern Movement(근대운동 초기 건축이론의 패러독스)', 제X권 제3호, 1951, pp.8-14을 참조하라. 여기서 그는 건축의 기본으로서 서로 다른 개념에 집착하는 이론가들을 5개 그룹으로 구분하였다. 그것은 (1) 상징, (2) 공간, (3) 매스, (4) 매스와 공간, (5) 시간이다. 추커는 어떤 조그만 암시도 받지 않고, 자신만의 생각으로 마지막 다섯 번째 개념을 주장하였으며, 큐비즘의 시간-공간 개념의 기원으로 이끌었다.

10 Leo Adler, 《Vom Wessen der Baukunst》(건축예술의 본질에 대하여), Asia Major, Leipzig, 1926, pp.39-40.

11 Leo Adler, 'Theorie der Baukunst als reine und angewandt Wissenschaft(순수·응용과학으로서의 건축예술 이론)', 《Zeitschrift für Aesthetik und Allgemeine Kunstwissenschaft》(미학과 일반예술 잡지), 제XX권, 1926.

12 추커는 1945년까지도 그 문제에 관심이 있었다. 그의 논문: 'The Aesthetics of Space in Architecture, Sculpture, and City planning(건축, 조각, 도시계획에서의 공간미학)', 《The Journal of Aesthetics and Art Criticism》(미학과 미술비평 잡지), 제IV권 제1호, 9월, 1945, pp.12-19를 참조하라. 추커는 공간 개념을 예술을 통합하는 것이 아니라 분할하는 것으로 적용하고자 했다. 그의 개념은 근대 건축운동과 전혀 관계없기 때문에 그의 견해를 반복할 필요는 없겠다.

13 Dagobert Frey, 'Wessenbestimmung, der Architektur(건축의 본질 결정)', 《Zeitschrift für Aesthetik und Allgemeine Kunstwissenschaft》(미학과 일반예술 잡지), 제19권, 1925, pp.64-78.

14 Dagobert Frey, 《Gotik und Renaissance als Grundlagen der Modernen Weltanschuung》(근대 세계관의 기본으로서의 고딕과 르네상스), Dr. B. Filler, Augsbrug, 1929.

15 Hans Jantzen, 'Über den Kunstgeschichtlichen Raumbegriff(예술사의 공간 개념)', 《Sitzungberichte der Bayerischen Akademie der Wissenschaften》(바이에른 아카데미 화보), Munich, 1938년 연보, 제5권, pp.5-44.

제IV부의 주

제1장 pp.179 – 190

1 Louis H. Sullivan, 《The Autobiography of an Idea》(어떤 개념의 자서전), New York, 1956(초판은 1924년 발간), p.280과 p.258 참조.
또한 그의 《Kindergarten Chats and other Writings》(유치원에서의 담소와 그 밖의 논문집), New York(1947), 1968(초판은 1901–1902년 발간)의 제XII장과 제XIII장 'Function and Form (기능과 형태)' (1) and (2) pp.42–48 참조.

2 Albert Bush-Brown, 《Louis Sullivan》, New York, 1960, pp.24–32.

3 Frank Lloyd Wright 《On Architecture》(건축에 대하여), F. Gutheim 편저, New York, 1941, p.143.

4 립스(Lipps)를 다룬 이 책 제3부 제2장 참조.

5 Günther Stamm, 《Studien zur Architektur und Architekturtheorie Henry Van de Veldes》(앙리 반 데 벨데의 건축과 건축론에 대한 연구), 괴팅겐 대학 학위 논문, 1969, pp.212–221의 'Der Architektonishe Raum(건축적 공간)'이라는 장을 참조. 여기서 반 데 벨데의 이론을 근대 공간 개념에 관련시켜 논하고 있다. 슈탐은 뚜렷한 공간 개념이 반 데 벨데의 관심사 중에는 없었다고 단언하였다(p.216).

6 Karl Scheffler, 《Moderne Baukunst》(근대건축예술), 제2판, 1907, Berlin, pp.2–3. 반 데 벨데와 아카데미즘에 대한 그의 비평은 p.103과 p.166참조.

7 Walter Gropius, 'Der Stilbildende Wert Industrieller Bauformen'(공업적 건축형태의 양식 형성 가치). 《Jahrbuch des Deutschen Werkbundes》(독일공작연맹 연보) 1914, pp.29–32. 예술가, 실업가, 기술자 사이의 협력에 대한 그의 견해는 그의 논문 'Dei Entwicklung Moderner Industriebaukunst (근대 공업적 건축예술의 발전)', 《Jahrbuch des Deutschen Werkbundes》(독일공작연맹 연보), 1913, pp.17–22 참조. 이 논문의 영역본은 《The Literature of Architecture》, ed. by Don Gifford, 1966, New York, pp.618–623.

8 그로피우스의 논문인 'Der Stilbildende Wert(양식 형성의 가치)' etc., p.32 참조. 독어 원문은 다음과 같다: "Ihre Klare, mit einem Blick erfassbare Erscheinungsform lässt nichts mehr von der Kompliziertheit des technischen Organismus ahnen. Technische Form und Kunstform sind darin zu organischer Einheit verwachsen."

9 Frank Lloyd Wright 《On Architecture》(건축에 대하여), ed. by F. Gutheim, New York, 1941, '1910: Studies and Executed Buildings(건축예술의 연구와 실현된 건물)'의 장, p.63 참조.

10 같은 책, p.74 참조.

11 같은 책, 'In the Cause of Architecture(건축을 위하여)' I(1908)과 II(1914) pp.31–58 참조.

12 이 책 제4부 제9장 참조.

13 《The Literature of Architecture》(건축 문헌) 제5부 'The New American Architecture(새로운 미국건축)', 1912. H.P. 베를라헤의 여행 인상은 '암스텔담의 건축가(Architect in Amsterdam)' pp.611–612 참조.

14 Vincent Scully Jr., 《The Shingle Style and Stick Style》(싱글 양식과 스틱 양식)(초판은 1955년), 개정판, New Haven, 1971, pp.159–160 참조.

15 이 책 제4부 제8장 및 제9장 참조.

제2장 pp.191 - 202

1 Hendrik P. Berlage, 《Gedanken über den Stil in der Baukunst》(건축예술 양식 논고), Leipzig 1905.

2 H.P. Berlage, 《Grundlagen und Entwicklung der Architektur》(건축의 원리와 전개), Berlin, 1908, pp.159-160 참조.

3 Leo N. Tolstoy, 《What is Art?》(예술이란 무엇인가?), New York, 1960(초판은 1896년 발간)의 제4장 p.41 참조. 여기서 '다양성 속의 통일(Unity in Variety)'의 원리를, 미를 정의하는 데 불충분한 시도라고 여기고 있다.
Geoffrey Scott, 《The Architecture of Humanism》(휴머니즘의 건축), Cloucester Mass., 1965(초판은 1914년 발간)의 제7장 제4절 p.155를 참조. 여기서는 더욱 나은 것을 얻기 위해, 이 정의가 수천 번 이상 반복된다고 말하였다.

4 Berlage, 《Grundlagen》(원리), 주 2), p.46.

5 같은 책, p.68.

6 같은 책.

7 같은 책, p.115.

8 같은 책.

9 같은 책, p.100과 p.107.

10 Frank LL. Wright, 'In the Cause of Architecture(건축을 위하여)', 1928의 'Selected Writings(논문선집)', ed., by F. Gutheim, New York, 1941, p.109 참조.
H.P. Berlage, 《Grundlagen》(원리) p.68에서 "우리는 안에서 밖으로 디자인하는 것을 잊어버렸다. 그래서 밖에서 안으로 디자인한다. 그리고 외관을 위해 실체를 희생시켜버렸다."라고 기술하고 있다.

11 H.P. Berlage, 《Amerikaanse Reisherinneringen》(미국기행 회고록), Rotterdam, 1913.

12 August Endell, 《Die Schönheit der grossen Stadt》(대도시의 미), Stuttgart, 1908.

13 같은 책, p.3.

14 같은 책, p.6.

15 같은 책, pp.71-76.

16 Rudolph M. Schindler, 《A manifesto-1912》(1912년 선언)를 《Schindler》 by David Gebhard, New York, 1971, pp.191-192에 수록.

17 같은 책.

18 Geoffrey Scott, 《The Architecture of Humanism》(휴머니즘의 건축), Cloucester, Mass., 1965(초판은 1914년 간행).

19 같은 책, 제8장 제4절, pp.168-169 참조.

제3장 pp.203 - 220

1 Siegfrid Giedion, 《Space, Time and Architecture》(공간·시간·건축), 4th ed., Cambridge, Mass., 1967 (초판은 1941년 간행), pp.485-486.

2 Denis Sharp 《Modern Architecture and Expressionism》(근대건축과 표현주의), New York, 1966 참조; Wolfgang Pehnt, 《Expressionist Architecture》(표현주의 건축), New York, 1973을 참조.

3 Hans Poelzig, 'Architekturfragen(건축의 문제)', 《Das Kunstblatt》(예술지) 1917년 5월, 제5권 pp.135-136에 수록.

4 Otto Bollnow, 《Existenzphilosophie》(실존철학), Stuttgart(1955), 7th ed., 1969, 제2장 제2절 pp.20-22 참조. 여기서는 '키에르케고르의 실존적 사상가 개념'이라 하였다.

5 Sharp, p.8 참조. 아우구스트 스트린드베리의 말이 인용되어 있다. "모든 것이 일어날 수 있으며, 모든 것이 가능하며 모두 그럴듯하다. 시간과 공간은 존재하지 않는다.…."
또한 Marinetti, 'Manifesto of Futurism(미래주의 선언)'은, R. Carrieri, 《Futurism》(미래주의), Milano, 1963(초판은 1909년), 12항: 'Time and Space are dead(시간과 공간은 죽었다)'에 수록.

6 Pehnt, p.34와 Sharp, p.64.

7 Hans Poelzig, 'Rede gehouden ter gelegenheid van de herleving van de Werkbund(공작연맹 부활을 위한 이유)', 《Wendingen》지, 11호(1919) p.10.

8 Friedrich W. Nietzsche: 《The Birth of Tragedy》(비극의 탄생), New York, 1956(초판은 독일어로 1872년 발간). 이것은 니체가 감성을 지성보다 우위에 두었다는 것을 반드시 의미하지는 않지만, 그러나 감성을 기본적인 힘의 하나로 인정하였으며, 감성 없이는 창조, 즉 예술이 불가능함을 인정하고 있다.

9 Pehnt, p.115 참조.

10 Hendrik Theo Wijdeveld: 'Natuur, Bouwkunst en Techniek(자연, 기술로서의 건축예술)', 《Wendingen》지 제5권 제8/9호, 1923, pp.12-15에 수록.

11 Rudolph Steiner, 《Ways to a New Style in Architecture》(새로운 건축양식으로의 길) London, 1927.

12 Otto Kohtz, 《Gedanken über architekutr》(건축에 대한 사고), Berlin, 1909, pp.3-4.

13 Bruno Taut, 《Alpine Architecture》(알프스 건축), ed. by D. Sharp, New York, 1972, p.23.

14 Raffaele Carrieri, 《Futurism》(미래주의), Milano, 1963, p.11 참조.

15 Filippo T. Marinrtti, 'Manifesto of Futurism(미래주의 선언)', 1909, R.Carrieri의 앞의 책, 주 5) 참조.

16 Paul Scheerbart, 《Glass Architecture》(유리 건축), ed. by D. Sharp, New York, 1972, 제1부 p.41.

17 같은 책, 제24부, p.48.

18 Steiner, 주 11), Sharp, p.152 참조.

19 Oswald Spengler, 《Decline of the West》(서양의 몰락), New York, 1962(초판은 독일어로 1918년 뮌헨에서 간행).

20 같은 책, p.60, p.61, pp.73-74.

21 같은 책, p.71.

22 같은 책, p.93.

23 같은 책, p.125.

제4장 pp.221 - 236

1 Erich Mendelsohn, 'Reflections on New Architecture(새로운 건축에 대한 성찰)', 1914-17, 《Structures and Sketches》(구조와 스케치), London, 1924, p.3에 수록.

2 같은 책.

3 Erich Mendelsohn, 'Das Problem einer neuen Baukunst(새로운 건축예술의 문제)'는 1919년 베를린에서 강의한 것이며, Erich Mendelsohn, 《Das Gesamtschaffen des Architekten》(건축의 종합적 창조), Berlin, 1930, pp.7-21에 수록.

4 Erich Mendelsohn, 'Die Internationale Übereinstimmung des neuen Baugedankes oder Dynamik und Funktion(새로운 건축사고, 즉 역동성과 기능의 국제적 조화)'는 1923년 암스테르담에서 강의한

것이며, 《Das Gesamtshaffen des Architekten》(건축의 종합적 창조), Berlin, 1930에 수록.

5 Erich Mendelsohn, 《Letters of an Architect》(건축가의 편지), London, 1967. 그의 아내에게 보낸 1923년 8월 19일 자 편지와 J.J.P. 아우트에 보낸 1923년 11월 16일 자 편지를 볼 것.

6 Erich Mendelsohn, 'Architecture of Our Times(우리시대의 건축)', 《Arch. Association Journal》(건축협회지), 1930년 6월호.

7 Erich Mendelsohn, 'The Three Dimensions of Architecture(건축의 3차원)', 1952. 《Symbols and Values》(상징과 가치) ed. by L. Bryson, New York, 1964, pp.235-254.

8 Erich Mendelsohn, 'Background to Design(디자인의 배경)', 《Arch. Forum》(건축포름지), 1953년 4월호, p.106.

9 Bruno Taut, 《Alpine Architecture》(알프스 건축), 1917-1919, ed. by D. Sharp, New York, 1972의 제16장 참조.

10 Bruno Taut, 'Architektur-Programm(건축강령)', 《Mitteilungen des Deutschen Werkbundes》(독일 공작연맹 보고), 4, 1918, p.1.

11 Bruno Taut, 'Fur die Neue Baukunst(새로운 건축예술을 위하여)', 《Das Kunstblatt》(예술지) 제3권, 1919, pp.16-24.

12 Bruno Taut, 《Modern Architecture》(근대건축), London, 1929, 제3장.

13 Hans Hansen, 《Das Erlebnis der Architektur》(건축의 경험), Cologne, 1920, p.11.

14 같은 책, p.47.

15 Heinrich de Fries, 'Raumgestaltung im Film(영화의 공간조형)', 《Wasmuths Monatshefte für Baukunst》(바스무트 건축예술 월보) 1920/1921, 제3/4호, p.69.

16 같은 책, p.79.

17 같은 책, p.82.

18 Hermann Finsterlin, 'Der Achte Tag(8번째의 날)', 《Frühlicht》(프뤼흘리히트), 제1권 제11호, 1920 게재, repr. Frankfurt, 1963, p.52

19 Hermann Finsterlin, 'Innen Architektur(내부의 건축)', 《Frühlicht》(프뤼흘리히트), 제3권, 1921-22, repr. Frankfurt, 1963, pp.105-109.

20 Hermann Finsterlin, 'Die Genesis der Weltarchitektur(세계건축의 창세기)', 《Frühlicht》(프뤼흘리히트), 제3권, 1923, repr. Frankfurt, 1963, pp.157-158.

21 Hermann Finsterlin, 'Casa Nova(새로운 집)', 《Wendingen》(벤딩헨), 제6권 제3호, 1924, pp.4-9.

22 Hugo Häring, 'Wege zur Form(형태로의 길)', 《Die Form》, 제1권, 1925. repr. in 《Hugo Häring, Schriften, Entwürfe, Bauten》(후고 헤링, 논문, 계획, 건축), Stuttgart, 1965, pp.13-14.

23 Hugo Häring, 'Kunst und Strukturprobleme de Bauens(예술과 건축 구조문제)', 《Zentral Blatt der Bauverwaltung》(중앙 건축행정 잡지), 제29권, 1931년 7월호. repr. in 《Hugo Häring, Schriften, Entwürfe, Bauten》(후고 헤링, 논문, 계획, 건축), Stuttgart, 1965, pp.25-29.

24 Hugo Häring, 'Geometrie und Organik(기하학과 유기체)', 《Baukunst und Werkform》(건축예술과 작품형태)지, 1951년 9월호, repr. in 《Hugo Häring, Schriften, Entwürfe, Bauten》(후고 헤링, 논문, 계획, 건축), Stuttgart, 1965, pp.65-70.

25 보링거의 '추상과 감정이입(Abstraction and Empathy)'을 유일하게 언급한 참고문헌은 Pehnt, pp.50-51. 그러나 펜트는 이 두 양상 사이에 긴장을 충분히 두드러지게 하지는 않았다.

26 Göran Lindahl, 'Von der Zukunftskathedrale bis zur WohnMaschine; Deutsche Architekturedebatte nach dem ersten Weltkriege'(미래의 대성당에서 삶을 위한 기계로-제1차 세계대전 이후의 독일

건축 논쟁), 《Figura, Acta Universitatis Upsaliensis》(웁살라대학교 연구집), n.s., 1959, pp.226-282에 수록. 이는 표현주의 건축에서 신기능주의로의 전환에 대한 이제까지의 연구 중 가장 훌륭한 것이며, 이러한 변화를 자극한 원인을 밝혀내고 있다. 바우하우스 구성원들의 예술적 명성에 대한 과장된 분위기를 일소하는 데 도움을 주는 예외적이며 명쾌한 연구이다.

제5장 pp.237 - 255

1 John Golding, 《Cubism, History and Analysis 1907-1914》(큐비즘의 역사와 분석, 1907-1914), New York(1959), 1968, p.81에서 인용.
2 Edward F. Fry, 《Cubism》(큐비즘), New York, 1966, p.38에서 인용.
3 같은 책, p.67.
4 Robert Rosenblum, 《Cubism and Twentieth Century Art》(큐비즘과 20세기 예술), New York, 1961, pp.57-58.
5 Daniel Henry Kahnweiler, 'The Way of Cubism(큐비즘의 길)', 1920, in E. Fry, documentary text 41.
6 Maurice Raynal, 'Conception and Vision(개념과 시각)', 1912, in E. Fry, documentary text, 20.
7 Guillaume Apollinaire, 《The Cubist Painters》(입체파 화가들) 1913, New York (1949), 1962, pp.13-14, 제4절.
8 같은 책.
9 Albert Gleizes and Jean Metzinger, 《Cubism》(큐비즘), 1912, London, 1913, pp.25-28.
10 Rosenblum, 앞의 책, 제5장 'Léger and Furism(레제와 퓨리즘)', p.126부터.
11 Alfred H. Barr: 《Cubism and Abstract Art》(큐비즘과 추상예술), New York, 1936. 이것은 지금까지 퓨리즘에 대한 기본도서로 되어 있다. 바(Barr)는 퓨리즘에 대해 다음과 같이 말하고 있다. "퓨리즘은 러시아 구성주의나 네덜란드의 드 스틸보다 앞섰다, 이들과 마찬가지로 예술 개혁운동이었으며, 분위기는 기술적이었고, 자의식으로는 근대적이었으며, 사회문제를 인식하였으며 그리고 단순히 회화뿐만 아니라 건축과 다른 실용 예술들을 때로는 그들의 시각에 포함시켰다. 다만 인식할 수 있는 대상물을 '반동적'으로 사용한 것이 달랐다."
12 Ch. E. Jeanneret, 《Towards a New Architecture》(새로운 건축을 향하여), 1923, New York(1960), 1970, 'First Reminder: Mass(최초의 인식: 매스)', p.32.
13 같은 책, 'The Illusion of Plans'(평면의 착시)라는 장, p.167. 아마 이 책에서 가장 잘 된 부분일 것이다. 앞 장들과는 다소 모순이 있으나, 바로 이 장에서 '공간'을 건축요소 중의 하나라고 하였다(p.164).
14 Ch. E. Jeanneret, 《Précisions》(설명), 1929, repr. Paris, 1960, p.48에 《Les Techniques sont l'Assiete même du Lyrisme》(기술은 산문의 상태의 그 자체이다)라는 강의록이 수록되어 있음.
15 Ch. E. Jeanneret, 《New World of Space》(공간의 새로운 세계), New York, 1948년. 'ineffable space(말로 표현키 어려운 공간)' pp.7-9. 같은 내용을 그의 《The Modulor》(르 모듈러), 1948, Cambridge, Mass(1968), 1971년의 pp.30-32에서 볼 수 있다.
16 같은 책, p.8.
17 August Perret, 《Contribution à une Theorie de l'Architecture》(건축이론에 대한 공헌), Paris, 1952.
18 André Lurçat, 《Architecture》(건축), Paris, 1929, p.164.
19 Lurçat, 《Formes, Compositions et Lois d'Harmonie》(형태, 구성 그리고 조화의 법칙), Paris, 1953-57년, 전 5권 중 제2권. pp.165-176과 pp.192-193.

제6장 pp.257 - 278

1 Piet Mondrian, 'The Real Content of Art(예술의 실제 내용)', 《Plastic Art and Pure Plastic Art》(조형예술과 순수 조형예술), ed. by R. Motherwell, New York, 1945, p.44.
2 Mondrian, 'Natural Reality and Abstract Reality(자연적 실체와 추상적 실체)', M. Seuphor, 《Piet Mondrian, Life and Work》(피트 몬드리안의 생애와 작품), New York, 1956, p.37. 초판은 네덜란드어로 《De Stijl》(드 스테일), 2권 8호, 1919, 3권 10호 1920년에 게재.
3 Catalogue Library in 《De Stijl》, 2권 6호, 1919년.
4 Theo van Doesburg, 'Aantekeningen bij Bijlage XII(부록 XII의 주기(註記))', 《De Stijl》 1권 8호, 1918, pp.91-94.
또한 Bart van der Leck, 'Over Schilderen en Bouwen(회화와 건축에 대하여)', 《De Stijl》 1권 4호, 1918, pp.37-38 참조.
5 Van Doesburg, 'De Ontwikkeling der Moderne Schilderkunst(근대회화의 전개)', 1915, in 《Drie Voordrachten over de Nieuwe Beeldende Kunst》(새로운 조형예술에 대한 세 가지 강의), Amsterdam, 1919, p.32. 이념적, 물리적 조형의 용어에 대해서는 p.54와 pp.61-62를 볼 것.
6 Van Doesburg, 'Het Aesthetisch Beginsel ger Moderne Beeldende Kunst(근대 조형예술의 미학적 원리)', 1916, in. 《Drie Voodrachten…》(…3편의 강의), Amsterdam, 1919, pp.45-46. 저자 영역.
7 같은 책, p.46.
8 네덜란드어 'Beelding'을 영어로 번역하기는 불가능하다. 때때로 '표현(Expression)'으로 번역되기도 하지만, 대부분의 경우 '조형적(plastic)', '조형주의(plasticism)'로 번역된다. '순수예술(fine arts)', '시각예술(visual arts)'의 뜻으로 네덜란드어 'beeldende Kunsten'이 쓰인다. '시각예술가(visual artist)'는 'beeldende Kunstenaar'이다. 그러나 'Beeldend vermogen'은 '창조력(creative power)'을 의미한다. 초기에 《De Stijl》 편집진들은 '조형주의(plasticism)'라는 어휘를 즐겨 썼는데, 1926년에 판 두스뷔르흐는 이 어휘가 물질적인 것을 연상시킨다는 이유로, 이 어휘를 완전히 거부하였다(주 22 참조).
9 Bart van der Leck, 'De Plaats van het Moderne Schideren in de Architectuur(건축에서 근대 회화의 평면)', 《De Stijl》, 1권 1호, 1917, pp.6-7.
10 Van der Leck, 'Over Schilderen en Bouwen(회화와 건축에 대하여)', 《De Stijl》, 1권 4호, 1918.
11 Van Doesburg, 'Over Het zien van de Nieuwe Kunst(새로운 예술의 보기에 대하여)', 《De Stijl》, 2권 6호, 1919, pp.62-64.
12 같은 책.
13 Van Doesburg, 'Schilderkunst van Giorgio de Chirico en een Stoel van Rietveld(조르지오 드 키리코의 회화와 리트벨트의 의자)', 《De Stijl》, 3권 7호, 1920, p.57.
14 Van Doesburg, 'X-Beelding(X-조형)', 《De Stijl》, 3권 7호, 1920, p.57.
15 Van Doesburg, '-□+=R_4', 《De Stijl》, 6권 6/7호, 1924, pp.91-92.
16 Van Doesburg, 'Tot een Beeldende Architectuur(조형적 건축을 향하여)', 《De Stijl》, 6권 6/7호, 1924, pp.78-83. 영역본 H.L.C. Jaffé, 《De stijl》(드 스테일), New York, 1971, pp.185-88.
17 Frederick Kiesler, 'Manifest(선언)', 《De stijl》, 6권 10/11호, 1925.
18 Kiesler, 《Inside the Endless House》(끝없는 집의 내부), New York, 1966, p.404.
19 같은 책, pp.566-567.
20 Van Doesburg, 'Aantekeningen bij Bijlage XII(부록XII의 주(註))', 《De stijl》, 1권 8호 1918, pp.91-94.
21 Joost Baljeu, 'De vierde Dimensie(4차원)', 《Theo Van Doesburg》(테오 판 두스뷔르흐) 카탈로그, 시립 반 아베(Van Abbe) 박물관, Eindhoven, 1969, 드 스테일 공간 개념의 중요한 양상에 대한

지금까지의 유일한 연구.

22 Van Doesburg, '회화예술과 조형(Schilderkunst en Plastiek)' 《De stijl》, 7권 75/76호, 1926/27과 78호, 1927년. 영역본은 Jaffé, pp.206-217, p.213을 볼 것. 이 논문에서 판 두스뷔르흐는 '신조형주의(Neo-Plasticism)'라는 말을 '요소주의(Elementalism)'로 바꿔놓았다. 그 이유 중의 하나는 'Nieuwe Beelding'은 언어상 번역이 불가능하였기 때문이다(주 8) 참조). '조형주의(plasticism)'라는 말은 너무나 물체적이고 물질적이었으므로, 이는 판 두스뷔르흐가 파기하고 싶었던 그 자체였다. 반면에 몬드리안은 스헨마에커스를 인용하여 《De stijl》에 'Nieuwe Beelding'이란 어휘를 소개하였으며, 그는 죽을 때까지 그의 모든 논문 속에서 그 어휘를 영어의 'Neo-plasticism(신 조형주의)'로 계속 사용하였다.

23 Van Doesburg, 'Farben im Raum und Zeit(공간과 시간에서의 색채)', 《De stijl》, 7권 87/89, 1928, pp.26-36.

24 Gino Severini, 'le Peinture d'Avantgarde(아방가르드의 회화)', 《De stijl》, 1권 2호, 1917, 1권 10호, 1918.

25 Henri Poincaré, 《Science and Method》(과학과 방법), New York, 출판연도 불명(원서는 프랑스어로 1909년 발간). 제2편 제1장 'The Relativity of Space(공간의 상대성)' pp.94-116. 또한 야머의 책 p.144와 pp.182-183에서 언급한 포앙카레 내용을 참조할 것.

26 Georges Van Tongerloo, 'Rèflexions(성찰)', 《De stijl》, 1권 9호, 1919.

27 Poincaré, 《Dernières Pensées》(만년의 명상), Paris, 1913, 영어판으로는 《Mathematics and Science》(수학과 과학), New York, 1963, 제3장 'Why Space has Three Dimensions(공간은 왜 3차원인가)' pp.94-116을 볼 것. 이 장은 《De stijl》, 6권 5호, 1923에 프랑스어로 게재되었다.

28 같은 책 p.44.

29 Mondrian, 'De Nieuwe Beelding(새로운 조형)', 《De stijl》, 1권 3호, 1918, p.31. 이 글은 Jaffé가 영역하여 《De stijl》, 1971에 수록하였다.

30 같은 책, 《De stijl》, 1권 4호, 1918, p.42.

31 같은 책, 《De stijl》, 1권 4호, 1918.

32 Mondrian, 'Natuurlijke en Abstracte Realiteit(자연적 실체와 추상적 실체)', M. Seuphor의 책, p.311을 볼 것.

33 Max Jammer, pp.181-182.

34 H.L.C. Jaffé, 《De stijl》, 1917-31, 'The Dutch Contribution to Modern Art(근대예술에 미친 네덜란드의 공헌)', Amsterdam, 1956. 드 스테일 운동에 대한 대표적인 저서. 그러나 공간 개념이 중심 주제로 다루어져야만 하지만, 다루어지지 않았다. 또한 그의 논문 'The De Stijl Concept of Space(드 스테일의 공간 개념)', 《The Structurist》(구조주의자)지, 8호, 1968, pp.8-11 참조.

35 Dr. M.H.J. Schoenmaekers, 《Het Nieuwe Wereldbeeld》(새로운 세계예술), Bussum, 1915, p.73 이하 참조. 'Nieuwe Beelding'의 어휘에 대해서는 p.199를 볼 것. 또한 그의 《Beginselen der Beeldende Wiskunde》(조형적 수학원리), Bussum, 1916, p.72를 참조할 것.

36 Mondrian, 'Natuurlijke en Abstracte Realiteit(자연적 실체와 추상적 실체)', Seuphor의 책, p.339를 볼 것.

37 Mondrian, 'De Realisering van het Neo-Plasticisme(신조형주의의 실현)', 《De Stijl》, 5권 3호와 5호, 1922, 영역본은 야페의 책 《De Stijl》, p.165를 볼 것.

38 《De Telegraaf》(드 텔레그라프), 1926년 9월 12일 자 참조, Seuphor의 책 p.194에서 인용하고 있다.

39 Mondrian, 'Toward the True Vision of Reality(실재의 진실된 시각을 향하여)', 1942, 《Plastic Art

and Pure Plastic Art》(조형예술과 순수조형예술), p.13.

40 Mondrian, 'A New Realism(새로운 리얼리즘)', 1943, 《Plastic Art and Pure Plastic Art》(조형예술과 순수조형예술), p.19.

제7장 pp.279 - 294

1 Kasimir Malevich, 'Painting and the Problem of Architecture(회화 그리고 건축의 문제)', 1928, 《Essay on Art》(예술에 대한 에세이), 1915-1933, London, 1969를 볼 것.

2 같은 책, 'Spatial Cubism(공간적 큐비즘)', 1929를 볼 것.

3 P. and L. Murray, 《A Dictionary of Art & Artists》(예술 및 예술가 사전) Harmondsworth, 제3판, 1972, p.256에서 인용.

4 Malevich, 'Secret Vices of the Academicians(아카데미파의 숨겨진 악덕)', 1916, 앞의 책 《Essay on Art》(예술에 대한 에세이).

5 Naum Gabo (Pevsner) and Antoine Pevsner, 'The Realistic Manifesto(사실주의 선언)', 1920, 《Studio International》(스튜디오 인터내셔널), 171권. 1966년 4월호, p.126.

6 'Naum Gabo talks about his work(나움 가보가 자신의 작품에 대해 말하다)', 《Studio International》(스튜디오 인터내셔널), 171권, 1966년 4월호, p.127.

7 Eleazer Lissitzky 'Proun(프로운)', 1920, 《De stijl》, 5권 6호, 1922. 공간(Space)으로 전환된 공허(void)의 개념을, 판 두스뷔르흐가 인용하여, 후에 발간된 《De stijl》, 7권 87/88호, 1928에 게재한 논문에서 'Farben im Raum(공간의 색채)'이라고 하였다.

8 Lissitzky, 《Russia: An Architecture for World Revolution》(러시아: 세계 혁명을 위한 건축), 1930, Cambridge, Mass., 1970, p.138.

9 Lissitzky, 《A and Pangeometry》(A와 범기하학), 1925, p.142-149.

10 Mart Stam, 'Der Raum(공간)', 《ABC》, 5호, 1925. repr. in 《Mart Stam, A Documentation of his work, 1920-1965》(마르트 스탐, 그의 작품 기록 19201965), RIBA, London, 1970.

제8장 pp.295 - 308

1 Walter Dexel, 'The Bauhaus Style; a Myth(바우하우스 스타일, 하나의 신화)', in 《Bauhaus and Bauhaus People》(바우하우스와 바우하우스 사람들), ed. by E. Newmann, New York, 1970, 참조.

2 Werner Graeff, 'The Bauhaus, the De Stijl Group in Weimar, and the Constructivist Congress of 1922(바우하우스, 바이마르의 드 스테일 그룹과 1922년의 구조주의자 회의), 같은 저자의 책 《Bauhaus and Bauhaus People》(바우하우스와 바우하우스 사람들)에 수록, 참조.

3 Ludwig Hilberseimer, 'Der Wille zur Architektur(건축에 대한 의지)', 《Das Kunstblatt》(예술잡지), 제7권 제5편, 1923, pp.130-140.

4 Ludwig Hilberseimer, 《Groszstadt Architektur》(대도시 건축), Stuttgart, 1927, p.98부터. 미국과 유럽의 1920년대 초반 건축에 대한 가장 심층적인 연구 중의 하나.

5 Ludwig Mies van der Rohe, 'Baukunst und Zeitwille(건축예술과 시대의지)', 《Der Querschnitt》, 4권, 31-32호, 1924. 이 책은 필립 존슨이 번역하여 재간행한 책: 《Mies van der Rohe》(미스 반 데어 로에), New York, 1947에 수록되어 있다.
미스는 다음과 같이 말하고 있다: 삶에 대해 깊이 이해하고 있음에도 불구하고, 우리는 어떠한 대성당도 세우려 하지 않는다. 또한 낭만주의의 어떤 용감한 행동도 우리에겐 아무런 의미가 없으며, 그들의 배후에 공허한 형태가 있음을 우리는 간파한다. 우리들의 시대는 파토스의 시대가 아니며, 이성과 실재를 가치 있게 여기는 만큼, 우리는 정신의 비약을 고려하지 않는다.

6 Ludwig Mies van der Rohe, 'Aphorisms on Architecture and Form(건축과 형태에 대한 격언)', 《G》, 1-2호, 1923에서 번역, 같은 책 《Mies van der Rohe》에 수록.

7 Ludwig Mies van der Rohe, 'Inagural Address as Director of Architecture at Amour Institute of Technology(아모어 공과대학 건축학부장 취임연설)', 1938, 《Mies van der Rohe》(미스 반 데어 로에), 같은 책.

8 Walter Gropius, 'Die Entwicklung Moderner Industrie Baukunst(근대 공업적 건축예술의 발전)', 《Jahrbuch des Deutschen Werkbundes》(독일공작연맹 연보), 1913, s.17–22. 또한 'Der Stilbildende Wert Industrieller Bauformen(공업적 건축형태의 양식표상적 가치)', 《Jahrbuch des Deutschen Werkbundes》(독일공작연맹 연보), 1914, pp.29–32.

9 Walter Gropius, 'Program of the Staatliches Bauhaus in Weimar(바이마르 국립 바우하우스 프로그램)', 1919년 4월, repr. in H.M. Wingler 《The Bauhaus》(바우하우스), Cambridge, Mass., 1969, pp.31–33에 수록. 또한 'Address to the Students of the Staatliche Bauhaus(국립 바우하우스 학생을 위한 강연)', 1919년 7월, in H.M. Wingler의 같은 책 p.36에 수록.

10 Walter Gropius, 'Idee und Aufbau des Staatlichen Bauhauses in Weimar(바이마르 국립 바우하우스의 이념과 조직)', 1923, in 《Staatliches Bauhaus Weimar, 1919–1923》(바이마르 국립 바우하우스, 1919–1923), München, 1923.

11 Hermann Sörgel, 《Einführung in die Architektur-Ästhetik》(건축－미학 개론), München, 1918. 이 책에 대한 저자의 논의는 제3부 제8장을 참조할 것.

12 Gropius, p.9.

13 Walter Gropius: 'Is there a Science of Design?(디자인의 과학은 존재하는가?)', 1947, in 《Scope of Total Architecture》(종합적 건축의 전망), New York, 1970년 판, p.30.

14 같은 책, p.39.

15 Walter Gropius, 'In Search for a Common Denominator(공통분모를 찾아서)', in 《Building for Modern Man》(현대인을 위한 건물), ed. by Th.H. Creighton, Princeton, 1949.

16 Laszlo Moholy－Nagy, 《Von Material zu Architektur》(물질에서 건축으로), München, 1928, 영역본은 《The Now Vision》(새로운 시각),1928, 제4판, New York, 1947, p.56.

17 같은 책, p.57.

18 같은 책, p.63.

19 Laszlo Moholy－Nagy, 《Vision in Motion》(운동 속의 시각), Chicago, 1947.

제9장 pp.309－319

1 Frank Lloyd Wright, 'The Destruction of the Box(상자의 파괴)', 1952, in 《Frank Lloyd Wright. Writings and Buildings》(프랭크 로이드 라이트, 논문과 건물), Edger Kaufman and Ben Raeburn, World Publ. Cy., New York, 1960.

2 H.P. Berlage, 《Amerikaanse Reisherinneringen》(미국기행), W.L. & J. Brusse, Rotterdam, 1913, p.45.

3 J.J.P. Out, 'Der Einfluss von Frank Lloyd Wright auf die Architektur Europas(유럽건축에서 프랭크 로이드 라이트의 영향)', 1925, 《Holländische Architektur》(네덜란드건축), A. Largen, München,

1926, pp.78-83에 수록.

4 Vincent Scully, 《Frank Lloyd Wright》(프랭크 로이드 라이트), Braziller, New York (1960), 1969, p.23 참조: '나의 의견으로는 네덜란드 드 스테일 운동 자체는 프랑스의 큐비즘보다는, 라이트의 서로 교차하며 짜이는 선의 디테일이나 조형적 매스에 더욱 영향을 받았다고 생각한다.'

5 Wright, 'In the Cause of Architecture: Purely Personal(건축을 위하여: 순수하게 개인적인 것)', 1928, in F.LL. Wright, 《On Architecture》(건축에 대하여), sel. writing by F. Gutheim, Grisset & Dunlap, New York, 1941, pp.130-131에 수록.

6 Wright, 'Toward a New Architecture(새로운 건축을 향하여)', 1928, in F.LL. Wright, 《On Architecture》(건축에 대하여) p.133.

7 이 책의 제2부 제1장과 제2장을 볼 것.

8 John W. Cook and Heinrich Klotz, 《Conversations with Architects》(건축가와의 대화), Praeger, 1973, 제1장, '필립 존슨' p.28 참조.

9 Wright, 'Modern Architecture(근대건축)', 1931, in F.LL. Wright, 《Frank Lloyd Wright, Writings and Buildings》(프랭크 로이드 라이트, 논문과 건물), pp.45-46.

10 Wright, 'Organic Architecture(유기적 건축)', 1935, F.LL. Wright, 《On Architecture》(건축에 대하여), p.180.

11 같은 책, p.182.

12 Wright, 'The Destruction of the Box(상자의 파괴)', 1952, in 《Frank Lloyd Wright, Writings and Buildings》(프랭크 로이드 라이트, 논문과 건물) p.284.

13 Wright, 《A testament》(유언), Horizon Press, New York, 1957, p.130.

14 같은 책, 'Concerning the Third Dimension(3차원에 대하여)'라는 장, p.155. 라이트는 노자를 여러 번 인용하였다. 여기서 라이트가 사용한 번역문은 '건축을 위하여: 양식이 건축가에게 의미하는 것(In the Cause of Architecture: What Style means to Architect)', 1928에서의 문장 '안에서 밖으로… 내부의 방, 즉 그 속에서 살기 위한 공간은 건물에 매우 중요한 사실이다.…'와 유사하다.

참고문헌

Alberti, Leon Battista. *Ten Books on Architecture*(1485), transl. by Leoni(1726), repr. by Alec Tiranti, London(1955), 1965.

Adler, Leo. *Vom Wesen der Baukunst, Die Baukunst als Ereignis und Erscheinung*. Versuch einer Grundlegung der Architekturewissenschaft. Verlag der Asia Major, Leipzig, 1926.

Apollinaire, Guillaume. *The Cubist Painters, Aesthetic Meditations*(1912). Wittenborn; New York(1949), 1962.

Aristotle. *Physics,* transl. by R. Hope. University of Nebraska Press, Lincoln, 1961.

Badt, Kurt. *Raumphantasien und Raumillusionen,* Wesen der Plastik. Verlag M. Dumont Schauberg, Cologne, 1963.

Baljeu, Joost. 'De Vierde Dimensie', in *Theo van Doesburg,* catalogue Stedelijk Van Abbe Museum, Eindhoven, 1969, pp.9-15.

Banham, Reyner. *Theory and Design in the First Machine Age.* Praeger, New York, 1960.

Barr, Alfred H. *Cubism and Abstract Art,* Museum of Modern Art, New York(1936), 1966.

Berlage, Hendrik Petrus. *Amerikaanse Reisherinneringen.* W.L. & J. Brusse, Rotterdam, 1913.

__________________. *Gedanken über den Stil in der Baukunst.* J. Zeitler, Leipzig, 1905.

__________________. *Grundlagen und Entwicklung der Architektur.* Bard, Berlin, 1908.

Blondel, Jacques-François. *Cours d'Architecture, ou Traité de la Decoration, Distribution et Construction des Bâtiments.* De Saint, Paris, 1771-72.

__________________. *De la Distriburion des Maisons de Plaisance et de la Décoration des Edifices en general,* 2 vols. Chez. C.A. Jombert, Paris, 1737-38.

Bollnow, Otto Friedrich. *Existenz Phillosophie*, 7th ed. Kohlhammer Verlag, Stuttgart(1955), 1969.

__________________. *Mensch und Raum.* Kohlhammer Verlag, Stuttgart, 1963.

Boullée, Etienne-Louis. 'Architecture, Essai sur l'art(before 1795)', in *The Treatise on Architecture,* ed. by H. Rosenau, Alec. Tiranti, London, 1953.

Branner, Robert. *Gothic Architecture.* Braziller, New York, 1961.

Brinckmann, Albert Erich. *Baukunst des 17. und 18. Jahrhunderts in der Romanischen Ländern.* Akademische Verlags Gesellschaft, Athenaion, Berlin(c. 1915), 1919.

______________________. *Baukunst. Die künstlerischen Werte im Werk des Architekten.* Ernst Wasmuth, Tübingen, 1956.

______________________. 'Erziehung des Raumsinns', in *Zeitschrift für Deutschkunde,* vol.40, 1926, pp.49-59.

______________________. 'Der Optische Maszstab', in *Wasmuth Monatsheft,* vol.1, heft 2, 1914.

______________________. *Plastik und Raum, als Grundform Künstlerischen Gestaltung.* Piper, Munich(1922), 1924.

______________________. *Platz und Monument.* Untersuchungen zur Geschichte und Aesthetik der Stadtbaukunst in neueren Zeit. Wasmuth, Berlin, 1908.

______________________. *Von Guarino Guarini bis Balthasar Neumann.* Deutscher Verein für Kunstwissenschaft, Berlin, 1932.

Brown, Theodore. *The Work of G. Rietveld, Architect.* M.I.T Press, Cambridge, Mass., 1958.

Bush-Brown, Albert. *Louis Sullivan.* Braziller, New York, 1960.

Carrieri, Raffaele. *Futurism,* transl. by L. van Rensselaer White, Edizioni del Milione, Milano, 1963.

Chang, Amos Ih Tiao. *The Existence of Intangible Content in Architectonic Form,* based upon the practicality of Lao Tzu's Philosophy. Princeton University Press, Princeton, N.J., 1956.

Choisy, Auguste. *Histoire de l'Architecture,* 2 vols. E. Rouveyre, Paris, n.d.(1899).

Collins, George R., and Collins, Christiane Crasemann. *Camillo Sitte and the Birth of Modern City Planning.* Random House, New York, 1965.

Collins, Peter. *Changing ileals in Modern Architecture 1750-1950.* Faber & Faber, London, 1967.

Conrad-Martius, Hedwig. *Der Raum.* Kösel Verlag, München, 1958.

Cook, John W. and Klotz, Heinrich. *Conversation with Architects.* Praeger, New York, 1973.

De Fries, Heinrich. 'Raumgestaltung im Film', in *Wasmuths Monatshefte für Baukunst,* v. 1920-21, nos. 3-4, pp.65-82.

De Bruyne, Prof.Dr. Edger. *Hoe de Menschen der Middeleeuwen de Schilderkunst aanvoelden.* De Sikkel, Antwerpen, 1944.

Dexel, Walter. 'The Bauhaus Style, a Myth', in *Bauhaus and Bauhaus People,* ed. by E.

Neumann. Van Nostrand Reinhold, N.Y., 1970.

Durand, Jean Nicolas Louis. *Nouveau Précis* des Lecons d'Architecutre, donnée a l'Ecole imperiale Polytechnique. Paris, chez l'auteur, à l'Ecole imperiale Polytechnique, 1813.

Endell, August. *Die Schönheit der grossen Stadt.* Strecker & Schröder, Stuttgart, 1908.

Fechter, Paul. *Die Tragödie der Architektur*(1916/17). Erich Lichtenstein, Jena, 1921.

Finsterlin, Hermann. 'Casa Nova(Zukunfstarchitektur), Formenspiel und Feinbau', in *Wendingen,* vol.6, no.3, 1924, pp.4-9.

_______________. 'Der Achte Tag', in *Frühlicht*, Heft 1, 1920, no.11, p.171 ff.

_______________. 'Die Genesis der Weltarchitektur, oder die Deszendenz der Dome als Stilspiel', in *Frühlicht,* Heft 3, 1923.

_______________. 'Innenarchitektur', in *Frühlicht*, 2, 1921-22, p.36.

Frankl, Paul. *Principles of Architectural History. The Four Phases of Architectural Style, 1420-1900.* M.I.T. Press, Cambridge, Mass., 1968. First publ. as *Die Entwicklungsphasen der neueren Baukunst.* Stuttgart, 1914.

_________. *Gothic Architecture.* Penguin Books, Harmondsworth, 1962.

Frey, Dagobert. *Gotik und Renaissance als Grundlagen der Modernen Weltanschauung.* Dr. B. Filser, Augsburg, c. 1929.

____________. 'Wesensbestimmung der Architektur', in *Zeitschrift für Ästhetik und Allegemeine Kunsteissenschaft,* Band 19, 1925, pp.64-78.

Fry, Edward F. *Cubism.* McGraw-Hill Book Co., New York, n.d. (1966).

Gabo, Naum (Pevsner) and Pevsner, Antoine. 'The Realistic Manifesto'(1920) in *Studio International,* vol.171, April 1966, p.126.

_______________________________________. 'Naum Gabo talks about his Work', in *Studio International,* vol.171, April 1966.

Giedion, Sigfried. *Architecture and the Phenomena of Transition. the Three Space Conceptions in Architecture.* Harvard Univ. Press, Cambridge, Mass., 1971.

______________. *Space, Time and Architecture. The Growth of a New Tradition.* Harvard University Press, Cambridge, Mass., 4th enlarged ed. (1941), 1967.

Gifford, Don, ed. *The Literature of Architecture; the evolution of architectural theory and practice in nineteenth-century America.* Dutton, New York, 1966.

Gleizes, Albert and Metzinger, Jean. *Cubism.* T. Fisher Unwin, London, 1913. Orig. publ. in

French in 1912.

Golding, John. *Cubism, A History and an Analysis,* 1907–1914. Harper & Row, New York (1959), 1968.

Graeff, Werner. 'The Bauhaus, the De Stijl Group in Weimar, and the Constructivist Congress of 1922', in *Bauhaus and Bauhaus People,* ed. by E. Neumann. Von Nostrand Reinhold, New York, c. 1970.

Gropius, Walter. 'Address to the Students of the Staatliche Bauhaus'(July 1919) in *The Bauhaus,* by H.M. Wingler, Cambridge, Mass., 1969, p.36.

______________. 'Der Stilbildende Wert industrieller Bauformen', in *Jahrbuch des Deutschen Werkbundes,* 1914, pp.29–32.

______________. 'Die Entwicklung Moderner Industriebaukunst', in *Jahrbuch des Deutschen Werkbundes,* 1913, pp.17–22.

______________. 'Idee und Aufbau des Staatlichen Bauhauses in Weimar', in *Staatliches Bauhaus, Weimar 1919–1923*, Bauhaus Verlag, Weimar–Munich, 1923.

______________. 'In Search of a Common Denominator', in *Building for Modern Man*, a symposium ed. by Thomas H. Creighton, Princeton University Press, Princeton, New Jersey, 1949, pp.169–174.

______________. 'Is There a Science of Design?'(1947) in *Scope of Total Architecture.* Macmillan Co., New York, 1970.

______________. 'Program of the Staatliches Bauhaus in Weimar'(April 1919), in *The Bauhaus,* by H.M. Wingler. Cambridge, Mass., 1969, pp.31–33.

Guadet, Julien. *Eléments et Théorie de l'Architecture.* Cours professé à l'Ecole Nationale et Speciale des Beaux Arts, 4 vols. Librarie de la Construction Moderne, Paris, 1902.

Häring, Hugo. 'Geometrie und Organik, eine Studie zur Genesis des neuen Bauens'(1951), in *Hugo Häring, Schriften, Entwürfe, Bauten,* ed. By H. Lauterbach and J. Joedicke, Karl Krämer Verlag, Stuttgart, 1965, pp.65–70.

____________. 'Kunst–und Struktureprobleme des Bauens'(1931), in *Hugo Häring, Schriften, Entwürfe, Bauten,* ed. by H. Lauterbach and J. Joedicke, Karl Krämer Verlag, Stuttgart, 1965, pp.25–29.

____________. 'Wege zur Form'(1925), in *Hugo Häring, Schriften, Entwürfe, Bauten*, ed. by H. Lauterbach and J. Joedicke, Karl Krämer Verlag, Stuttgart, 1965, pp.13–14.

Hansen, Hans. *Das Erlebnis der Architektur,* der Strom, Eine Buchfolge, nr. 5-6, Kairos-Verlag, Collogne, 1920.

Hegel, Georg Wilhelm Friedrich. *The Philosophy of Fine Art.* G. Bell and Sons, London, 1920, translation by F.P.B. Ostmaston of 'Ästhetik' from Hegel's *Werke,* Berlin, 1835, orig. published in Leipzig, 1829.

Heidegger, Martin. *Being and Time,* transl. by J. Macquarrie and E. Robinson, Harper and Row, New York, 1962. Orig. publ. in German, Halle, 1927.

Hillderseimer, Ludwig. 'Der Wille zur Architektur', in *Das Kunstbalstt,* vol.7, 1923, Heft 5, pp.133-140.

__________________. *Groszstadt-Architektur.* J. Hoffman, Stuttgart, 1927.

Hildebrand, Adolf. *Problem of Form, in Painting and Sculpture.* Stechert, New York, 1907. Orig. publ. in German, Strassburg, 1893.

Höver, Otto. *Vergleichende Architekturgeschichte.* Allgemeine Verlagsanhalt, Munich, 1923.

Holt, Elizabeth Gilmore. *A Documentary History of Art.* 2 vols. Doubleday, New York, 1957-1958.

Jaffé, Hans Ludwig C. *De Stijl.* Abrams, New York, n.d. 1971.

__________________. *De Stijl, 1917-1931. The Dutch Contribution to Modern Art.* J.M. Meulenhoff, Amsterdam, 1956.

__________________. 'The De Stijl Concept of Space', in *The Structurist,* no.8, 1968, pp.8-11.

Jammer, Max. *Concepts of Space, The History and Theories of Space in Physics.* Harvard Univ. Press, Cambridge(1954), 1969.

Jantzen, Hans. 'Über den Hotischen Kirchenraum', *Freidurger Wissenschaftl. Gesellschaft,* Heft 15, 1928, Reissued by Mann, Berlin, 1951.

___________. 'Über den Kunstgeschichtlichen Raumbegriff'. *Sitzungsberichte der Bayerischen Akademie der Wissenschaften,* Munich, 1938, Heft 5, p.544.

___________. *High Gothic, the Classic Cathedrals of Chartres, Reims and Amiens.* Minerva Press, New York, 1962. Orig. publ. in German, 1957.

Jeanneret, Charles Edouard. *Le Modulor,* a harmonious measure to the human scale universally applicable to architecture and mechanics. M.I.T. Press, Cambridge, Mass.,(1969), 1971. Orig publ. in French, c. 1948.

______________________. *Le Modulor 2,* 1955(Let the User speak next). Continuation of

'The Modulor', 1948. M.I.T Press, Cambridge, Mass.,(1958), 1968.

______________________. 'Les Cinq Points d'une Architecture Nouvelle'(c. 1926), in *Oeuvre Complète,* ed. by W. Boesiger, Editions Girsberger, Zürich, vol.1(1910-1929), 1937-57.

______________________. 'Les Quatre Compositions'(1929), in *Oeuvre Complète,* ed. by W. Boesiger, Editions Girsberger, Zürich, vol.1(1910-1929), 1937-1957.

______________________. *New Worlds of Space.* Reynal & Hitchock, New York, 1948.

______________________. *Précisioins, sur un Etat présent de l'Architecture et de l'Urbanisme*(1930). Ed. Vincent, Fréal & Cie, Paris, 1960.

______________________. *Toward a New Architecture.* Praeger, New York(1960), 1970. Orig. publ. in French, Paris, 1923.

Kahn, Louis I. 'Architecture is the Thoughtful making of Spaces. The Continual Renewal of Architecture comes fro changing Concepts of Space', in *Perspecta, the Yale Architectural Journal,* IV, p.23, 1957.

Kahnweiler, Daniel Henry. 'The Way of Cubism'(1920), in *Cubism,* ed. by Edward F. Fry. McGraw-Hill Book Co., New York, n.d. 1966.

Kant, Immanuel. *Critique of Judgement,* transl. with an introd. by J.H. Berngard. Hafner Publ. Co., New York, 1951. Orig. publ. in German as *Kritik der Urteilkraft,* 1790.

_____________. *Critique of Pure Reason,* by N. Kemp Smith (London 1929). St. Martin's Press, New York, 1964. Orig. publ. in German as *Kritik der reinen Vernunft,* 1781.

_____________. *Prolegomena,* transl. by P.G. Lucas. Manchester University Press, Manchester (1953), 1966. Orig. publ. in German, 1783.

Karow, Otto. *Die Architektur als Raumkunst.* Verlag Wilhelm Ernst, Berlin (1919), 1921.

Kiesler, Frederick. *Inside the Endless House.* Art, People and Architecture, A Journal. Simon and Schuster, New York, 1966.

_______________. 'Manifest Vitalbau-Raumstadt-functionelle Architektur', in *De Stijl,* VI, 10/11, 1925. English transl. in *Contemporary Art applied to the Store and its Display.* Brentano, New York, 1930, pp.48-49.

Klopfer, Paul. 'Das Räumliche Sehen'. *Zeitschrift für Ästhetik und Allgemeine Kunstwissenschaft,* Bd XIII, 1918-1919.

____________. *Das Wesen der Baukunst. Einführung in das Verstehen der Baukunst, Grundsätze und Anwendungen.* Oskar Leinen, Leipzig, 1920.

__________. 'Die beiden Grudlagen des Raumschaffens'. *Zeitschrift für Ästhetik und Allgemeine Kunstwissenschaft,* Bd XX, 1926, pp.311-317.

Knox, Israel. *The Aesthetic Theories of Kant, Hegel and Schopenhauer.* Columbia University Press, New York(1936), 1958.

Kohtz, Otto. *Gedanken über Architektur.* Baumgärtel, Berlin, 1909.

Lao-Tze. *Tao Te Ching.* The Book of the Way and its Virtue, transl. and annotated by J.J.L. Duyvendak. Murray, London, 1954.

Lao-Tzu. *Tao Te Ching.* Translated with an introduction by D.C. Lau, Penguin Books, Harmondsworth(1963), 1968.

______. *Tao Teh Ching.* Transl. by J.C.H. Wu, St. John University Press, New York, 1961.

Ledoux, Claude Nicolas. *L'Architecture considérée sous le rapport de l'art, des moeurs et de la législation.* Chez l'Auteur, Paris, 1804.

Lindahl, Göran. 'Von der Zukunftskathedrale bis zur Wohnmaschine; Deutsche Architektur und Architekturdebatte nach dem ersten Weltkriege', in *Figura, Acta Universitatis Upsaliensis,* nova series, 1(1959), p.226 ff.

Lipps, Theodor, 'Ästhetische Faktoren der Raumanschauung', in *Beiträge zur Psychologie und Physiologie der Sinnesorgane,* Verlag L. Voss, Hamburg, 1891, pp.218-307.

___________, 'Raumästhetik und geometrisch-Optische Täuschungen', in *Gesellschaft für Psychologische Forschungschriften,* II Samulung, Heft IX-X, Barth, Leipzig, 1893-1897, pp.500-726.

Lissitzky, Eleazer. 'A, and Pangeometry'(1925), in *Russia: An Architecture for World Revolution.* M.I.T. Press, Cambridge, Mass., 1970, pp.142-149.

_____________. 'Proun'(1920), in *De Stijl,* V, 6, 1922.

_____________. 'Proun Space'(1923). The great Berlin Art Exhibition of 1923, in *Russia: An Architecture for World Revolution.* M.I.T. Press, Combridge, Mass., 1970, pp.138-140.

_____________. *Russia: An Architecture for World Revolution*(1930). M.I.T Press, Cambridge, Mass., 1970.

Lorentz, H.A. *The Einstein Theory of Relativity, a Concise Statement.* Brentano's, New York, 1920. Orig. publ. in the *Nieuwe Rotterdamse Courant,* nov. 19, 1919.

Lurçat, André. *Architecture.* Au Sans Pareil, Paris, 1929.

__________. *Formes, Compositions, et Lois d'Harmonie, Eléments d'une Science de l'Esthétique*

Architecturale, 5 vols. Ed. Vincent, Fréal & Cie, Paris, 1953-1957.

Maertens, Hermann. *Der Optische Maaszstab Oder die Theorie und Praxis des Ästhet. Sehens in den Bildenden Künsten: Auf Grund der Lehre der Physiolog. Optik für Architekten, Maler, Bildhauer, etc.* Cohen und Sohn, Bonn, 1877.

Malevich, Kazimir Severinovich. *Essays on Art, 1915-1933.* Rapp & Whiting, London, 1969, 2 vols. and Wittenborn, New York, 1971.

__________________________. 'Paintin and the Problem of Architecture'(1928), in *Essays on Art,* 1915-1933. Rapp & Whiting, London, 1969, 2 vols.

__________________________. 'Secret Vices of the Academicians'(1916), in *Essays on Art,* 1915-1933. Rapp & Whiting, London, 1969, 2 vols.

__________________________. 'Spatial Cubism'(1929), in *Essays on Art, 1915-1933.* Rapp & Whiting, London, 1969, 2 vols.

__________________________. 'New Art and Imitative Art'(1928), in *Essays on Art,* 1915-1933, Rapp & Whiting, London, 1969, 2 vols.

Marinetti, Filippo Tommaso. 'Foundation and Manifesto of Futurism'(1909), in *Futurism,* by R. Carrieri, Milano, 1963, pp.11-13; also in *Marinetti, Selected Writings.* New York, 1971, p.39.

Meisenheimer, Wolfgang. *Der Raum in der Architektur: Strukturen, Gestalten, Begriffe.* Aachen, Techinsche Hochschule, 1964.

Mendelsohn, Erich. 'Architecture of our own Times'(1930), i*n Arch. Ass. Journal,* June 1930.

_______________. 'Background to Design', in *Architectureal Forum,* April 1953, p.106.

_______________. 'Die Internationale Übereinstimmung des neuen Baugedankes oder Duyamik und Funktion', 1923. Vortrag in Architectura et Amicitia, 1923, Amsterdam. In *Erich Mendelsohn, Das Gesamtschaffen des Architekten.* Berlin, 1930, pp.22-34.

_______________. *Letters of an Architect*(1910-53), ed. by D.Beyer, transl. by G. Strachan, Abelard-Schuman, London, 1967.

_______________. 'Das Problem einer neuen Baukunst'. Vortrag im Arbeitsrat für Kunst, Berlin 1919, in *Erich Mendelsohn, Das Gesamtschaffen des Architekten.* Berlin, 1930, pp.7-21.

_______________. 'Reflections on new Architecture'(1914-1917), in S*tructures and Sketches.* Ernst Benn, London, 1924, p.3. Also in *Modern Architecture and Expressionism,* by D. Sharp. Braziller, New York, 1966, pp.181-182.

_______________. 'Three-Dimensions of Architecture, their Symbolic Significance'(1952), in

Symbols and Values, ed. by Lyman Bryson et al., Cooper Square Publ., New York, 1964, Ch. XVII, pp.235-254.

Mies van der Rohe, Ludwig. 'Aphorisms on Architecture and Form'(1923), in *G.* no.1 and 2, 1923, in *Mies van der Rohe,* by Ph. Johnson, The Museum of Modern Art, New York, 1946.

________________________. 'Baukunst und Zeitwille', *Der Querschnitt,* 4:31-2, 1924, transl. and reissued as 'Architecture and the Times', in *Mies van der Rohe* by Ph. Johnson, The Museum of Modern Art, New York, 1947.

__________________________. 'Inaugural Address as Director of Architecture at Armour Institute of Technology'(1938), in *Mies van der Rohe,* by Philip Johnson, The Museum of Modern Art, New York, 1946.

Moholy-Nagy, Laszlo. *The New Vision,* 1928, transl. by D.M. Hoffman, 4th rev. ed., Wittenborn, Schulz, New York(1947), 1967. Orig. publ. in German as *Von Material zu Architektur,* Bauhausbücher no.14, Albert Langen Verlag, Munich, 1928.

__________________. *Vision in Motion.* Theobald, Chicago, 1947.

Mondrian, Piet. 'A New Realism'(1943), in *Plastic Art and Pure Plastic Art,* ed. by R. Motherwell, Wittenborn, New York(1945), 1947.

____________. 'De Nieuwe Beelding in de Schilderkunst', 11 essays in *De Stijl,* 1917-18, transl. entirely in *De Stijl,* by H.L.C Jaffé. Abrams, New York, 1971.

____________. 'De Realisering van het Neo-Plasticisme in de Verre Toekomst en in de Huidige Architectuur'. *De Stijl,* V, 3, 1922, pp.41-47 and V, 5, 1922, pp.65-71, transl. in English in *De Stijl,* by H.L.C. Jaffé. Abrams, New York, 1971, p.163 ff.

____________. 'Home-Street-City'(1926), in *Mondrian: The Process Works,* introd. by H. Holtzmann. Pace Editions, New York, 1970. This essay appeared originally in *Vouloir,* no.25, 1927.

____________. *Le Neo-Plasticisme.* Léonce Rosenberg, Paris, 1920. A resumé in French of Mondrian's De Stijl articles, prepared with the help of Léonce Rosenberg.

____________. 'Natural Reality and Abstract Reality', in *Piet Mondrian, Life and Work,* by M. Seuphor, Abrams, New York, 1956. Orig. publ. in Dutch, *De Stijl,* vol.II, 8, 1919; vol.III, 10, 1920 in thirteen installments.

____________. *Plastic Art and Pure Plastic Art, 1937 and other Eaasys, 1941-1943,* ed. by

Robert Motherwell. Wittenborn, New York(1945), 1947.

____________. 'The Real Content of Art', in *Plastic Art and Pure Plastic Art,* ed. by R. Motherwell. Wittenborn, New York(1945), 1947

____________. 'Toward the True Vision of Reality'(1942), in *Plastic Art and Pure Plastic Art,* ed. by R. Motherwell. Wittenborn, New York(1945), 1947.

Nietzsche, Firedrich. *The Birth of Tragedy*(and the Genealogy of Morals). Doubleday, New York, 1956. Orig. publ. in German in 1872.

Norberg-Schulz, Christian. *Existence, Space & Architecture.* Praeger, New York, 1971.

Oud, Jacobus Johannes. 'Die Einfluss von Frank Lloyd Wright auf die Architektur Europas' (1925), in *Holländische Architektur.* A. Langen, Munich, 1926, pp.78-83.

Ozenfant, Amédée and Jeanneret, Charles Edouard(Le Corbusier). *Aprés le Cubisme.* Editions des Commentaires, Paris, 1918.

Panofsky, Erwin. *Gothic Architecture and Scholasticism.* World Publishing Co., New York(1957), 1972. Orig. publ. in 1951, by Saint Vicent Archabbey.

Pehnt, Wolfgang. *Expressionist Architecture.* Praeger, New York, 1973.

Perret, Auguste. *Contribution à une Théorie de l'Architecture.* Wahl, Paris, 1952.

Plato. *Timaeus*(and Critias), transl. with an introduction and an appendix on Atlantis, by H.D.P. Lee, Penguin Books, Harmondsworth(1965), 1971.

Poelzig, Hans. 'Architekturfragen'. *Das Kunstblatt,* May 1917, Heft 5, pp.129-136.

____________. 'Rede gehouden ter gelegenheid van de herleving van den Werkbund', in *Wendingen,* no.11, 1919.

Poincaré, Henri. *Dernières Pensées.* Ernest Flammarion, Paris, 1913, transl. in English as *Mathematics and Science: Last Essays,* Dover, New York, 1963.

____________. 'Pourquoi l'Espace a trois Dimensions?', in *De Stijl,* VI, 5, 1923. Text in English, Chapter III: ('Why Space has Three Dimensions'), in *Mathematics and Science: Last Essays,* Dover, New York, n.d. Orig. written in French in 1909.

____________. 'The Relativity of Space'(1909), in *Science and Method,* Dover, New York, n.d. Orig. written in French in 1909

Raynal, Maurice. 'Conception and Vision'(1912), in *Cubism,* ed. by Edward F. Fry. McGraw-Hill Book Co., New York, n.d. (1966).

Riegl, Alois. *Spätrömische Kunstindustrie* (first publ. in Vienna, 1901). Wissenschaftliche

Buchgesellschaft, Dramstadt, 1973(reprint of the edition by the Österreichische Staatsdruckerei, Wien, 1927).

_________. *Stilfragen, Grundlegungen zu einer Geschichte der Ornamentik*, 1893, 2nd ed. R.C. Schmidt & Co., Berlin, 1923.

Rietveld, Gerrit Thomas. 'Insight'(1928), in *G. Rietveld, Architect,* by Th.M. Brown. M.I.T. Press, Cambridge, Mass., 1958, pp.160-161.

__________________. 'View of Life as a Background for my Work'(1957), in *G. Rietveld, Architect,* by Th.M. Brown. M.I.T. Press, Cambridge, Mass., 1958, p.162.

Rosenblum, Robert. *Cubism and Twentieth Century Art.* H. Abrams, New York, 1961.

Ruskin, John. *The Seven Lamps of Architecture*(1848). Noonday Press, New York, 1971.

Sant'Elia, Antonio. 'Architecture Futurista, Manifesto, 1914', transl. in English in *Futurism,* by R. Carrieri, Milan, 1963, pp.150-151.

Scheerbart, Paul. *Glass Architecture,* issued as *Glass Architecture by Paul Scheerbert and Alpine Architecture by Bruno Taut,* ed. with an introduction by D. Sharp, Praeger, New York, 1972. Orig. publ. in German, Berlin, 1914.

Scheffler, Karl. *Der Geist der Gotik.* Im Insel-Verlag, Leipzig(1917), 1925.

___________. *Moderne Baukunst.* 2nd ed., Julius Bard, Berlin, 1907.

Schindler, Rudolph M. 'A Manifesto-1912', in *Schindler,* by D. Gebhard, Viking Press, New York, 1971, pp.191-192.

Schmarsow, August. *Das Wesen der Architektonischen Schöpfung.* Antrittsvorlesung, Leipzig, 8 Nov. 1893. K.W. Hiersemann, Leipzig, 1894.

_______________. Grundbegriffe der Kunstwissenschaft. Teubner, Leipzig and Berlin, 1905.

_______________. 'Raumgestaltung als Wesen der Architektonischen Schöpfung'. *Zeitschrift für Ästhetik und Alldemeine Kunstwissenschaft,* Bd. IX, 1914, pp.66-95.

_______________. 'Über den Wert der Dimensionen im Menschlichen Raumgebilde', in *Berichte über die Verhandlungen der Königlich Sächsischen Gesellschaft der Wissenschaften, zu Leipzig.* Philologische-Historische Classe, Bd 48, S. Hirzel, Lirzel, Leipzig, 1896.

Schöne, Wolfgang. *Über das Licht in der Malerei.* Mann, Berlin, 1954.

Schoenmaekers, Dr. M.H.J. *Beginselen der Beeldende Wiskunde.* C.A.J. van Dishoeck, Bussum, 1916.

____________________. *Het Nieuwe Wereldbeeld.* Van Dishoeck, Bussum, 1915.

Schopenhauer, Arthur. *The World as Will and Idea,* transl. by R.B. Haldane. Kegan Paul,

London, 1948-1950. Orig. publ. in German, Dresden, 1818.

Schumacher, Fritz. 'Das Bauliche Gestalten', in *Handbuch der Architektur,* Vierter Tiel, 1. Halbband. K.M. Gebhardt's Verlag, Leipzig, 1926.

_______________. 'Die Künstlerische Bewältigung des Raumse', in *Zeitschrift für Aesthetik und Allgemeine Kunstwissenschaft,* Bd XIII, 1918-1919, pp.397-902.

_______________. *Grundlagen der Baukunst.* Studien z. Beruf des Architekten. G.D.W. Callwey, Munich (1916?), 1919.

Scott, Geoffrey. *The Architecture of Humanism, A Study in the History of Taste.* Smith, Cloucester, Mass., 1956. Orig. publ. in 1914.

Scully, Vincent. *Frank Lloyd Wright.* Braziller, New York(1960), 1969.

____________. *The Shingle Style and the Stick Style*(1955), rev. ed. New Haven, 1971.

Semper, Gottfried. *Der Stil in den Technischen und Tektonischen Künsten oder Parktische Ästhetik,* Bd I: 'Die Textile Kunst', Frankfurt a.M., 1860, 2nd ed. F. Bruckmann, Munich, 1878. Bd II: 'Keramik, Tektonik, Stereotome, Metallotechnik', F. Bruckmann, Munich, 1863, 2nd ed., ebd. 1879.

_______________. *Kleine Schriften,* ed. by M. and H. Semper. Spemann, Stuttgart, 1884.

_______________. 'Vorläufige Bemerkungen'(1834), in *Wissenschaft, Industrie und Kunst.* F. Vieweg und Sohn, Braunschweig, 1852, reissued by H.W Wingler, ed., F. Kupferberg, Mainz, 1966.

_______________. *Wissenschaft, Industrie und Kunst.* F. Vieweg und Sohn, Braunschweig, 1852, reissued by H.W. Wingler, ed., F. Kupferberg, Mainz, 1966.

Seuphor, Michel. *Piet Mondrian, Life and Work.* Abrams, New York, 1956.

Severini, Gino. 'La Peinture d'Avant-Garde', 1917, in *De Stijl,* 1, 2, 1917, 1, 10, 1918, reissued in *Temoignages; 50 Ans de Réflexions,* Editions Art Moderne, Rome, 1963.

Sharp, Dennis, *Modern Architecture and Expressionism,* Braziller, New York, 1966.

Simson, Otto von. *The Gothic Cathedral. Origins of Gothic Architecture and the Medieval Concept or Order.* Bollingen Foundation, New York, 1956, Harper & Row, New York, 1964.

Sitte, Camillo. *City Planning according to Artistic Principles,* transl. by G.R. Collins, and Chr. Crasemann Collins, Random House, New York, 1965. Orig. publ. in German, 1889.

Sörgel, German. *Einführung in die Architektur-Ästhetik, Prolegomena zu einer Theorie der*

Baukunst. Piloty & Loehle, Munich, 1918.

Spengler, Oswald. *The Decline of The West,* an abridged edition by H. Werner. The Modern Library, New York, 1962. Orig. publ. in German, Munich, 1918.

Stam, Mart. 'Der Raum', in *ABC,* nr. 1 and 5, 1925. Repr. in *Mart Stam, A Documentation of his work,* 1920-65, RIBA, London, 1970.

Stamm, Günther. *Studien zur Architektur und Architekturtheorie Henry van de Veldes,* Dissertation, Göttingen, 1969.

Steiner, Rudolph. *Ways to a New Style in Architecture*(1914). Transl. and ed. by H. Collison. Anthroposophic Press, New York, 1927.

Sullivan, Louis Henry. *The Autobiography of an Idea.* Dover Publ., New York, 1956. Orig. publ. by the A.I.A in 1924.

__________________. *Kindergarten Chats and other Writings.* Wittenborn, New York(1947), 1968. First publ. serially in *Interstate Architect & Builder* (19012).

Taut, Bruno. *Alpine Architecture*, issued as *Glass Architecture by Paul Scheerbart and Alpine Architecture by Bruno Taut,* ed. with an introduction by D. Sharp, Praeger, New York, 1972. Orig. publ. in German, Hagen, 1919.

__________. 'Architektur-Programm'. *Mitteilungen des Deutschen Werkbundes,* 4, 1918, p.1.

__________. *Frühlicht, 1920-22.* Eine Folgw für die Verwirklichung des neuen Baugedankens. Ullstein Bauwelt Fundamente, Frankfurt a.M., Berlin, Wien, 1963.

__________. 'Für die Neue Baukunst', in *Das Kunstblatt,* vol.3, 1919, pp.16-124.

__________. *Modern Architecture.* The Studio, London, 1929.

Tolstoy, Leo N. *What is Art?* Transl. by Almyer Maude. Bobbs-Merrill Co., Indianapolis, New York, 1960. Orig. publ. in 1896.

Van der Leck, Bart. 'De Plaats van het Moderne Schilderen in de Architektuur'. *De Stijl,* I, 1, 1917, pp.6-7. Transl. in English in De Stijl, by Jaffé, New York, 1971.

________________. 'Over Schilderen en Bouwen', *De Stijl,* I, 4, 1918.

Van Doesburg, Theo. 'Aantekeningen by Bijlage XII, De Zaag en de Goudvischkom van P. Alma', in *De Stijl,* I, 8, 19, pp.91-94.

________________. 'De Ontwikkeling der Moderne Schilderkunst'(1915), in *Drie Voordrachten over de Nieuwe Beeldende Kunst,* Maatschappij voor Goede en Goedkope Lectuur, Amsterdam, 1919.

_______________. *Drie Voordrachten Over de Nieuwe Beeldende Kunst,* Maatschappij voor Goede en Goedkope Lectuur, Amsterdam, 1919.

_______________. 'Farben im Raum und Zeit', in *De Stijl,* VII, 87/89, 1928, p.2636.

_______________. 'Het Aesthetisch Beginsel der Moderne Beeldende Kunst'(1916), in *Drie Voordrachten over de Nieuwe Beeldende Kunst.* Maatschappij voor Goede en Goedkope Lectuur, Amsterdam, 1919.

_______________. 'Over het zien van Nieuwe Kunst'. Aantekenigen bij Bijlagen 11, 12 en 13, in *De Stijl,* II, 6, 1919, pp.62–64.

_______________. *Principles of Neo-Plastic Art.* New York Graphic Soc., Greenwich, Conn., 1968. Orig. publ. in Dutch, Amsterdam, 1919.

_______________. 'Schilderkunst en Plastiek. Elementarisme(Manifest-fragment)', in *De Stijl,* vol.VII, no.75/76, 1926–27, pp.35–43 en no.78, 1927, pp.82–187. Transl. in English in *De Stijl,* ed. By H.L.C. Jaffé, New York, 1971, pp.206–217.

_______________. 'Schilderkunst van Giorgio de Chirico en een Stoel van Rietveld', in *De Stijl,* III, 5, 1920, p.46. Transl. in English in *De Stijl,* ed. by H.L.C. Jaffé, New York, 1971, p.143.

_______________. 'Tot een Beeldende Architectuur', in *De Stijl,* VI, 617, 1924, pp.78–83. Transl. in English in *De Stijl,* ed by H.L.C. Jaffé, New York, 1971, pp.185–188. ('Toward a Plastic Architecture').

_______________. (pseud. I.K. Bonset) 'X-Beelden', in *De Stijl,* III, 7, 1920, p.52.

_______________. '−□ + =R_4', in *De Stijl,* VI, 6/7, 1924, pp.91–92. Transl. in English in *De Stijl,* ed. by H.L.C. Jaffé, New York, 1971, p.192.

Van Eijck, Aldo. 'The Medicine of Reciprocity, Tentatively illustrated', in *Forum voor architectuur en daarmee verbonden kunsten,* 15:6–7, 1961, pp.237–38.

Van Tongerloo, Georges. 'Réflexions', in *De Stijl,* I, 9, 1918.

Venturi, Robert. *Complexity and Contradiction in Architecture.* The Museum of Modern Art, New York, 1966.

Viollet-le-Duc, Eugène-Emanuel. *Discourses on Architecture.* 2 vols. Grove Press, New York(1889), 1959, Orig. publ. as *Entretiens,* in 1863–72.

Vischer, Friedrich Theodor. *Aesthetik oder Wissenschaft des Schönen.* C. Macken, Reutlingen, 1846–1857.

Vischer, Robert. 'Über das Optische Formgefühl, Ein Beitrag zur Aesthetik'. Credner, Leipzig, 1873. Reissued in *Drei Schriften zum Aesthetischen Formproblem.* H. Niemeyer, Halle/Saale, 1927.

Vogt-Göknil, Ulya. *Architekturbeschreibung und Raumbegriff bei neueren Kunsthistoriken.* J.J. Groen, Leiden, 1951.

Weyl, Hermann. *Space-Time-Matter.* Dover, New York, 1922. Orig. publ. in German, 1918.

Wittkower, Rudolph. *Architectural Principles in the Age of Humanism.* (Warburg Institute, London, 1949) 3rd compl. revised ed. Alec Tiranti, London, 1962.

Wijdeveld, Hendrik Theo. 'Natuur, Bouwkunst en Techniek', in *Wendingen,* V, 8/9, 1923, pp.12-15.

Wölfflin, Heinrich. *Principles of Art History.* Dover, New York, 1950. Orig. publ. in German, Basel, 1915.

______________. *Prolegomena zu einer Psychologie der Architektur.* Wolf, Munich, 1886. Reissued in *Kleine Schriften,* Darmstadt, 1946.

______________. *Renaissance and Baroque.* Cornell University Press, Ithaca, N.Y.(1966), 1967. Orig. publ. in German, 1888.

Worringer, Wilhelm. *Abstraction and Empathy. A Contribution to the Psychology of Style.* World Publishing Co., Ohio, 1967. Orig. publ. in German, Munich, 1908.

Wright, Frank Lloyd. *A Testament.* Horizon Press, New York, c. 1957.

________________. 'In the Cause of Architecture: Purely Personal'(1928), in *On Architecture, Selected Writings(1894-1940),* ed. by F. Gutheim, Grosset & Dunlap, New York, 1941, pp.130-131.

________________. 'In the Cause of Architecture I(1908) and II(1914)', in *On Architecture, Selected Writings(1894-1940)* ed. by F. Gutheim, New York, 1941.

________________. '*Modern Architecture*'(1931), in *Writings and Buildings,* sel. by E. Kaufmann and B. Raeburn, World Publ. Co., New York, pp.38-55.

________________. *On Architecture, Selected Writings*(1894-1940), ed. by Fred Gutheim, Grosset & Dunlap, New York, 1941.

________________. 'Organic Architecture'(1935), in *On Architecture. Selected Writings(1894-1940),* ed. by F. Gutheim, Grosset & Dunlap, New York, 1941, pp.177-191.

________________. 'The Destruction of the Box'(1952), in *Writings and Buildings,* sel. by

E. Kaufmann and B. Raeburn World Publ. Co., New York, 1960.

__________________. 'Toward a New Architecture'(1928), in *On Architecture. Selected Writings (1894-1940),* ed. by F Gutheim, Grosset & Dunlap, New York, 1941, p.133.

Zevi, Bruno. 'Architecture', in *Encyclopedia of World Art,* Vol.I, pp.626-710. McGraw-Hill Book Co., New York, 1959.

__________. *Architecture as Space. How to look at Architecture.* Translated by Milton Gendel. Horizon Press, New York, 1957.

Zucker, Paul. 'Architektur-Aesthetik', in *Wasmuths Monatshefte für Baukunst,* vol.4, 1919-20, pp.83-86.

__________. 'Der Begriff der Zeit in die Architektur', in *Repertorium für Kunsteissenschaft,* vol.44, 1923-24, pp.237-245.

__________. 'Kontinuität und Diskontinuität Grenzprobleme der Architektur und Plastik', in *Zeitschrift für Aesthetik und Allgemeine Kunstwissenschaft,* Bd XV, 1921, pp.304-317.

__________. 'The Aesthetics of Space in Architecture, Sculpture and City Planning', in *The Journal of Aesthetics and Art Criticism,* vol.IV, no.1, Sept. 1945, pp.12-19.

__________. 'The Paradox of Architectural Theories at the Beginning of the Modern Movement', in *Journal of the Society of Architectural Historians,* vol.X, no.3, 1951, pp.8-14.

그림 인용문헌

Akademie de Kunste, Berlin, catalogue, *die Gläserne Kette,* 1963, *142*

T. Andersen, *Malevich,* Stedelijk Museum, Amsterdam, 1970, *170, 178*

l'Architecture d'Aujourd'hui, nr. 184, 1976, *6a, 6b*

______________________, nr. 177, 1975, *96*

Architektuur Museum, Amsterdam, 1*15, 125, 157*

W. Boesiger, ed. *Le Corbusier, Complete Works,* Zürich, 1929-1970, *41, 46, 57, 151, 152, 153, 154, 195*

F. Borsi, *Victor Horta,* ed. del Tritone, Rome, 1969, *79, 108, 198*

Bouwkundig Weekblad, 1934, *116, 117*

A. Boyd, *Chinese Architecture and Town Planning,* Alec Tiranti, London, 1962, *2a*

A.E. Brinckmann, *Baukunst,* E. Wasmuth, Tübingen, 1956, *83, 105*

Th. Brown, *The Work of Gerrit Rietveld,* M.I.T. Press, Combridge, Mass., 1958, *27, 71a, 71b, 160*

A. Bush Brown, *Louis Sullivan,* Braziller, N.Y., 1960, *107*

Caisse Nationale des Monuments Historiques, Paris, E. Viollet-le-Duc, 1814-1979, 1965, *48, 49*

F. Carlgren, *R. Steiner,* 1861-1925, Dornach, 1961, *62*

R. Carrieri, *Futurism,* ed. del Milione, Milano, *Afb. 69, 103, 181*

J.L. de Cenival, *Egypte,* Meulenhof, Amsterdam, n.d., *72, 95*

A. Choasy, *Histoire de l'Architecture,* Paris, 1899, *47*

J.E. Cirlot, *The Genesis of Gaudian Architecture,* Wittenborn, N.Y., 1967, *78, 109*

U. Conrads and H. Sperlich, *The Architecture of Phantasy,* Praeger, N.Y., 1962, *29, 166*

P. Cook, ed., *Archigram,* Praeger Publ., N.Y., 1973, *15*

N. Copernicus, *On the Revolutions,* facsimile, 1972, *24*

Th. van Doesburg, *Principles of Neo-Plastic Art,* Graphic Soc., New York, 1968, *161*

J.N.L. Durand, *Réceuil,* Paris, 1801, *44*

W. von Eckhardt, *E. Mendelsohn,* Braziller, N.Y., 1960, *137*

Forum, 1960-61, *14*

A. Frankl, *Principles of Architectureal History,* M.I.T. Press, Cambr., Mass., 1968, *91b*

________, *Gothic Architecture,* 1969, 20

H. de Fries, 'Raumgestaltung im Film', *Wasmuths Monatshefte für Baukunst,* V. 1920-21, *138, 139, 140*

M. Frölich, G. Semper, *Zeichnerische Nachlass,* E.T.H. Zürich, 1974, *60a, 60c*

____________________, *Frühlicht,* 1920, *128, 131, 141*

____________________, 1921/22, *129*

D. Gebhard, *R.M. Schindler,* Viking Press, New York, 1971, *120*

R. Giurgola, J. Mehta, *Louis I. Kahn,* Artemis, Zürich, 1975, *17*

J. Golding, *Boccioni's Unique Forms,* University of Newcastle upon Tyne, 1972. *31*

W. Grohmann, *Paul Klee,* H.N. Abrams, N.Y., 1967, *64*

W. Gropius, *Internationale Architektur,* A. Langer, Berlin, 1925, *104, 113, 118, 125, 163, 171, 183*

W. Gross, *Gotik und Spätgotik,* Umschau Verlag, Frankfurt am Main, 1969, *33*

J. Guadet, *Eléments et Theories,* Paris, 1902, *45*

H.J. Hansen, *Architecture in Wood,* Viking Press, N.Y. (1969), 1971, *50*

J. Harvey, *The Master Builders,* 1971, *18*

A. Heilmeyer, 1902, *70*

G. Hermanowski, *N. Copernicus,* 1971, *35*

W. Herrmann, *Laugier,* Zwemmer, London, 1962, *39, 40*

L. Hilberseimer, *Groszstadt Architektur,* J. Hoffman, Stuttgart, 1927, *182*

_____________, *Contemporary Architecture,* P. Theobald, Chicago, 1964, *53*

A. Hildebrand, *Problem of Form,* Stechert, N.Y., 1907, *68a, 68c*

Hirshland Collection, Harrison, N.Y., *100*
H.R. Hitchcock, *J.J.P. Oud,* Paris, 1931, *192*
____________, *In the Nature of Materials,* N.Y., 1942, *89a, 196*
____________, *Rococo Architecture,* Phaidon, New York, 1968, *102*
H. Hitzer, *Die Strasse von Trampelpfad zur Autobahn,* Callwey München, 1971, *26, 85*
W. Hoffman, *Modern Architecture in Color,* Viking Press, N.Y., 1970, *4b*

H.L.C. Jaffé, *De Stijl, 1917–31,* 1956, *159*

L.I. Kahn, *The Notebooks and Drawings of Louis I. Kahn,* Falcon Press, Philadelphia, 1962, *73, 199*
J. Kepler, *Opera Omnia,* ed. by Ch. Frisch, vol.I, Frankfurt, 1858, *7, 9*
Otto Kohtz, *Gedanken über Architektur,* Baumgärtnel, Berlin, 1909, *132*
Kröller–Müller Museum, Otterloo, *80*
U. Kultermann, *K. Tange, Architecture and Urban Design,* 1964–1969, Praeger Publ., N.Y. 1970, *16*

H. Lauterbach, *Hugo Häring,* Krämer Verlag, Stuttgart, 1965, *143*
P. Lavedan, *Pour Connaitre les Monuments de France,* Arthaud, 1970, *37b, 37c*
Le Corbusier, *Le Modulor,* M.I.T. Press, Cambridge, Mass. (1958), *155*
Cl.N. Ledoux, *Architecture,* 1773–1779, *38, 42, 58*
H.F. Lenning, *The Art Nouveau,* Martinus Nijhoff, The Hague, 1951, *63*
J. Leymane, *Picasso,* Viking Press, N.Y., 1971, *145*
E. Lissitzky, *Russia: An Architecture for World Revolution,* M.I.T. Press, Cambridge, Mass., 1970, *180*
S. Lissitzky–Küppers, *Life, Letters, Texts E. Lissitzky,* Thames & Hudson, London, 1968, *176, 177, 179*
E. Loran, *Cezanne's Composition,* Univ. of Cal. Press., *144*
A. Lurçat, *Formes, Compositions, et Lois d'Harmonie,* ed. Vincent, Fréal, Paris, n.d., *10*

S.T. Madsen, *Sources of Art Nouveau,* Wittenborn, N.Y., 1956, *119*

R. Martin, *Greek Architecture,* Grosset & Dunlap, N.Y., 1967, *30, 32*

K.B. McFarlane, *Hans Memling,* Clarendon, Press, Oxford, 1911, *101*

H.A. Millon, *Key Monuments,* H.N. Abrams, N.Y., 1964, *65*

Mod. Mus. Stockholm, *V. Tatlin, 1968, 172*

Mod. Mus. Stockholm, *V. Tatlin,* 1968, *175*

L. Moholy-Nagy, *Von Material zu Architektur,* Langen Verlag, München, 1928, *28*

E. Mullins, *The Art of G. Braque,* Abrams, N.Y., n.d. *147*

Musée National d'Art Moderne, Paris, *149, 150, 174*

Museum of Mod. Art., N.Y., catalogue *De Stijl,* 1961, *162, 165*

Palais des Beaus-Arts, Bruxelles, catalogue, *H. van de Velde,* 1963, *110a*

P. Pevsner, *An Outline of European Architecture,* Penguin Books, Harmondsworth, (1943), 1972, *21*

P. Pfankuch, *H. Scharoun, Bauten, Entwürge, Texte,* Gebr. Mann Verlag, Berlin, 1974, *61*

P. Pfankuch, Berlin, *112, 121, 122*

M. Pirazolli-'t Serstevens, *Living Architecture: Chinese,* Grosset & Dunlap, New York, 1971, *1*

Pitkings Pictuals Ltd., *Canterbury Cathedral,* London, 1974, *51a, 66, 67*

F. Ponge, ed., *G. Braque,* Abrams, N.Y., 1971, *146*

J. Posener, *H. Poelzig,* Gebr. Mann Verlag, Berlin, 1970, *106*

Progressive Architecture, nr. 5; 1974, *5*

Rijksmuseum Amsterdam, *8, 25*

M.F. Reggero, *Il contributo di Mendelsohn,* Libreria Tambureni, Milano, 1952, *126*

K. Rowland, *A History of the Modern Movement,* Van Nostrand Reinhold, N.Y., 1973, *167*

B. Rudowsky, *Streets for People,* Doubleday, New York, 1969, *88*

A. Schwarz, *The complete Works of M. Duchamps,* Abram, N.Y., n.d., *148*

V. Scully, *F.L. Wright,* Braziller, N.Y., 1960, *89b*

________, *The Shingle Style and the Stick Style,* New Haven (1955), 1971, *114b*

G. Semper, *Wissenschaft, Industrie und Kunst,* F. Kupferberg, Mainz, 1966, *55, 56, 60b*

M. Seuphor, *Piet Mondrian, Life and Work,* H.N. Abrams, N.Y., n.d., *168, 169*

D. Sharp, *Modern Architecture and Expressionism,* Braziller, N.Y., *127*

L. Sickmann, e.o., *The Art and Architecture of China,* 1968, Penguin Books, 1971, *3*

C. Sitte, *Der Städtebau,* Wien, 1901, *81, 82, 94*

Stedelijk Museum, Amsterdam, catalogue, *50 jaar Bauhaus,* 1968-1969, *184, 188*

W. Swaan, *The Gothic Cathedral,* 1969, *22*

B. Taut, *Alpiner Architektur,* 1919, *123*

J.C. Taylor, *Futurism,* Museum of Modern Art, N.Y., 1961, *133*

Techinische Hogeschool Eindhoven, *114a*

Time Magazine, January 15, 1973, *2b*

G. van Tongerloo, *Paintings, Sculptures, Reflections,* Wittenborn, N.Y., 1968, *12a, 12b*

University of St. Thomas, *Visionary Architects,* Houston, 1968, *43*

C. van de Ven, Eindhoven, *19, 23, 34, 36a, 37a, 51b, 54, 66, 74, 75, 76, 86, 87, 91a, 92, 93, 97, 98, 99, 111, 130, 136, 164, 190*

R. Venturi, Philadelphia; Pa., *200a, 200b*

P. Watson, *The Drawings of John Ruskin,* Clarendon Press, Oxford, 1972, *52*

Wendingen, 1918, *156*

________, 1924, *135*

________, 1925, *191, 193*

________, 1930, *197*

H.M. Wingler, *The Bauhaus,* M.I.T. Press, Cambridge, Mass., 1969, *59, 84, 185, 186a, 186b, 187*

R. Wittkower, *Art and Architecture in Italy,* 1600-1750, Penguin Books, 1958, *90a, 90b*

__________, *Architectural Principles in de Age of Humanism,* London, 1949, *11*

World Architecture, vol.3, 1966, *13*

F.L. Wright, *Ausgeführte Bauten*, Wasmuth, Berlin, 1911, *189*

B. Zevi, *Poetica dell' Architettura Neoplastica,* ed. Tamburine, Milan, 1953, *158*

______, *Architettura in Nuce,* Rome, 1960, *134*

찾아보기

ㅁ

ㅇ

ㅈ

ㅊ

ㅋ

ㅌ

ㅍ

저자 및 역자 소개

지은이　코르넬리스 판 드 벤 Cornelis Van de Ven

1942년 네덜란드 로센달 엔 니스펀에서 출생한 건축가이자 건축학 교수이다. 1969년부터 1971년까지 로테르담의 건축예술 아카데미에서 건축을 공부한 후, 미국의 펜실베이니아 대학교에서 연구를 계속하면서 1972년까지 루이스 칸의 사무소에서 근무하였다. 1974년에는 펜실베이니아 대학교 대학원에 학위 논문을 제출하여 건축역사 및 건축이론 박사학위 (Ph.D)를 취득하였다. 이 박사학위 논문을 기본으로 네덜란드에서 1977년에 이 책의 초판이 간행되었다. 이후 그는 네덜란드 에인트호번 공과대학교에서 건축학과 도시계획학을 가르치는 교수로 재직하였으며, 현재도 에인트호번을 중심으로 프리랜서 건축가로 활동 중이다. 또한 저술가로서 건축 문화와 역사에 대한 글을 쓰고 있다. 주요 저서와 논문으로는 〈공간의 개념, 독일 건축이론과 근대운동의 새로운 기초의 부상〉(펜실베이니아 대학교 박사학위 논문, 1974), 《Space in Architecture》(van Gorcum, 1977)가 있다.

옮긴이　고 성 룡 高聖龍

고려대학교 건축학과를 졸업하고 서울대학교 대학원 건축학과에서 석사, 박사학위를 받았다. 현재 경상대학교 공과대학 건축학과 건축설계연구실 교수로 있다. 건축설계와 현대건축, 건축론, 건축분석과 비평 등을 가르치고 있다. 또한 현대건축미학, 현대건축의 공간론과 장소론에 관심을 두고 이를 실제 설계 작업으로 확인하려고 애쓰고 있다.

주요 역저서로는 《현대건축 흐름과 맥락 1890-2010》, 《근대에서 현대-건축의 20장면》, 《큐브에서 카오스로-20세기 건축사상》, 《건축공간론》, 《근대건축의 공간분석-거장의 작품에서 살펴본 양식과 표현》과 《장소의 디자인-장소성 있는 환경, 감성 공간의 디자인을 위한 45과제》, 《건축설계의 아이디어와 힌트 470》, 《디자인을 위한 건축제도》, 《건축조형연습》 등이 있다.

최근 건축설계작품으로는 〈경상대학교 창의공간 어울마루〉, 〈삼소재〉, 〈사봉성지 마스터플랜과 순례방문자센터 경당〉, 〈산청 K미술관〉, 〈외송리주택〉, 〈월지헌〉, 〈운서당〉, 〈여인헌〉, 〈심인재〉 등이 있으며, 2003년부터 격년으로 경상대학교 대학원 건축설계연구실 출신 건축가들과 함께 건축전시회 '소슬재전'을 열고 있다.

건축의 공간 개념

초판발행 2019년 4월 10일
초판 2쇄 2019년 12월 5일

저 자 코르넬리스 판 드 벤(Cornelis Van de Ven)
역 자 고성룡
펴 낸 이 김성배
펴 낸 곳 도서출판 씨아이알

책임편집 박영지, 최장미
디 자 인 백정수, 윤미경
제작책임 김문갑

등록번호 제2-3285호
등 록 일 2001년 3월 19일
주 소 (04626) 서울특별시 중구 필동로8길 43(예장동 1-151)
전화번호 02-2275-8603(대표)
팩스번호 02-2265-9394
홈페이지 www.circom.co.kr

I S B N **979-11-5610-736-1 93540**
정 가 **18,000원**